Daniela Decurtins

Siemens

Anatomie eines Unternehmens

REDLINE WIRTSCHAFT
bei ueberreuter

Die Deutsche Bibliothek – CIP-Einheitsaufnahme

Decurtins, Daniela
Siemens – Anatomie eines Unternehmens /
Daniela Decurtins.–
Frankfurt/Wien: Redline Wirtschaft bei Ueberreuter, 2002
ISBN 3-8323-0910-1

Unsere Web-Adressen:

http://www.redline-wirtschaft.de
http://www.redline-wirtschaft.at

1 2 3 / 2004 2003 2002

Umschlag: INIT, Büro für Gestaltung, Bielefeld

Druck: FINIDR, s.r.o.
Printed in the Czech Republic

Inhaltsverzeichnis

Anhang

Einleitung

Was für Menschen gilt, besitzt für Unternehmen heute keine Gültigkeit mehr: Während wir immer älter werden, stirbt eine Vielzahl von Firmen immer früher, sie fusionieren, werden aufgekauft und hören auf zu existieren. Andere überleben zwar, geben aber heute Medikamente statt Kredite ab oder sorgen sich um ihren Immobilienbestand statt um Bierherstellung. Von den 500 wichtigsten Firmen, aus denen sich 1957 der Standard & Poor's-Index (S & P) zusammensetzte, finden sich 40 Jahre später gerade noch deren 74 auf der Liste. Heutzutage wird ein Unternehmen im Schnitt zehn Jahre alt, in den 1920er-Jahren lag die durchschnittliche Lebenserwartung noch bei 65 Jahren. Die immer rascheren Innovations- und Produktezyklen sowie die Öffnung und Globalisierung der Märkte sind für diesen Trend verantwortlich.

Der deutsche Elektrokonzern Siemens stellt in dieser Hinsicht eine Ausnahmeerscheinung dar. Das Unternehmen, das wie kein anderes «Made in Germany» verkörpert, feiert dieses Jahr seinen 155. Geburtstag. Der legendenumrankte Firmengründer Werner von Siemens gab zu seinen Lebzeiten die Strategie – die Ausrichtung auf die Elektrotechnik im ganzen Umfang – vor. Sie hat bis heute im Wesentlichen überdauert. Kaum ein Unternehmen dieser Welt verfügt über eine derart breite Produktpalette. Das Spektrum reicht von der Gasturbine bis zum Mikrochip, von der Glühbirne bis zum Ultraschallgerät, vom Computer bis zur Waschmaschine. Wohl niemand kann sagen, wie viele verschiedene Siemens-Erzeugnisse vom Centartikel bis zum Milliardenprodukt in den 190 Ländern der Welt, in denen das Unternehmen heute vertreten ist, verkauft werden. Beinahe eine halbe Million Beschäftigte weltweit beziehen heute ihr Gehalt vom deutschen Elektrokonzern, in Deutschland, Österreich und der Schweiz gehört er zu den größten industriellen Arbeitgebern. Allein in Deutschland sind mehr als eine Million Arbeitsplätze direkt oder indirekt von Siemens abhängig, ganze Regionen wie Bayern, Erlangen oder Berlin profitieren wesentlich davon. Es gibt auch kaum ein anderes privates Unternehmen, das eine derartige Symbiose mit der Politik eingegangen ist.

In den frühen neunziger Jahren schlitterte der Traditionskonzern in eine Krise, von der einige glaubten, dass sie nicht mehr zu bewältigen sei. Die Margen brachen um mehr als die Hälfte ein. Siemens kam an der Börse unter Druck, und Analysten drängten, den Konzern in mehrere Teile zu zerschlagen. Die Liberalisierungswelle, die Öffnung der einst abgeschotteten Märkte und die Globalisierung der Kapitalmärkte stellten die Spielregeln, die das Unternehmen einst so perfekt beherrschte, auf den Kopf. Siemens musste sich ändern. Nur wie?

Eineinhalb Jahrhunderte Unternehmensgeschichte mit all den dazugehörigen Erfahrungen, die Märkte, Kunden, Technologien und die Nähe zur Politik hatten den Elektrokonzern und seine Mitarbeiter nachhaltig geprägt. Eine eigentümliche Mischung aus Konservatismus, Fortschritts- und Kontinuitätsorientierung war entstanden, die den Kern der alten Unternehmenskultur ausmachte und sich Außenstehenden im Denken und Verhalten des Managements sowie der Mitarbeiter erschließt. Diese Regeln waren teils explizit als Leitlinien, soziale Grundsätze, Produktnormen oder Qualifikationsanforderungen formuliert, teils waren sie nicht unmittelbar greifbar, sondern basierten auf geteilten Erfahrungen und spiegelten sich in Ritualen oder Firmenmythen wider. Die alte Unternehmenskultur hatte sich früher als Erfolgsgarant erwiesen, doch jetzt schien sie nicht mehr zeitgemäß. Da die Welt eine andere geworden war, musste das Unternehmen, um unter den neuen Bedingungen zu überleben, zwingend seine Kultur anpassen.

Ob und wie sich eine Unternehmenskultur formen lässt, ist in der Forschung umstritten: Die einen verstehen sie als Größe, die gleich einer beliebigen Variabel verändert werden kann und damit zum Steuerungsinstrument des Unternehmenserfolges wird. Diese Vorstellung verlieh Beratern, die «Culture Change»-Programme anbieten oder entsprechende Bücher verfassen, Auftrieb. Eine zweite Gruppe von Forschern betrachtet Unternehmen selbst als historisch gewachsene Kulturgefüge und stellt deren beliebige Beeinflussbarkeit in Frage. Die Unternehmensgeschichte ist damit Ausgangspunkt für die Erfassung einer Unternehmenskultur, die sich über die Zeit zwar verformt, als Folge von Krisen auch Brüche aufweist, aber nicht einfach über Bord geworfen werden kann.

Siemens verordnete sich erst spät einen Kulturwandel, der zum Ziel hatte, sich stärker an Leistung zu orientieren, sich unablässig mit Konkurrenten zu messen und konsequent den Willen zu beweisen, neue Märkte zu erobern. Die früher konsensorientierte Siemens-Familie sollte sich in den Augen des Topmangements zu einem sich weitgehend an Aktionärsinteressen ausrichtenden Unternehmen wandeln, ohne deswegen die Interessen der Mitarbeiter und der Gesellschaft zu vernachlässigen oder seine historisch gewachsene Identität aufzugeben. Wie sich Siemens in der «neuen Wirtschaftswelt» neu orientierte, wo sich Probleme stellten, welche Muster Beharrungsvermögen bewiesen und welche Bilanz die verschiedenen Gruppen heute ziehen, ist Gegenstand dieses Buches.

Die Diskussionen innerhalb und um Siemens spiegeln aber auch ein Stück der jüngsten Zeitgeschichte wider. An Siemens manifestieren sich Erscheinungen wie das Regiment der Investmentbanken und Fondsgesellschaften, die Börseneuphorie, der Schock der Übernahme von Mannesmann durch Vodafone für die Deutschland AG oder die Globalisierung – all die inneren und äußeren Kräfte, die in den neunziger Jahren auf Unternehmen generell einwirkten. Siemens eignet sich in vorzüglicher Weise als Beispiel, seiner Tradition, Größe, breiten Aufstellung und der Märkte wegen, in denen sich der Konzern bewegt. An seinem Beispiel lässt sich zeigen, wie schnell sich die Meinung der Öffentlichkeit über einen Konzernchef ins Konträre wendet, wie brutal Integrationsprozesse ein Unternehmen lähmen können und wie Managementmethoden verwissenschaftlicht werden.

Das Buch bietet weder einen lückenlosen, chronologischen Abriss der Geschichte des Konzerns der letzten Jahre noch eine Beschreibung, die allen Bereichen und Entwicklungen innerhalb des Unternehmens gerecht werden kann. Es greift vielmehr verschiedene Themen auf und erschließt das Phänomen Siemens und seine Kultur über die Menschen – Vorstandsvorsitzende, Pförtner, Turbinenbauer, Elektroingenieure, Ausbildner, Betriebsräte und Analysten.

Die im Buch verwendeten Quellen sind vielfältig: Zum einen kommen Personen rund um Siemens – in- und außerhalb des Unternehmens – zu Wort. Als Grundlage dienen zusätzlich Interviews mit verschiedenen Beteiligten, Betroffenen, Kunden, Konkurrenten oder Analysten und Siemens-Beobachtern sowie Dokumente aus dem Siemens-Archiv, Geschäftsberichte, diverse Zeitungs- und Zeitschriftenartikel und Bücher. Im Anhang findet sich neben den wichtigsten Dokumenten zur Siemens-Unternehmenskultur ein ausführliches Verzeichnis der verwendeten Literatur.

Am Schluss soll ein Dank an all die Personen stehen, die das Projekt maßgeblich unterstützten. An dieser Stelle können nur einige wenige namentlich erwähnt werden: in erster Linie Bettina Schmidt-Breitenstein, Siemens München, und das Presseteam von Siemens Schweiz, die dabei behilflich waren, Interviewpartner innerhalb des Unternehmens zu gewinnen. Schließlich all diejenigen, die sich für längere Gespräche zur Verfügung stellten. Dann vor allem auch Werner Schüepp, der den Entstehungsprozesses des Buches mit seinen kritischen Anmerkungen begleitete, und die Tamedia AG, die mir eine Auszeit für dieses Projekt ermöglichte.

Zürich, Juni 2002

«Ein Weltunternehmen à la Fugger»

Karlheinz Kaske, der Innenminister

Am 12. März 1992 trat er in der Münchener Olympiahalle ein letztes Mal vor das Rednerpult, um zu den Aktionärinnen und Aktionären zu sprechen. Mit versteinerter Miene musterte er das Publikum und wirkte – wie immer – zurückhaltend. Kein Muskel zuckte im Gesicht. Das schlohweiße Haar streng nach hinten gekämmt, die Hände ruhend auf dem Pult.

Noch im Januar, an der Bilanzpressekonferenz, hatte der Siemens-Vorstandsvorsitzende passen und seinem Stellvertreter Heinrich von Pierer den Vortritt lassen müssen. Nach einem Sturz, bei dem er sich den Oberschenkelhals gebrochen hatte, ordneten die Ärzte strikte Bettruhe an. Erholt und genesen saß er nun im März wieder stramm auf der Kommandobrücke des elektrotechnischen Tausendfüßlers und hätte eigentlich allen Grund zur Freude gehabt: Die Redakteure des US-Wirtschaftsmagazins «Business Week» feierten Siemens als «Europas Technologiehoffnung». Aber ausgerechnet in Deutschland, dem nach wie vor wichtigsten Markt, blies ein schärferer Wind denn je.

Von draußen drangen Ruffetzen der Demonstranten in die Olympiahalle. «Siemens strahlt, schlampt und schmiert», prangte in klotzigen Buchstaben auf ihren Transparenten. Schwere Vorwürfe prasselten wie ein heftiges Gewitter auf dem Vorstand nieder. «Ein Unternehmen wie Siemens kann sich solche Dinge nicht leisten», erhob ein Aktionär den Mahnfinger. Das Image des Elektrokonzerns hatte durch eine Reihe von Negativschlagzeilen arge Schrammen erlitten. Der Grund: acht Siemens-Manager, die sich vor der Vierten Strafkammer des Münchner Landesgerichts I wegen unsauberer Geschäftspraktiken verantworten mussten.

Sie hatten 1986 und 1990 einen städtischen Angestellten bestochen, um sich Millionenaufträge für den Bau zweier Kläranlagen in München zu sichern. Kaske selbst wurde in den Zeugenstand zitiert, weil der Eindruck entstanden war, das Unternehmen hätte die unsauberen Methoden seiner Mitarbeiter zumindest geduldet. Der Druck wuchs täglich, die Aktionäre forderten eine Antwort. Natürlich, die Manager hätten interne und externe Regeln verletzt, aber Strafen – teils auf Bewährung – von bis zu 40 Monaten seien dann doch «besonders hart», sprach er ins Mikrofon. Schließlich handelte es sich um verdiente Leute, für die es eine Art Fürsorgepflicht gab.

Beinahe gleichzeitig flogen Schlampereien in einem Siemens-Betrieb für atomare Brennstäbe in Karlstein bei Aschaffenburg auf. Versehentlich und unbewacht waren 50 radioaktive Brennelemente für Kernkraftwerke durch Deutschland transportiert worden. Adolf Hüttl, Leiter des Unternehmensbereichs Energieerzeugung, wiegelte ab und sprach von einer «alltäglichen Unachtsamkeit», die menschlich sei. Nachdem die Umweltminister in Bonn und München interveniert hatten, sah sich Kaske schließlich doch noch veranlasst, die Verantwortlichen zu suspendieren.

Auch die Zahlen gaben keinen Anlass für ein rauschendes Fest. Kaske hatte zwar nach dem Fall der Mauer 1989 mit viel Energie und Milliardeninvestitionen das Geschäft in der ehemaligen DDR angekurbelt, und es warf auch bald erste Früchte ab. Nur flachte im Ausland die Auftragslage ab. Schließlich hielten auch die Inländer immer mehr mit Bestellungen zurück, klagte Kaske im März 1992 bei seiner Abschiedsvorstellung. Siemens müsse dringend in einigen Bereichen seine Position überprüfen und komme an «Beschäftigungsanpassungen» nicht vorbei. «Aber wir haben gelernt, mit solchen Problemen fertig zu werden und auch in schwierigen Zeiten Kurs zu halten. Mir ist um die Zukunft des Unternehmens nicht bange», bekräftigte er mit fester Stimme.

Ein trauriger Abgang für einen einsamen Mann, in dessen Gesicht das Schicksal tiefe Furchen gezogen hat. Von seinen drei Söhnen waren zwei bei einem Autounfall umgekommen. Der hoch begabte Diplomphysiker sagte jeweils all seine Termine ab und reiste an die Unglücksorte zur persönlichen Trauerbewältigung. Er wollte mit eigenen Augen sehen, versuchen zu begreifen, was geschehen war – und wurde noch wortkarger und verschlossener als er ohnehin schon war, berichten Mitarbeiter aus seinem Umfeld.

Er selbst sprang dem Tod nur mit knapper Not und der Hilfe eines Dienst habenden Arztes von der Schippe. Kurz vor Weihnachten 1989 war er in seiner Villa am Starnberger See bewusstlos zusammengebrochen. Diagnose: geplatzte Bauchschlagader. Eine Notoperation konnte verhindern, dass er verblutete. Für Kaske gehörte das Risiko im Leben längst zur Tagesordnung. In den Augen der RAF-Terroristen war er ein «Nutznießer des Ausbeuter-Kapitalismus» und stand als deutsche Top-Führungskraft der Wirtschaft auf der berüchtigten RAF-Mordliste. Der Siemens-Chef genoss Personenschutz rund um die Uhr und machte in der Öffentlichkeit keine Bewegung, ohne nicht von schwer bewaffneten Leibwächtern flankiert zu werden.

Karlheinz Kaske war ein Siemens-Mann von Geburt. Schon der Vater arbeitete als Ingenieur beim Unternehmen, und der 1928 in Essen geborene Karlheinz schien schon früh keinen andern Wunsch gehabt zu haben, als möglichst rasch in

Vaters Fußstapfen zu treten. Als ein Schüler mit brillanten Noten verließ er bereits nach drei Jahren die Volksschule, machte mit 16 Abitur in Danzig und war als 21-Jähriger bereits diplomierter Physiker.

Nach verschiedenen Stationen bei Siemens – mit einer kleinen Unterbrechung in den fünfziger Jahren – wurde Kaske, in der Öffentlichkeit bis dato ein unbeschriebenes Blatt, 1981 zum Vorstandsvorsitzenden berufen. Er löste Bernhard Plettner ab, der als erster Familienfremder an die Spitze des Aufsichtsrates rückte. Das grelle Rampenlicht und die glitzernde Welt der Publizität waren nicht seine Bühne. Kaske tauchte in keiner Klatschspalte auf. Während andere Firmenchefs sich mit ihren Golf-Handicaps abmühten, liebte er ausgedehnte Streifzüge durch Wald und Feld.

Kaske schien sich nur unter Elektrotechnikern richtig wohl zu fühlen. Der stattliche Mann wirkte bei seinen Auftritten seltsam farblos. Seine hölzernen Bewegungen konnten schlecht seinen linkischen Umgang vertuschen. Seine Berater hatten ihn überzeugt, in der Öffentlichkeit statt Zigaretten Pfeife zu rauchen, weil ihm dies einen staatsmännischen Touch verleihe und Denkpausen so als habituskonform verziehen würden. Die «Bonner-Besuche», wie er die Gespräche mit Politikern und Vertretern der staatlichen Organisationen nannte, waren für ihn zwar notwendig, aber ein Gräuel. «Das Beste ist jetzt, dass diese Bonner-Besuche wegfallen», vertraute Kaske den Zentralvorständen bei seinem Abschied an. Ihm war nur eins bedeutend: die Wirkung im eigenen Haus. Viel wichtiger war es, von den Mitarbeitern ernst genommen als auf der Straße erkannt zu werden. Nicht umsonst galt er als der «Gorbatschow des Unternehmens». Er schaffte es mit seiner moderaten Art, dass Entscheidungen auch ohne böses Blut durchgesetzt wurden.

Geld verdiente Siemens unter seiner Führung in Fülle, allerdings nicht mit dem Kerngeschäft, sondern vor allem mit ausgeklügelten Finanzanlagen. Börsianer frotzelten, Siemens sei eine Bank, die nebenher auch noch eine Elektroabteilung unterhalte. Das Nachrichtenmagazin «Stern» erklärte den gewaltigen Produktionsapparat mit mehr als 300.000 Mitarbeitern, 165 Tochtergesellschaften weltweit und einem Jahresumsatz von mehr als 40 Milliarden Mark zur «Liebhaberei».

Kaske bediente sich dieser Kasse, um die «Kompanien», wie er die Geschäftsbereiche nannte, den «Erfordernissen der Zeit» entsprechend neu auszurichten. Seine Analyse: Zunehmend steigende Entwicklungskosten und kürzere Produktlebenszyklen sind nur zu bewältigen, wenn gleichzeitig die Produkte in Massen abgesetzt werden könnten. Diese Grundvoraussetzung war seiner Meinung nach in vielen Bereichen nicht gegeben, bei den öffentlichen Vermittlungssystemen etwa oder den Halbleitern. Die Manager schwärmten mit dem Auftrag aus, die verschiedenen Bereiche hartnäckig nach geeigneten Partnern oder Kaufobjekten abzuklopfen. Seinen Managern hatte er eingebläut, die Begriffe «Verhandlungen» und «Abkommen» aus ihrem Vokabular zu streichen und in der Öffentlichkeit allenfalls von «Gesprächen» zu sprechen.

Aus dem Elektrokonzern war in den achtziger Jahren ein für deutsche Verhältnisse aggressives Unternehmen geworden. «Im Grunde kaufen wir Zeit und Marktanteile und sparen damit Geld», sagte Kaske. 150 Beteiligungen reihte er in den achtziger Jahren in das Beteiligungsportfeuille ein, 50 davon allein 1988 und 1989, darunter etwa die IBM-Tochter Rolm Systems, ein renommierter Hersteller von Telefonnebenstellenanlagen, oder die Bendix Electronics Group in Detroit, um das noch junge Geschäft in der Autoelektronik zu verstärken. Mit IBM kooperierte er bei der Entwicklung eines Megachips, um den Rückstand auf die Japaner aufzuholen.

Der Konzern schreckte nicht einmal vor einer unfreundlichen Übernahme im Ausland zurück. 1989 schluckte Siemens gemeinsam mit dem britischen Wettbewerber General Electric das englische Elektronikunternehmen Plessey – gegen den Willen des dortigen Managements. Der spektakulärste Kauf ging in Deutschland über die Bühne. Nachdem Kaske öffentlich jahrelang die Möglichkeit, den Paderborner Computerhersteller Nixdorf zu kaufen, abgelehnt hatte, schlug er im Dezember 1989 doch zu. Zu jener Zeit prägte Kaske den Satz: «Wir werden jedes Schiff kapern, das vorbeikommt und zu unserem Unternehmen passt.»

Nach wie vor nichts wissen wollte er vom Verkauf einzelner Geschäftsbereiche. Entrüstet wies er die Forderung von Finanzanalysten zurück, den Halbleiterbereich abzustoßen. Drei Viertel des künftigen Umsatzes würden direkt oder indirekt vom Know-how in der Mikroelektronik abhängen, verteidigte er sich. Deshalb sei ein unmittelbarer Zugriff auf diese Technik überlebensnotwendig und der Gedanke an einen Abstoß deshalb völlig abwegig.

Dank der Zukäufe konnte Kaske in seiner mehr als elfjährigen Amtszeit den Umsatz zwar auf 73 Milliarden Mark steigern und damit mehr als verdoppeln. Die Bilanz blieb aber zwiespältig. Aus eigener Kraft war das Unternehmen kaum gewachsen, und von qualitativem Wachstum konnte schon gar keine Rede sein: Die Umsatzrendite stagnierte auf unbefriedigenden 2,5 Prozent.

Als es darum ging, Bilanz zu ziehen, entzog sich Kaske in einem Interview einem Urteil über Höhepunkte und Niederlagen, ganz der alten Siemens-Tugend verpflichtet und auf Ausgleich bedacht. «Es wäre gegenüber dem einen oder andern Bereich unfair, wenn ich sage, also das war besonders schön, das weniger.»

Existenzielle Nöte eines Jungunternehmers

Diese Art von Problemen waren Werner von Siemens, dem Gründer des Unternehmens, noch fremd. Ihn plagten andere Sorgen – existenziellere. Am 1. Oktober 1847 gründeten er und Johann Georg Halske in Berlin die Telegraphen-Bauanstalt Siemens & Halske. Siemens hatte die notwendigen technischen Kenntnisse auf dem «zweiten Bildungsweg» in der preußischen Armee erworben, wo er die Artillerie- und Ingenieursschule besuchte. Während seiner Militärzeit lernte er den Mechaniker Halske kennen, der schließlich seine Erfindungen baute. An ein Studium war für Werner von Siemens aus finanziellen Gründen nicht im Traum zu denken gewesen – seine Eltern waren schon früh gestorben und er musste seine jüngeren Geschwister unterhalten. Deshalb war es für ihn nahe liegend, seine Erfindungen kommerziell zu nutzen.

Der wohlhabende Vetter Johann Georg Siemens, der später die Deutsche Bank gründete, griff den beiden Jungunternehmern finanziell unter die Arme. Die Finanzierung durch eigene Mittel und Mittel von Verwandten war typisch für jene Zeit, da der Kapitalbedarf sich damals noch in engen Grenzen bewegte. Um Telegrafenapparate herzustellen, benötigte man keine teuren Maschinen, da reichte gutes Werkzeug. Erst 1863 wurde für die nun normierte, serienmäßige Fertigung von Einzelteilen eine Dampfmaschine angeschafft.

Halske und Siemens wollten aus Werner von Siemens' erster großer Erfindung – einer Weiterentwicklung des Wheatstonschen Zeigertelegraphen – Kapitel schlagen. Siemens hatte dem Telegrafen, der ähnlich wie ein Uhrwerk arbeitet, einen selbsttätig gesteuerten Synchronlauf zwischen Sender und Empfänger eingebaut. Das Gerät wurde zwar schnell durch ein neues, von Morse konstruiertes abgelöst, Siemens & Halske gelang es aber, dieses ebenfalls erfolgreich zu verbessern. Ende der vierziger Jahre begann das junge Unternehmen zudem Pressen zu fertigen, die dazu dienten, elektrische Leiter nahtlos mit Guttapercha zu isolieren. Dies ermöglichte es erst, die Leitungen unterirdisch im Wasser zu verlegen.

Werner von Siemens träumte von mehr als Reichtum, er wollte Macht und Ansehen für sich und für seine Familie: «So habe ich für die Gründung eines Weltgeschäfts à la Fugger von Jugend an geschwärmt, welches nicht nur mir, sondern auch meinen Nachkommen Macht und Ansehen in der Welt gäbe», schrieb er im Rückblick an seinen Bruder Carl. «Ich sehe im Geschäft erst in zweiter Linie ein Geldeswert-Objekt, es ist für mich mehr ein Reich, welches ich gegründet habe und welches ich meinen Nachkommen ungeschmälert überlassen möchte, um in ihm weiter zu schaffen.» Seine Vision ließ sich in den Startjahren nicht so einfach realisieren. Das Geschäft lief harzig an: Zehn Mitarbeiter arbeiteten Ende 1847 in der Hinterhofwerkstatt an der Schöneberger Straße 19 in Berlin, und Werner von Siemens diente immer noch in der Preußischen Armee, um den Unterhalt seiner jüngeren Geschwister zu finanzieren.

Der Telegrafenmarkt, in dem sich Siemens & Halske bewegte, kannte spezielle Gesetze. Weniger, weil er weitgehend immun gegen konjunkturelle Schwankungen war, sondern wegen seines engen Kundenkreises – ein Aspekt, der noch heute viele Siemens-Tätigkeiten prägt. Militärinteressen dominierten zunächst den Aufbau von Telegrafennetzen; dann entstanden sukzessive auch private Betreibergesellschaften, die Telegrafen für wirtschaftliche Zwecke nutzten, beispielsweise um Börsengeschäfte zu vermitteln. Schließlich bestellten zunehmend auch Eisenbahnverwaltungen die neuen Kommunikationsmittel, die halfen, Zeit und Raum zu überwinden.

«So habe ich für die Gründung eines Weltgeschäfts à la Fugger von Jugend an geschwärmt, welches nicht nur mir, sondern auch meinen Nachkommen Macht und Ansehen in der Welt gäbe.»
Werner von Siemens

Siemens und Halske profitierten zunächst davon, dass sie nahezu über ein Monopol und hervorragende persönliche Beziehungen verfügten. Die Unternehmer engagierten sich zudem in wissenschaftlichen Vereinen, um sich zu vernetzen. Um Kontakte hatten sich Werner von Siemens und sein jüngerer Bruder Wilhelm schon lange vor der Firmengründung bemüht, sowohl in Deutschland als auch England. Sie waren das A und O in dieser Branche. Als beratendes Mitglied der militärischen preußischen Telegraphenkommission konnte Werner von Siemens bereits im Vorfeld der Gründung des Unternehmens prestigereiche Aufträge an Land ziehen: den Bau der Telegrafenlinie von Berlin nach Frankfurt und schließlich weitere Linien im Rheinland. Rechtzeitig, als der preußische König Friedrich Wilhelm IV. am 28. März 1849 zum Deutschen Erbkaiser gewählt wurde, war die Verbindung zwischen Frankfurt und Berlin hergestellt worden und das Wahlergebnis konnte just nach der Verkündigung in der Frankfurter Paulskirche nach Berlin übermittelt werden. Der Erfolg hielt allerdings nicht lange an: Das zuvor mit Lorbeeren überschüttete Telegrafennetz sorgte wegen permanenter Störfälle für Ärger. Schuld waren das technisch noch wenig ausgereifte Produkt, die mangelhafte Isolierung der unterirdischen Leitungen und überhastet vorgenommene Verlegungsarbeiten. Friedrich Wilhelm Nottebohm, der Chef der preußischen Telegraphenverwaltung, kündigte die Zusammenarbeit. Das junge Unternehmen stand auf der Kippe.

Das Risiko war den Gründern seit ihrem Start bewusst gewesen. Sie hatten deshalb versucht, ihre Aktivitäten zu diversifizieren – was die Produktpalette anbelangt, vor allem aber auch geographisch. Werner von Siemens stellte später den Grundsatz auf, sämtliche Gebiete der Elektrotechnik zu bearbeiten, lehnte aber eine Expansion darüber hinaus ab. Da waren zum einen die Eisenbahnsignalapparate und jene Wassermesser, die speziell für den englischen Markt entwickelt worden waren, zum andern auch so genannte Alkoholmesser, die den russischen Steuerbehörden dazu dienten, die Höhe der Alkoholsteuer festzulegen. Letztere beide warfen vorerst nicht allzu großen Gewinn ab, dafür erlaubten sie Siemens & Halske, die nur mühsam zu findenden Facharbeiter auch in auftragsschwachen Zeiten zu halten und zu beschäftigen. In den sechziger Jahren entwickelte Werner von Siemens eine Dynamomaschine, die zunächst lediglich zu militärischen Zwecken eingesetzt wurde, später, als die Leistungsfähigkeit und Belastbarkeit verbessert worden waren, sah er in der Beleuchtung der elektrischen Straßenbahn und für Elektromotoren vielfältige Anwendungsmöglichkeiten. Ab 1877 kamen Telefone zum Sortiment hinzu: Siemens verbesserte die von Graham Bell entwickelten, aber in Deutschland nicht patentierten Apparate, die vorerst nur zwei Personen miteinander verbanden, und verkaufte in den ersten drei Jahren bereits 10.000 Stück. Die aufsehenerregendste Aktion war Siemens & Halske aber mit dem Bau der indoeuropäischen Telegrafenlinie Kalkutta-London (1870) gelungen. Sie funktionierte über 8000 Kilometer Entfernung, obwohl es noch keine Verstärkerröhren gab.

Werner von Siemens versprach sich vor allem viel davon, ins Ausland zu expandieren. Seine Brüder Wilhelm, Carl und Friedrich unterstützten ihn dabei. Die Planung, Entwicklung und Produktion zentralisierte er zwar weitgehend in Berlin, aber schon bald versuchte er Zweigstellen in ganz Europa zu errichten. Ein erster Vorstoß in England – noch vor der Unternehmensgründung – scheiterte unter anderem an mangelnden Beziehungen des jüngeren Bruders Wilhelm. Zudem fehlte das Gespür dafür, in anderen Kulturen Geschäfte zu machen. «... ich habe Gelegenheit gehabt, sehr viel über den Charakter der Engländer zu hören und bin zur Einsicht gelangt, dass er aus purem Egoismus zusammengebaut ist; so ist es z.B. durchaus keine Schande für ihn, jemanden zu betrügen, und es gibt keinen größeren Triumph für ihn, als einen Ausländer und besonders einen Deutschen hinters Licht zu führen», schrieb der knapp 20-jährige Wilhelm 1844 niedergeschlagen an seinen älteren Bruder.

In den fünfziger Jahren hatten Siemens & Halske mehr Erfolg, zumindest in Nischen des zwar privatwirtschaftlichen, aber stark regulierten britischen Marktes vorzustoßen. Wilhelm knüpfte interessante Beziehungen, nicht zuletzt indem er die Tochter eines Ingenieurprofessors und Teilhabers eines Kabelherstellers heiratete. Im Jahre 1863 bewies Werner von Siemens auf Drängen Wilhelms – für seinen Kompagnon Halske allzu – große Risikobereitschaft, als er ins äußerst kapitalintensive Geschäft mit unterirdisch verlegten Seekabeln einstieg. Das Abenteuer scheiterte bereits beim ersten Versuch, als ein Seekabel zwischen Cartagena und Oran hätte verlegt werden sollen: Das Kabel ging zwei Mal verloren, und das für die Verlegearbeiten ungeeignete Schiff wurde beschädigt. Halske plädierte nach dieser Blamage, das Haus in London sofort zu schließen. Der sich daran entzündende Streit führte schließlich dazu, dass Halske aus dem Unternehmen ausstieg. Erfolgreicher lief das Geschäft in Russland an. Es sicherte Siemens & Halske dank langfristiger Wartungsverträge, bei denen die Russen im wahrsten Sinne geschröpft wurden, bis weit in die 1860er-Jahre satte Gewinne.

Ausgeprägter Familiensinn: Beschränkung mit Folgen

Der Traum vom «Weltgeschäft» war aber aus einem ganz anderen Grund gefährdet. Nachdem Halske ausgestiegen war, lag das Unternehmen seit 1868 bis auf einige Kapitalanteile ganz in der Hand der Brüder Siemens. Werner von Siemens beanspruchte als Seniorchef und Familienoberhaupt die Leitung der Firma. Seine Managementprinzipien gründeten auf Loyalität und einem ausgeprägten Familiensinn, was angesichts des immer größer und schwieriger zu koordinierenden Unternehmens zu einigen Fehlentwicklungen führte. Während die Elektroindustrie weltweit einen ungeheuren Aufschwung nahm und die jüngere Konkurrenz mit Hilfe der teilweise in der Industriellen Revolution neu entstehenden Banken schnell expandierte, blieb Siemens & Halske durch interne Querelen und die Gesellschaftsform in seinen Möglichkeiten begrenzt.

Die Managementkapazitäten waren schon allein dadurch, dass letztlich nur seine Brüdern in Frage kamen, für ihn und mit ihm die Geschäfte zu leiten, stark beschränkt. Werner von Siemens konnte sich lediglich Familienmitglieder in der Geschäftsleitung vorstellen, da quasi deren Herkunft Garant für ihre Loyalität war. Noch in der 1882 akut werdenden Führungskrise seiner Firma hielt er es für unmöglich, einen «Fremden» in eine leitende Position des Geschäfts aufzunehmen.

Ein zweiter kritischer Punkt war die Belegschaft, die bis 1867 auf 150 Mitarbeiter angewachsen war, und die damit zusammenhängende Rentabilität des Geschäfts. Bereits Mitte der fünfziger Jahre führte der Buchhalter bei Siemens eine Arbeitskostenrechnung ein, die zwischen verschiedenen Funktionen unterschied. Mit diesem Lohnmodell schlug Siemens gleich zwei Fliegen auf einen Schlag: Die kurzen Lohnberechnungsperioden für Arbeitsleute und Gehilfen ermöglichten es, bei schlechter Auftragslage die Arbeiter kurzfristig auf die Straße zu setzen beziehungsweise Kurzarbeit einzuführen – mit entsprechend positiver Wirkung auf die Rentabilitätskennzahlen. Umgekehrt musste Siemens alles daran setzen, die gut gebildeten, erfahrenen Leute an das Unternehmen zu binden. «Im Beamtenpersonal liegt unsere Achillesferse», hatte Werner von Siemens schon 1857 erkannt. Während er bei seinen Familienmitgliedern Loyalität voraussetzte, musste er sie bei den höheren Angestellten mit langfristigen Verträgen, vom Dienstalter abhängigen Löhnen, Urlaubsregelungen und Erfolgsbeteiligungen – so genannten «Inventurprämien» – erkaufen.

«Im Beamtenpersonal liegt unsere Achillesferse.»
Werner von Siemens

Das Gedeihen des Unternehmens war aber auch durch die Kapitalstruktur begrenzt. Als Werner von Siemens 1867 erstmals einen Bankkredit beanspruchen und dafür hohe Zinsen zahlen musste, traf ihn das hart. Die Deutsche Bank wurde in dieser Zeit rasch die Hausbank von Siemens. Schließlich war ihr Gründer in den Anfangsjahren maßgeblich am Unternehmen beteiligt gewesen und auch noch verwandt. Der Seniorchef weigerte sich aber Zeit seines Lebens, die Firma in eine Aktiengesellschaft umzuwandeln, und beschränkte dadurch den finanziellen Spielraum der Firma in der immer kapitalintensiver werdenden Elektroindustrie.

Am meisten war aber die Realisierung seiner Vision eines weltweit agierenden, eng verknüpften Familienunternehmens unter seiner Führung durch ein eigenes Familienmitglied bedroht: Sein Bruder Wilhelm – und nach dessen Tod 1883 Ludwig Löffler, der von Wilhelm bevollmächtigt war, da er keine eigenen Nachkommen hatte – widersetzten sich bei jeder Gelegenheit. Sie kämpften mit betriebswirtschaftlichen Argumenten für mehr Unabhängigkeit. Briefe mit deutlichen Worten wurden über den Kanal geschickt: einmal waren es die zu hohen Preise des Berliner Stammhauses, die Wilhelm reizten, eine eigene Produktion in England aufzubauen, dann wieder die fehlende Risikobereitschaft und der argwöhnisch gehütete Vormachtsanspruch des Familienältesten. Werner von Siemens beharrte auf seiner Vision, gestand den Brüdern später aber zu, auf eigene Rechnung weitere Geschäfte zu führen. 1890 trat Werner von Siemens schließlich als 74-Jähriger formell aus der Firmenleitung aus. Sein Bruder Carl und seine Söhne Arnold und Wilhelm führten fortan das Unternehmen. Doch Werner von Siemens behielt nicht nur sein Büro bis zu seinem Tod im Dezember 1892, bei zentralen Entscheidungen sprach er nach wie vor mit.

In den späten achtziger Jahren waren der Gründer und seine Familie mit Ehrungen (unter anderem mit dem erblichen Adelstitel) überhäuft worden, Siemens & Halske hatte bis dahin aber einen erheblichen Teil des Vorsprungs eingebüßt, den das Unternehmen der Konkurrenz gegenüber besessen hatte. Mit der von Emil Rathenau gegründeten «Allgemeinen Elektricitäts-Gesellschaft» (AEG) entstand ein ernst zu nehmender Konkurrent auf dem Gebiet der Elektrotechnik. Beide Unternehmen entwickelten sich in der Folge sehr unterschiedlich, obwohl sie über ein vergleichbares Produkteportfolio verfügten.

Schützenhilfe für die AEG

1890 hatte die sieben Jahre zuvor gegründete AEG Siemens «an Kapitalkraft, Innovationsfähigkeit und Einfluss auf dem neu entwickelten Starkstrommarkt» überholt, wie der Historiker Jürgen Kocka schreibt. Werner von Siemens hatte das aus der Deutschen Edison-Gesellschaft hervorgehende Unternehmen unterschätzt und es lediglich als Bankengebilde betrachtet, das man sich mittels Absprachen auf Distanz hielt. Im Kooperationsvertrag von 1883 wurden die Felder abgesteckt: Die AEG sollte Kraftwerke bauen und Glühlampen herstellen und verpflichtete sich im Gegenzug, Bogenlampen, Dynamomaschinen, Motoren, Kabel und Drähte bei Siemens & Halske zu kaufen. Der Vertrag währte nicht lange, weil er die Unternehmen in ihren Expansionsgelüsten beschränkte.

Während die AEG eine fremdfinanzierte und in der Hauptsache von Banken geführte Gesellschaft blieb, behielt Siemens stets genügend finanzielle Mittel in der Rückhand, um weiterhin selbst die Geschäfte zu bestimmen. Damit verbunden war eine eher defensive Unternehmensstrategie, die erst den Raum für Rathenaus Neugründung schuf. Die AEG hingegen ging aggressiv vor und scheute auch das Risiko nicht. Rathenau gründete zahlreiche Betriebs-, Finanzierungs- und Beteiligungsgesellschaften, vor allem für Elektrizitätswerke und Straßenbahnen, um so die Nachfrage nach seinen Produkten zu stimulieren. Durch die Ausgabe von Aktien und Obligationen wurde etwa der Bau eines Kraftwerkes durch das Elektrounternehmen vorfinanziert. Das war deshalb notwendig, weil die neu entdeckten Anwendungsmöglichkeiten der Elektrizität Ende des 19. Jahrhunderts zwar faszinierten, aber niemand wusste, ob sich die horrenden Investitionen je rechnen würden. Die Elektrounternehmen mussten also die Nachfrage nach elektrischen Maschinen und Apparaten selber schaffen, indem sie diese Anlagen und Übertragungsnetze auch selber finanzierten. Dieses neue Prinzip, Märkte zu erschließen, wurde bereits von den Zeitgenossen «Unternehmergeschäft» genannt und kommt auch heute noch häufig beim Bau von Kraftwerken in der Dritten Welt, aber auch der Finanzierung von Mobilfunknetzen der dritten Generation UMTS zum Tragen. Die Zürcher Elektrobank zählt zu einer solchen AEG-Initiative. Sie sollte für Siemens noch eine wichtige Rolle spielen.

Die Ausbreitung des Unternehmergeschäfts und auch die Zurückhaltung von Siemens & Halske in diesem Bereich schufen in den neunziger Jahren ein Tummelfeld für junge, risikobereite Unternehmen. Die AEG war schon früh zu einem kaum noch durchschaubaren Industriegeflecht gediehen, in dem unzählige Beteiligungsgesellschaften relativ unabhängig agierten. Neben der AEG und Siemens & Halske gab es zur Jahrhundertwende in Deutschland eine Hand voll kleinerer Unternehmen, welche die andere Markthälfte unter sich aufteilten. Die Entwicklung des Unternehmergeschäfts und das ihm inhärente Finanzierungsrisiko löste aber schon bald einen Konzentrationsprozess aus, der durch einen Konjunktureinbruch noch beschleunigt wurde. Am Schluss blieben Siemens & Halske und die AEG übrig. Siemens hatte sich mit der Übernahme der 1873 in Nürnberg gegründeten Elektrizitäts-Aktiengesellschaft, vorm. Schuckert & Co., im Starkstromgeschäft durchgesetzt, das zuvor eine Domäne der AEG war. Doch auch die AEG konnte in einigen Geschäftsbereichen zulegen und machte seit 1899 mehr Umsatz als Siemens, das nun sein Geschäft in Stark-

und Schwachstrom aufteilte. Von dieser Trennung in Siemens Schuckertwerke (SSW) und Siemens & Halske (S & H) her rührt der erst nach dem Ersten Weltkrieg geprägte Begriff vom «Haus Siemens» und entsprechend dem «Chef des Hauses», wobei Haus gleichbedeutend mit Familie verstanden wurde.

AEG und Siemens konkurrenzierten sich nicht nur, sie arbeiteten – teils freiwillig, teils unfreiwillig – auch zusammen. Das Gemeinschaftsunternehmen *Telefunken* etwa war auf Druck Kaiser Wilhelms II. zustande gekommen. Im Deutschen Reich benutzten Heeres- und Marineverwaltung Funksysteme unterschiedlicher Hersteller, um nicht beim damaligen britischen Weltmarktführer Marconi einkaufen zu müssen, der die feindlichen Streitkräfte belieferte. Die Heeresverwaltung fürchtete aber, dass durch die verschiedenen Systeme im Kriegsfall die Kommunikation zwischen den Teilstreitkräften erheblich gestört sein könnte und drängte Siemens und AEG zur Kooperation.

Aus eigenen Stücken kooperierten die Konkurrenten 1919 mit der Deutschen Gasglühlicht AG, um die Glühlampenfertigung zusammenzulegen. Sie nannten das neue Gebilde, das den Amerikanern Paroli bieten sollte, *Osram* (der Name bildet sich aus den Worten Osmium und Wolfram).

Im Schatten des Zweiten Weltkrieges

Siemens & Halske war in der Zwischenzeit (1897) in eine Aktiengesellschaft umgewandelt worden. Die Aktienmehrheit verblieb aber bei der Familie, und das Unternehmen wurde weiterhin zentralistisch von Berlin aus geführt. Nach dem Ersten Weltkrieg hatte die deutsche Elektroindustrie an Terrain eingebüßt. Ausländischer Besitz und Patente waren verloren und die Firmen hatten Probleme, die nötigen Rohstoffe zu besorgen. Deshalb begab sich Siemens 1920 das erste und einzige Mal in die Abhängigkeit eines anderen Unternehmens: Die Gesellschaft verbandelte sich mit der Stinnes-Gruppe zur Siemens-Rheinelbe-Schuckert-Union, die faktisch aber bereits 1925 wieder aufhörte zu existieren.

Während der Weimarer Republik beziehungsweise den Depressionsjahren überflügelte der Elektrokonzern schließlich seinen Hauptkonkurrenten AEG wieder und beschäftigte 1930 127.000 Mitarbeiter – eine Zahl, die sich bis 1944 verdoppeln sollte. Bei der AEG war es nach dem Tod des Firmengründers

1915 zu Machtkämpfen gekommen. Die rapide Geldentwertung nach Kriegsende machte es notwendig, die Kapitalbasis aufzustocken, der veraltete Maschinenpark war nicht erneuert worden und die Tochtergesellschaften machten Verluste. Nach Ausbruch der Weltwirtschaftskrise geriet die AEG sogar an den Rand der Zahlungsunfähigkeit.

Siemens hingegen war inzwischen zu Europas größtem Elektrokonzern aufgestiegen. Der Konzern spürte aber zunehmend die britische und amerikanische Konkurrenz – IBM, die International Telephone & Telegraph Corporation oder General Electric. IBM etwa war es gelungen, den deutschen Konzernen bei den Nationalsozialisten lukrative Aufträge vor der Nase wegzuschnappen. Siemens gehört aber mit Sicherheit zu denjenigen Unternehmen, die von der wiederbeginnenden Aufrüstung in Deutschland in den dreißiger Jahren profitierten. Gemäß dem Mediziner und Historiker Karl Heinz Roth hatte der Konzern nach dem Ersten Weltkrieg die gesamte – durch den Versailler Vertrag in Deutschland verbotene – elektrotechnische Rüstungsentwicklung ins europäische Ausland verlagert. Die ansteigende Nachfrage nach der Machtergreifung der Nazis hatte den Effekt, dass Siemens schon sehr früh in einen Engpass schlitterte, geeignete Mitarbeiterinnen und Mitarbeiter zu rekrutieren. Siemens optimierte zunächst seine innerbetrieblichen Prozesse und baute in den noch wenig erschlossenen Grenzregionen Deutschlands neue Werke. Historiker sprechen in diesem Zusammenhang von einer «Politik der verlängerten Werkbank»: Zu Kriegsbeginn waren die acht Siemens-Halske-Werke mit 20 Betrieben noch auf neun Städte beschränkt gewesen. Ende 1944 verteilten sie sich auf 518 Orte; die Siemens-Schuckert-Werke waren zu diesem Zeitpunkt an 140 Standorten präsent (1939: 13 Werke mit 34 Betrieben in 17 Städten). Der Personalmangel war für diese Entwicklung allerdings nur ein Grund, später kam hinzu, dass die Werke auch wegen der Gefährdung oder Zerstörung durch Luftangriffe verlagert wurden.

Der Bedarf an Arbeitskräften konnte aber auf diese Weise nicht gedeckt werden. Viele deutsche Unternehmen suchten in dieser Zeit die Nähe zu den neu entstehenden, unerschöpflichen Arbeitskräftereservoirs, den Konzentrationslagern. IG Farben war der erste deutsche Industriekonzern, der 1940/41 bei Auschwitz ein Werk aufbaute, gefolgt von den Henkel-Werken. Und schon bald schrieben sich auch Siemens und die AEG in dieses traurige Kapitel ein.

Im Sommer 1942 errichtete Siemens mit der Unterstützung des Wirtschafts-Verwaltungshauptamts der SS und des Reichsluftfahrtministeriums im Frauenkonzentrationslager Ravensbrück ein Werk für feinmechanische Montage- und Justiertätigkeiten. Die Fertigkeiten feiner Frauenhände waren unentbehrlich, um elektrisches Kriegsgerät wie Relais, Einrichtungen für Unterseeboote und Flugzeuge, Zeitzünder für Bomben, Sende- und Empfangsanlagen etc. herzustellen. Beaufsichtigt von 150 deutschen Fachkräften – Meister, Kalkulatoren, Vorarbeiterinnen – arbeiteten bis zum Kriegsende 2000 bis 2300 Frauen in den zwanzig von Siemens gebauten Baracken.

Die Erfahrungen mit Ravensbrück setzten Maßstäbe. Ein halbes Jahr nach der Errichtung der ersten Baracke hieß es an einer firmeninternen Grundsatztagung über die Beschäftigung von Zwangsarbeitern, der ganze Erfolg des «Ausländereinsatzes» hänge davon ab, inwieweit es gelänge, die Rekrutierungsbehörden zu beeinflussen, «um das Brauchbarste für uns herauszuholen». Die Siemens-Manager erörterten gemäß Roth Eignungstests, aber auch die Frage, wie man die «Fremdvölkischen» einsetzen sollte. Der hochrangige Hanns Benkert machte zum Schluss der Tagung klar: Die Zeit des «Provisoriums» sei vorüber, man müsse nun die Beschäftigung von «Fremdvölkischen» als Dauereinrichtung aufziehen.

Insgesamt waren etwa 50.000 Arbeitskräfte «gegen ihren Willen» beim Elektrokonzern beschäftigt.

Mitte 1944 waren von insgesamt 244.000 Siemens-Beschäftigten 15.200 Personen KZ-Häftlinge. Hinzu kommen die Zwangsarbeiterinnen und Zwangsarbeiter, die aus besetzten Gebieten deportiert wurden. Gemäß dem Historiker Wilfried Feldenkirchen waren insgesamt etwa 50.000 Arbeitskräfte «gegen ihren Willen» beim Elektrokonzern beschäftigt. Bei der AEG war 1944 von den 102.000 Beschäftigten jeder Vierte ein ausländischer Zivilarbeiter oder Kriegsgefangener. Eingesetzt wurden die Zwangsarbeiter sowohl in den eigenen Werken als auch in den in unmittelbarer Nähe zu den Konzentrationslagern errichteten Betrieben. Aber auch auf Baustellen, wie beispielsweise beim Wiederaufbau der weitgehend zerstörten Weichselbrücke oder eines gesprengten Wassergroßkraftwerkes in der Ukraine, griff Siemens auf diese Arbeitskräfte zurück.

Dass die deutschen Industrieunternehmen während des Zweiten Weltkriegs zu den Nutznießern der Zwangsarbeit von KZ-Häftlingen gehörten, ist heute unbestritten. Unter Historikerinnen und Historikern ist man sich aber nach wie vor uneins, welches Verhältnis die Unternehmen zum Nazistaat und seinem KZ-System pflegten: War die Beschäftigung von KZ-Häftlingen Teil der staatlichen Wirtschaftslenkung, der sich Unternehmen nicht entziehen konnten? Oder erfolgte die industrielle Ausbeutung jüdischer KZ-Häftlinge aus ideologischen Motiven, da sowohl Unternehmer als auch Manager den Antisemitismus des NS-Regimes teilten?

Für die zweite These existiert eine Reihe von Belegen, die zumindest verschiedene Siemens-Manager in die Nähe der NSDAP rücken. Als Großunternehmen bildete Siemens wohl ziemlich genau die in der Bevölkerung herrschenden Werthaltungen ab. Carl Friedrich von Siemens äußerte sich beispielsweise in einer Runde von amerikanischen Industriellen 1931 voller Lobes für die Nationalsozialisten. «Hitler hat seine wirklichen Anhänger zu starker Disziplin erzogen, um revolutionäre Bewegungen des Kommunismus zu verhindern.» Hanns Benkert hatte schon vor dem Novemberprogrom von 1938 angeordnet, dass die jüdischen Beschäftigten bei Siemens zu separieren seien. Die Oberingenieure und Werkleiter rechneten die deutschen jüdischen Zwangsarbeiter generell zu den «Volksfremden» und hohe Siemens-Manager waren in wichtigen Arbeitsgruppen vertreten, welche die Kriegswirtschaft organisierten. Friedrich Lüschen etwa, seit 1941 stellvertretender Vorstandsvorsitzender von Siemens & Halske und Leiter der Wirtschaftsgruppe Elektroindustrie, folgte 1945 Hitler in den Freitod.

Völkisches Denken ist deshalb zumindest in die Art, wie Zwangsarbeiter durch bestimmte Siemens-Führungskräfte behandelt wurden, eingeflossen. Die Quellen belegen außerdem einen gewissen Handlungsspielraum der Manager, den sie nutzten, um das «Brauchbarste» für das Unternehmen herauszuholen – das heißt, den inhaftierten Arbeitskräften ein Maximum an wirtschaftlichem Nutzen abzuringen. Die Lageraufsicht verfügte über Möglichkeiten, strebsame Häftlinge zu belohnen und ihnen Zusatzverpflegung oder Ernährungszulagen zuzuteilen. Im Gegenzug übte sie auch Terror aus. Die Inhaftierten wussten sehr genau, dass sie produktiv und arbeitsfähig bleiben mussten, um der drohenden Vernichtung zu entgehen. Wer beispielsweise im KZ-Außenlager Haselhorst nicht mehr in der Lage war, die erwartete Leistung zu erbringen, wurde laut dem Historiker Rolf Schmolling in Siemens-eigene Lkws verfrachtet und ins KZ Sachsenhausen abgeschoben.

Aus dem Konzentrationslager Ravensbrück liegen verschiedene, in ihren Aussagen übereinstimmende Erlebnisberichte vor. «Als ich im November 1942 zum ersten Mal die Baracke 2 des Siemens-Häftlingsbetriebs betrat, verschlug es mir den Atem. Im Lager Ravensbrück hatte ich erlebt, wie wir, etwa 18 Frauen, einen eisenbereiten Pferdewagen zogen und schoben, wie der Sinn unserer Arbeit nicht im Arbeitsergebnis, sondern im Quälen und Vernichten der

Häftlinge bestand. Und nun so etwas, eine helle, gut eingerichtete und gut geheizte, blitzsaubere Fabrikhalle. Auch die Arbeitsplätze entsprachen dem damaligen Stand: verstellbare Arbeitsstühle mit Rücken- und Armstützen. Natürlich war der Komfort nicht den Häftlingen zuliebe geschaffen. Ohne diese Arbeitshilfen wären die Leistungen der Spulenwicklerinnen niedriger, die Ausschussquoten wesentlich höher gewesen. Bei zu niedriger Raumtemperatur waren die Drähte überhaupt nicht zu bearbeiten. Unabhängig von den Ursachen all dieses Komforts verzögerte es zunächst einmal unser Ende», erinnert sich Rita Sprengel. Die KZ-Häftlinge wurden nach ihren manuellen und handwerklichen Fertigkeiten ausgewählt. Ihre Leistungsfähigkeit wurde gemessen; Fernbleiben von der Arbeit wurde der KZ-Leitung gemeldet, die mit Schlägen antwortete. In Schreiben an die Leitung des Arbeitseinsatzes des Frauen-KZs seien ausführliche Charakterprofile erstellt worden: Die Person ist faul, frech, schmutzig, ungeschickt, schläft dauernd ein, gibt sich keine Mühe, hieß es da.

Der Grad der Ausbeutung scheint sich gegen Kriegsende gesteigert zu haben, wie eine belgische Zwangsarbeiterin berichtet: «Wir setzten nicht mehr nur kleine Teile zusammen; wir produzierten nun auch die Teile selbst, mit großen Maschinen. Wir arbeiteten an Pressen, Drehbänken, Bohrmaschinen und an einer Art Sägemaschine. Die Arbeitsbedingungen in Ravensbrück waren sehr schwer, und es gab häufig Unfälle. Ich persönlich war noch Schülerin der Normalschule gewesen und hatte nie eine Maschine gesehen. Das alles trug dazu bei, dass wir uns oft in sehr schlimmen Situationen befanden. Es gab Verletzungen an den Händen, durchbohrte Finger und oft bekamen wir Eisensplitter in die Augen, denn die Maschinen hatten keinerlei Schutzvorrichtungen. Auch im Labor wurde die Arbeit gefährlich, wir mussten mit Säuren umgehen. Es kam zu Übelkeit und Erbrechen ... Waren die Häftlinge verletzt oder krank, so schickte man sie ins Lager zurück, und Siemens konnte erneut die Auswahl treffen unter den jungen Häftlingen, die neu ins Lager gekommen waren, und so die fehlenden Arbeitskräfte ersetzen.»

Der Konzern am Rande der Zerschlagung

Am Kriegsende lag Hitlerdeutschland am Boden, und mit ihm Siemens. Doch auch dieses Mal kam der Firma ihr gutes Kontaktnetz im In- und Ausland zugute – eine der Konstanten in ihrer Geschichte. Es sicherte dem

Unternehmen zunächst den Weiterbestand. Im Herbst 1944 hatte der Siemens-Vorstand über verschlungene Wege von der künftigen Aufteilung Deutschlands in Besatzungszonen erfahren. Angeblich hatte der junge, im neutralen Schweden eingesetzte Prokurist und spätere Siemens-Vorstandsvorsitzende Gerd Tacke eine geheime Karte mit den Beschlüssen der Jalta-Konferenz von Stockholm in die Berliner Zentrale geschmuggelt. Der Siemens-Historiker Wilfried Feldenkirchen verbannt diese These ins Reich der Legendenbildung. Seiner Meinung nach waren die Vorstände des Berliner Stammhauses spätestens im Herbst 1944 zur Einsicht gelangt, dass Deutschland den Krieg verlieren und nur die Einrichtung von Gruppenleitungen außerhalb Berlins den Bestand des Unternehmens sichern könnte – eine für den Bereich West (Mülheimer Werk), eine für den Bereich Süd (die in Mitteldeutschland, Sachsen und Bayern gelegenen Werke) und eine für den Bereich Südost (für die in der Ostmark befindlichen Werke). Im Februar 1945 informierten sie die Behörden von ihren Plänen, mit der vorgeschobenen Begründung, dass die Errichtung der Gruppenleitungen dazu diene, die Wehrkraft aufrechtzuerhalten. Noch im Februar – also vor Kriegsende – brachen die Auserkorenen, meist zu dritt, gut geschützt in einem Kohlevergaserwagen in den Süden und Westen auf.

Ernst von Siemens, der Sohn des früheren Chefs Carl Friedrich, wurde inzwischen beauftragt, die Gesamtinteressen des Unternehmens wahrzunehmen, und nach München geschickt, wo er eine Villa am Starnberger See besaß – wohlwissentlich, dass der damalige Vorstandsvorsitzende, Hermann von Siemens, nicht mehr in der Lage dazu sein würde, denn nach der Kriegsniederlage rechnete man mit seiner Verhaftung.

Das Unternehmen hatte massiv an Substanz eingebüßt. Feldenkirchen schätzt die Gesamtschäden auf insgesamt 2,58 Milliarden Reichsmark – was vier Fünftel der damaligen Substanz entsprach. Die Werke waren in sehr unterschiedlichem Maße zerstört. In Siemensstadt hatten die Russen alles, was sie für brauchbar hielten, abmontiert, die Barmittel eingesackt und die Lager mit Fertig- und Halbfabrikaten sowie Rohstoffen geplündert. Im Ausland wurden verschiedene Werke enteignet und das Siemens-Vermögen beschlagnahmt. Die wertvollen Patentrechte wurden aufgehoben. Schließlich beklagte Siemens den Verlust von Zeichnungen, Mess- und Prüfunterlagen sowie Konstruktionsplänen.

Auch die Belegschaft bei Siemens wurde erheblich dezimiert: Viele Beschäftigte waren im Krieg gefallen. Man fürchtete, durch die Entnazifizierung würden die Reihen vor allem des Topmanagements noch weiter ausgedünnt. Die sozialpolitische Abteilung verfasste deshalb einen für interne Zwecke gedachten Rechtfertigungsbericht, in dem behauptet wurde, dass Siemens vom Staat zum Einsatz von Zwangsarbeitern gezwungen worden sei, im Gegenzug aber für gute Arbeitsplätze gesorgt habe.

Vorsorglich hatte Siemens rasch nach Kriegsende seine eigenen Reihen überprüft und den einen oder andern Mitarbeiter entlassen. Das Topmanagement kam trotzdem nicht ungeschoren davon. Der Vorstandsvorsitzende Hermann von Siemens gelangte auf die Kriegsverbrecherliste, wurde aber nach dreijähriger Internierung 1948 bereits wieder frei gelassen – «was den guten Beziehungen des Hauses zur amerikanischen Besatzungsmacht und den zahlreichen Industriellen in ihrem Offizierskorps zu danken war», wie Friedrich Christian Delius, Schriftsteller und Verfasser einer Siemens-Pseudo-Festschrift, vermutet.

Anderen «Siemensianern» misslang die Bewältigung der Vergangenheit. Einige Vorstandsmitglieder begingen Selbstmord, andere wurden nach Russland deportiert, wo sie entweder starben, sich selber umbrachten oder erst nach Jahren wieder nach Deutschland zurückkehrten. Im Rahmen der Entnazifizierung wurden im Siemens-Vorstand zwei ehemalige NSDAP-Mitglieder identifiziert. Dem bereits erwähnten Hanns Benkert wurde vorgeworfen, dass seine Reden an Betriebsversammlungen von Naziterminologie nur so gestrotzt hätten. Zu einer Verurteilung kam es aber nie – Benkert starb während des Verfahrens an einem Herzinfarkt. «Insgesamt lief die Entnazifizierung für Siemens aber glimpflich ab», schreibt Bernhard Plettner, der nachmalige Vorstandsvorsitzende.

Was die Diskussion über den Einsatz von Zwangsarbeitern anbelangt, zöge er wohl nicht den gleichen Schluss. Der oben erwähnte interne Rechtfertigungsbericht des Hauses Siemens wurde zwar nie veröffentlicht, in den fünfziger Jahren gelangte aber die Jewish Claims Conferenence an ein Exemplar. Er wurde zum entscheidenden Beweismittel gegen Siemens in den zähen Verhandlungen um Entschädigungsleistungen für ehemalige jüdische Zwangsarbeiterinnen und -arbeiter. Der Konzern zahlte Anfang der sechziger Jahre insgesamt sieben Millionen DM – ohne dass man sich rechtlich oder moralisch dazu verpflichtet gesehen hätte, aber um eine öffentliche Debatte zu verhindern und Interessen in den USA zu wahren. Später schaltete die Siemens-Führung auf die harte Linie: 1974/75 beschäftigte sich ein Heer von Anwälten von Siemens mit der Pseudo-Festschrift «Unsere Siemens-Welt» von Delius. Schließlich setzten sich die Juristen in 9 der 19 Klagepunkte durch, darunter auch einige Aussagen zum Thema Zwangsarbeit.

Die Debatten um Nazigold, Bankenschuld und Versicherungsbetrug erhöhten nach 1996 den Druck auf die deutschen Industrieunternehmen massiv und brachten das Kapitel Zwangsarbeit nicht zufällig wieder ans Tageslicht. Nach zähen Verhandlungen zeigten sich zuerst die Schweizer Großbanken kompromissbereit. Später rang sich auch Siemens durch, gemeinsam mit andern Konzernen einen Entschädigungsfonds einzurichten.

Die zweite Schockwelle, was die veränderten Rahmenbedingungen nach dem Zweiten Weltkrieg anbelangt, erreichte den Konzern, als die Amerikaner den Plan verfolgten, Siemens ähnlich wie die IG Farben zu zerschlagen. Eine im Februar 1947 zur Beratung vorgelegte Verordnung der amerikanischen Militärregierung sah vor, dass die Kartelle und großen Konzerne beseitigt werden müssten und in Deutschland keine Unternehmen mit mehr als 10.000 Beschäftigten existieren dürften. Der Plan versandete.

Das Unternehmen wäre aber beinahe doch noch in mehrere Teile aufgespalten worden – und zwar wegen interner Streitigkeiten. Die unterschiedlichen Ausgangslagen der beiden Stammfirmen S & H und SSW einerseits und der Produktionsstandorte in Berlin und den Westzonen andererseits verliehen Eigeninteressen der verschiedenen Gruppen Auftrieb. Der Finanzchef etwa weigerte sich, von Berlin aus die Gruppenleitungen mit Geld zu versorgen, was prompt dazu führte, dass sämtliche liquiden Mittel verloren gingen. Streit gab es auch um den Standort des Mutterhauses: Für die einen kam nur die einst stolze Siemensstadt in Berlin, ein Monument der Industriearchitekturgeschichte und Sinnbild der Größe und Macht des Konzerns, in Frage, für die Gruppenleitungen hingegen war eine Verlegung in den Westen unumgänglich. Der Streit eskalierte im August 1948, als der provisorische Aufsichtsrat in Berlin Ernst von Siemens und auch den Leiter der Gruppe Süd absetzte. Nach zähen Verhandlungen, die ein halbes Jahr dauerten, erhielten die beiden Unternehmensteile – Siemens & Halske und Siemens Schuckertwerke – wieder eine einheitliche Führung für ganz Deutschland, darunter die beiden von den Alliierten angeklagten Hermann von Siemens als Aufsichtsratsvorsitzenden und Wolf-Dietrich von Witzleben als seinen Stellvertreter. Von Siemens richtete sein Büro in München an der Hofmannstraße ein, wo seit 1927 Fernsprechgeräte produziert wurden. Und obwohl es offiziell verboten war, neue Industriegebiete anzusiedeln, gelang es dennoch, die Genehmigung zu erhalten, in Erlangen, jenem von den Kriegszerstörungen weitgehend verschonten Universitätsstädtchen, eine Produktion aufzubauen.

Während die Bevölkerung Deutschlands hungerte und noch niemand den Begriff des deutschen Wirtschaftswunders in den Mund nahm, erholte sich Siemens relativ rasch. Das lag daran, dass die westlichen Alliierten die Besitzrechte der Privatindustrie nach und nach wieder akzeptierten und Siemens die Produktion schnell wieder hoch ziehen konnte. Eine sehr wichtige Rolle spielten aber auch die über Jahrzehnte hinweg aufgebauten Kontakte, einerseits zu den Auslandgesellschaften, aber auch zu den Kunden, die sich wieder meldeten. Nach dem Zweiten Weltkrieg hatte etwa die junge österreichische Republik kurzerhand Siemens-Beteiligungen in Österreich verstaatlicht, um dieses deutsche Eigentum vor dem Zugriff der Alliierten zu retten. Das Resultat: Als die Deutschen 1971 alle österreichischen Töchter zu Siemens Österreich zusammenfassten, war die Republik Österreich zu 43 Prozent beteiligt. Siemens Österreich war quasi eine Halbschwester der verstaatlichten Industrie und der öffentlichen Hand. Aussagekräftig sind in diesem Zusammenhang die Schreiben eines Ministeriums aus den siebziger Jahren, dass bei öffentlichen Aufträgen, bei Ausschreibungen von Post und verstaatlichter Industrie Siemens nach Möglichkeit zu bevorzugen sei.

Als die Westmächte 1952 den deutschen Unternehmen die Genehmigung für Auslandsniederlassungen und Kapitalbeteiligungen zugestanden, verfügte Siemens dank seiner guten Kontakte bereits wieder über ein inoffizielles Netz, unter anderem in der Schweiz, in Österreich, Schweden, Spanien, Italien, Südafrika, Japan, Brasilien und Argentinien. 1950 hatte der Konzern beinahe wieder sein Vorkriegsproduktionsniveau erreicht. In dieser Zeit trat auch der junge Karlheinz Kaske ins Unternehmen ein. Nachdem er das Physikdiplom in der Tasche hatte, heuerte er in der Entwicklungsabteilung des zu Siemens gehörenden Wernerwerks für Messtechnik in Karlsruhe an.

Die «Bank» Siemens

Die AEG rappelte sich nach dem Krieg nicht so rasch auf. Fast alle Produktionsstätten waren bei Kriegsausbruch in Berlin und Umgebung angesiedelt gewesen. Zu allem Überdruss lagen einige der wichtigsten Werke im Sowjetsektor und wurden 1945 enteignet. Im Gegensatz zu Siemens reagierte die AEG relativ unvorbereitet auf das Kriegsende. Alles in allem verlor der Konzern

75 Prozent seiner Substanz und startete damit aus einer viel schlechteren Ausgangslage, wie der Historiker Peter Strunk festhält. Auch das AEG-Management wurde durch Entnazifizierungsprozesse ausgedünnt, einige der Betroffenen tauchten aber nur wenige Jahre später wieder in Spitzenfunktionen des Unternehmens auf.

Das AEG-Management schien vom Gedanken besessen zu sein, zu Siemens aufzuschließen. Vorstandschef Hans C. Boden erklärte im Februar 1959 vor dem Aufsichtsrat, dass es der AEG nicht gelungen sei, die Kriegsverluste auszugleichen, die weitaus höher seien als bei der Konkurrenz. Siemens habe «nicht so lange primitiven Aufbau betreiben müssen und konnte früher in eine sachgemäße Planung eintreten. Bei schlechter Konjunktur ist dieser Vorsprung ein ernstes Problem. Es müssen alle Anstrengungen gemacht werden, um Siemens einzuholen», führte er aus.

«Es müssen alle Anstrengungen gemacht werden, um Siemens einzuholen.»
Hans C. Boden

Zwar setzte die AEG gerade auch mit Haushaltsgeräten, den ersten elektrischen Waschmaschinen und Kühlschränken, viel Geld um, aber an Siemens reichte sie nicht heran. 1966, als Telefunken in die AEG integriert und Siemens & Halske und die Siemens-Schuckert-Werke unter dem Dach der Siemens AG zusammengefasst wurden, erwirtschaftete die AEG 4,6 Milliarden Mark Umsatz, Siemens dagegen 6,5 Milliarden. Bei Siemens überstieg das Eigenkapital die Finanzschulden um 701 Millionen, bei der AEG nur um 13 Millionen Mark. In der Öffentlichkeit wurde Siemens eine «Bank mit angehängter Elektroabteilung» genannt.

Im Duell mit Siemens verließ sich das AEG-Management auf ein Mittel: den Griff in die Portokasse. In einem Kaufrausch griff man sich vorzugsweise kleinere und mittelgroße Unternehmen. Der ungestüme Expansionskurs und das Gerangel um Führungspositionen erwies sich als «Parforceritt in den Abgrund», wie Strunk beschreibt. Die Umsätze legten zwar zu, die Erträge aber schrumpften, und die Schuldenlast verringerte den Spielraum des Unternehmens. Schließlich rutschte es in die roten Zahlen und zu allem Überfluss verursachten defekte Siedewasserreaktoren und das damit verbundene Fiasko in der Kerntechnologie ein finanzielles Desaster. Statt aufzuschließen, war die AEG gezwungen, die Datenverarbeitung und Anteile an gemeinsamen Unternehmen, wie die erst 1968 gebildete Kraftwerkunion oder Osram, ausgerechnet an Siemens zu verkaufen.

Im Jahr 1982, als Karlheinz Kaske vom «Industriemagazin» zum «Manager des Jahres» gekürt wurde und mit Bernhard Plettner erstmals ein nicht mit dem Firmengründer verwandter Mann Aufsichtsratsvorsitzender von Siemens war, summierten sich die Verpflichtungen der AEG auf insgesamt 5,9 Milliarden Mark. Hinzu kamen 1,4 Milliarden Mark Verbindlichkeiten inländischer und ausländischer Tochtergesellschaften. Am 9. August beantragte die AEG nach fieberhaften Sitzungen mit Bund und Banken beim Frankfurter Amtsgericht die Eröffnung des gerichtlichen Vergleichsverfahrens, um den Konkurs abzuwenden. Die Folgen eines Konkurses wären nicht absehbar gewesen, weder wirtschaftlich noch politisch. Die Gläubiger verzichteten schließlich auf 4,4 Milliarden Mark Forderungen.

Zwei Wochen vor Abschluss des Vergleichsverfahrens, Anfang September 1984, trafen sich AEG-Chef Heinz Dürr und der Finanzvorstand des Daimler-Benz-Konzerns, Edzard Reuter, am Bodensee zu einem Gespräch und legten dabei den Grundstein für die Übernahme durch Daimler Benz, die ein Jahr später besiegelt wurde. Die AEG war nun erstmals seit der Gründung kein Kind der Banken mehr, sondern dasjenige eines Automobilkonzerns. Zehn Jahre später, am 17. Januar 1996, beschloss der AEG-Aufsichtsrat das formelle Ende der AEG, indem er sich für die völlige Verschmelzung mit Daimler-Benz entschied.

Der frühere Siemens-Chef Karlheinz Kaske verfolgte dieses Schlussspiel aus der Ferne. Während Siemens in den Jahren 1956 bis 1982 nur gerade drei verschiedene Vorstandsvorsitzende hatte, waren es bei der AEG acht gewesen. Auch Kaske hatte in den achtziger Jahren tüchtig eingekauft und sich damit gebrüstet, dass es nichts gäbe, was sich Siemens nicht leisten könnte. Aber seine Sorge hatte nie dem Umstand gehört, dass es irgendwo einen Siemens-Intimfeind gäbe, den man mittels Firmenkäufen bekriegen müsste. Das seit jeher solide finanzielle Fundament des Unternehmens hätte er dafür schon gar nicht aufs Spiel gesetzt.

Trotzdem wurde Kaske von Siemens herb enttäuscht: Traditionell hätte ihm ein Sitz im Aufsichtsrat zugestanden, doch Kaske ging leer aus. Offiziell hieß es, es sei kein Platz frei geworden. Hinter vorgehaltener Hand wurde gemunkelt, Kaske und der damalige Aufsichtsratsvorsitzende Heribald Närger seien heftig aneinander geraten. Der Streit wurde nie öffentlich thematisiert, aber einige Aufsichtsratsmitglieder hatten davon Kenntnis. Statt Kaske erklomm sein Finanzchef Hermann Franz den Königsstuhl – «aus guten Gründen», wie die «Süddeutsche Zeitung» urteilte, schließlich war Franz der Architekt der letzten großen Organisationsreform von 1989 gewesen und noch im Beisein Kaskes zum starken Mann im Unternehmen aufgestiegen. Abgeschoben, ausrangiert: Kaske machte gute Mine zum bösen Spiel. Er bezog ein Büro am Wittelsbacherplatz mit einer Aufgabe, die vage als «Berater» umschrieben wurde.

Nach langer, schwerer Krankheit starb Karlheinz Kaske am 27. September 1998 im Alter von 70 Jahren in Berg am Starnberger See.

Der Glaube an die Selbstheilungskräfte

Helmut Ottl, der Mann mit der Begrüßungskartei

«Hier wird die Siemens-Politik gemacht», flüstert Helmut Ottl, während er den Schlüssel ins Schloss der schweren Türe steckt. «Kein Laut dringt nach außen. Alles garantiert abhörsicher.» Mit schweren Platten, in mattgrün und weiß gehalten, sind die Wände ausgekleidet; das Zimmer wird von einem ovalen Holztisch im Zentrum dominiert. Das Sitzungszimmer des Zentralvorstands im vierten Stock des Rosa Palais am Wittelsbacherplatz 2 ist die Kommandozentrale des Siemens-Konzerns – das Herzstück des Elektrogiganten. In diesem Raum wird über Kauf und Verkauf von Firmen entschieden, werden Milliarden verschoben oder die Entlassung eines der Bereichsvorstände besiegelt. Eine Abstimmung hat hier seines Wissens noch nie stattgefunden. Es wird diskutiert, bis auch der letzte überzeugt ist. «Kein Normalsterblicher bekommt diesen Raum zu sehen», murmelt Ottl.

Den langen Flur im vierten Stock säumen die Büros derjenigen Herren, die beim Elektrokonzern das Sagen haben. In schlichten Goldlettern ist der Name BAUMANN geformt, Vorsitzender des Aufsichtsrats, dann folgt das Büro Heinrich von Pierers, seit 1992 Siemens-Vorstandschef. Am Ende des Ganges starrt ein Sicherheitsbeamter auf eine Reihe Monitore, sorgsam darauf bedacht, bei jeder unvertrauten Bewegung sofort Alarm zu schlagen.

Helmut Ottl ist sowohl «Unikum» als auch «Institution». «Sicherheitsdienst» steht auf seinem Namensschild, aber für Gäste und Siemensianer ist er weit mehr. So manche Abwerbeversuche der Konkurrenz hat er im Laufe der Zeit ausgeschlagen. Stattdessen unterschrieb er nach seiner Pensionierung vor einem Jahr einen Dreijahresvertrag – «der Chef» persönlich, von Pierer, hat ihn darum gebeten.

Helmut Ottl ist nicht nur Herr über die Schlüssel des Rosa Palais; er kennt auch die vielen Geschichten und Anekdoten rund um das Haus und die Menschen, die sich hier die Klinke in die Hand geben: Staatspräsidenten und Minister, Politiker und Wirtschaftsmagnaten aus der ganzen Welt. Der 67-Jährige ist seit 20 Jahren Pförtner am Wittelsbacherplatz 2. Ottl spürt instinktiv, wenn im kleinen Frühstückszimmer im fünften Stock die Diskussion zwischen von Pierer und Hartmut Mehdorn, dem Chef der Deutschen Bahn, ins Stocken gerät. Verlangt ein Zentralvorstand nach einer guten Flasche Wein, weiß er, dass die Gespräche auf gutem Wege sind, aber noch etwas dauern. Und wer sich nur mit einem knappen Abschiedsgruß durch die

Drehtüre zwängt, glaubt wohl, über den Tisch gezogen worden zu sein, weiß Ottl. «In diesem Raum sind schon manche Milliardengeschäfte besiegelt worden», sagt er und wischt mit einer sanften Bewegung ein imaginäres Staubteilchen von einem kleinen runden Tisch. Im fünften Stock befinden sich die sparsam eingerichteten Repräsentationsräume des Konzerns. «Schauen Sie nur ruhig aus dem Fenster», sagt Ottl, zeigt hinunter auf den Wittelsbacherplatz und lässt den Blick weiter über das Reiterstandbild Maximilians, Kurfürsten von Bayern, hin zur Theatinerkirche streifen. «Der schönste Platz Münchens. Das hat auch Franz Josef Strauss gesagt», schwärmt er.

Der Münchner Ottl hat einen Riecher, wem es nicht gut geht, er fühlt die Stimmungsschwankungen und beschenkt jeden mit seiner überschäumenden Herzlichkeit, egal, ob er Gerhard Schröder, Bill Gates oder Walter Müller heißt. Selbst gegen schlechte Laune hat er stets ein Rezept auf Lager. Wenn es draußen regnet und sich die Zentralvorstände durch die anhaltenden Niederschläge die Laune verderben lassen, sagt er lapidar: «Das Wetter wird deshalb auch nicht besser.»

Früher waren nicht mächtige Herren, sondern komplexe Telefonanlagen seine Welt. Als Telefontechniker ging er zunächst für die Deutschen Telefonwerke (DeTeWe) auf Montage, bevor ihn Siemens abwarb. Just vor 33 Jahren aber passierte das Malheur: Die Systeme einer Spezialanlage waren zwar alle abgeschaltet, aber Ottl blieb mit seinem Ehering an einer Leitung hängen, in der noch Strom floss. Erst im Spitalbett öffnete er wieder die Augen, umgeben von Maschinen, die seinen Herzrhythmus kontrollierten. Der Arzt sprach langsam, aber Ottl wusste, was es geschlagen hatte: «Herr Ottl, das war's, mit Strom dürfen Sie nicht mehr arbeiten.»

Beim Werkanlagenschutz fand sich für ihn ein neuer Job. Er schob elf Jahre lang Nachtschicht um Nachtschicht. Schlimm seien sie gewesen, die siebziger und achtziger Jahre. Dunkle Zeiten, in denen die RAF-Terroristen und die Mitglieder der Baader-Meinhoff die Bundesrepublik eisern im Würgegriff des Terrors hielten. Von 18 Uhr abends bis 6 Uhr früh patrouillierte er durch einsame Hallen und dunkle Bürokorridore, hielt Ausschau nach Eindringlingen und nahm Anrufe von Terroristen und Trittbrettfahrern entgegen, die drohten, Siemens in die Luft zu sprengen.

«Gewisse Eindrücke und Stimmen bringe ich nicht mehr aus meinem Kopf», sagt Ottl. Die Bilder von Zentralvorständen in Nadelstreifen, die von vier bis fünf schwer bewaffneten Polizisten abgeholt und eskortiert wurden, weil gegen sie Drohungen ausgestoßen worden waren. Vor allem aber der Abend, als sich Vorstandsmitglied Professor Karlheinz Beckurts mit den Worten verabschiedete: «Herr Ottl, ich gehe jetzt noch in den ‹Bayerischen Hof›. Wir sehen uns ja morgen wieder». Er schaute ihm noch nach und ahnte nicht, dass dies sein letzter Gruß an ihn gewesen war. Beckurts wurde auf dem Weg zur Arbeit mitsamt Limousine und Fahrer in die Luft gesprengt. Seither verfügt jeder Zentralvorstand über einen Fahrer und zwei Personenschützer, meist ehemalige Bundeswehrangehörige.

Dienstleistung total ist Ottls Devise. Da kann es schon einmal vorkommen, dass er Sonderdienst schiebt und bis nach 23 Uhr ausharrt. Ständig brütet er darüber, wie er seinen Service noch verfeinern kann. Sorgsam verwaltet er seine Kartei, die eine Reihe säuberlich beschrifteter Kärtchen enthält. «Siemens ist in 190 Ländern aktiv», gibt er zu bedenken. Detailliert hat er sich notiert, was «Herzlich willkommen» in den jeweiligen Sprachen heißt. «Mei», hätten sie kürzlich herzlich gelacht, der russische Parlamentspräsident und er, als dieser mit großer Mühe ein «Grüß Gott» über die Lippen quetschte und er mit einem «Herzlich Willkommen» in breitem Russisch den Präsidenten verblüffte.

Doch Ottls Dienstleitungen gehen weit über die persönliche, herzliche Begrüßung hinaus. Dem pitschnassen ungarischen Wirtschaftsminister, der von einem Regenschauer überrascht worden war, half er die Kleider zu trocknen, und für die Toilette ließ er ein Schild mit chinesischer Aufschrift drucken. Er bringt es immer dann an, wenn Gäste aus China eintreffen – was in letzter Zeit sehr häufig der Fall war. «Die kommen wegen dem Transrapid», weiß er.

Abends sitzen die Ottls dann gemeinsam vor dem Fernseher. Je nach Sendung grinst Helmut leise vor sich hin, denn in den eigenen vier Wänden kann er sich den einen oder andern Kommentar nicht verkneifen. Staatshäupter, königliche Hoheiten, Wirtschaftsgiganten, prominente Stars, er kennt sie alle. Am meisten beeindruckt hat ihn nicht etwa Franz Josef Strauss oder General Electric-Chef Jack Welch, auch Bill Gates oder Prinz Charles machten keinen großen Eindruck auf ihn. Mit tiefer Verehrung spricht er hingegen von der verstorbenen Kanzlergattin Hannelore Kohl. «Als sie kam, hat sie sich als erstes erkundigt, ob ihre Leute etwas zu essen und zu trinken bekommen könnten», sagt Ottl. Es gibt aber auch solche, die mit kalter Arroganz auf ihn hinunterschauen und ihn spüren lassen, wo er in der Hierarchie steht. Ganz dezent lässt er diese merken, dass «auf dieser Welt alle Menschen gleich sind». Plötzlich kommt der sonst äußerst zuverlässige Lift etwas später als sonst.

Grüblerisch macht ihn der hektischere Rhythmus am Wittelsbacherplatz. Hatten früher die Vorstände noch Zeit für einen erholsamen Mittagsspaziergang, reicht sie heute oft nur für ein belegtes Brötchen. Marathonsitzungen jagen sich. Ständig seien sie irgendwo auf der Welt unterwegs, mehr in der Luft als auf dem Boden, und ließen sich die dringendste Post jeweils per Fax oder E-Mail übermitteln. Früher sei er schon mal mit Peter von Siemens auf den Platz hinausgetreten, wenn dort ein Grüpplein gegen eine Werkschließung demonstrierte, um mit ihnen ins Gespräch zu kommen. Das sei heute undenkbar, «viel zu gefährlich». Doch Helmut Ottl lässt sich in seiner Arbeit durch den hektischen Rhythmus der globalisierten Wirtschaft nicht beirren. «Manchmal hilft ein gutes Gespräch über all die Hektik, den Stress und den Frust hinweg.»

Im Sog der Liberalisierung

Als die beiden Deutschland im Oktober 1990 wieder vereinigt wurden, befand sich Deutschland und vor allem Siemens im Ausnahmezustand. «Wie haben sich alle um Siemens bemüht», sagt Pförtner Helmut Ottl, «der sächsische Ministerpräsident Biedenkopf und all die andern.» Umgekehrt witterte Siemens aber auch das große Geschäft. Da vor allem ein akuter Bedarf an Infrastruktur bestand, an Kommunikationsnetzen, Verkehrsanbindungen oder Energieversorgungseinrichtungen, hoffte das Unternehmen von der deutschen Wiedervereinigung zu profitieren. «Wir verfolgen das Ziel, in den neuen Bundesländern eine vergleichbare Marktposition zu erreichen wie in den alten Bundesländern», gab Siemens-Chef Kaske das Ziel vor.

Das bedingte eine Reihe von Vorleistungen, die bald einmal die Milliardengrenze überstiegen und sich zunächst entsprechend negativ aufs Ergebnis auswirkten. So übernahm Siemens eine ganze Reihe volkseigener Werke der ehemaligen DDR und modernisierte sie. Schon bald beschäftigten die Münchner 20.000 Mitarbeiter in den neuen Bundesländern. Der Öffentlichkeit verkaufte Kaske dies als Beitrag zur Lösung der Beschäftigungsprobleme im Osten. Gleichzeitig apellierte er an die Behörden, «Aufträge in den neuen Bundesländern vom Ausmaß der lokalen Wertschöpfung abhängig zu machen», sprich denjenigen zu vergeben, die dort investierten. «Ich halte dies eigentlich für selbstverständlich, weil nur so die wirklich sehr ernsthaften Beschäftigungsprobleme wirksam bekämpft werden können», sagte er in der Mitarbeiterzeitschrift. Gleichzeitig steckte das Unternehmen viel Geld in den Aufbau eines flächendeckenden Vertriebs- und Servicenetzes. Treuhandvorstandsmitglied Karl Schirner lobte Siemens als einen «Musterfall» für die dringend notwendige Investitionsbereitschaft.

Die Rechnung ging auf: Das Unternehmen sicherte sich eine Reihe lukrativer Aufträge für öffentliche und private Kommunikationsnetze, bei den Bahnverkehrssystemen und in der Datentechnik. Die Telekom entwickelte sich in Ostdeutschland schon bald zum größten Investor, und damit füllten sich auch die Auftragsbücher. Bereits im ersten Jahr nach der Wiedervereinigung hatte sich Siemens (inklusive der damals noch nicht konsolidierten, in der Ex-DDR erworbenen oder gegründeten Gesellschaften) Aufträge im Wert von 5,5 Milliarden Mark in den neuen Bundesländern geholt und Umsätze von 4 Milliarden Mark verbucht.

Die Wiedervereinigung geschah zum idealen Zeitpunkt. Der internationale Konjunkturmotor stotterte und die Nachfrageimpulse, die sich aus dem Nachholbedarf in den neuen Bundesländern speisten, waren mehr als willkommen. Siemens kämpfte seit einigen Jahren mit einer notorischen Ertragsschwäche, die auf den verstärkten Wettbewerbsdruck, technologische Umbrüche und insbesondere die Deregulierung der Märkte zurückzuführen war. In Europa, wo der Konzern noch Mitte der neunziger Jahre mehr als zwei Drittel seines Umsatzes erzielte, marschierten die Konkurrenten aus Japan und den USA ein. Die Preise fielen, die Innovationszyklen wurden kürzer, und in Asien, wo die Märkte am schnellsten wuchsen, war Siemens mit einem Umsatzanteil von knapp zehn Prozent nicht in bester Ausgangslage.

Gegen 80 Prozent aller Kunden von Siemens waren damals entweder staatliche Organisationen oder standen zumindest stark unter staatlichem Einfluss: Posteinrichtungen, Eisenbahngesellschaften, Krankenhäuser, Energieversorger oder kommunale Verwaltungen. Entsprechend häufig hatte Pförtner Ottl gerade diese Klientel, häufig auch Politiker, zu begrüßen. Die Siemens-Kunden waren zur Hauptsache hierarchisch organisiert, zeichneten sich durch lange Entscheidungswege sowie die Notwendigkeit vieler interner Abstimmungen aus und orientierten sich weniger an kurzfristigen Gewinnen als an den von den Behörden abgesegneten Budgets. Die Beziehungen zwischen Siemens und seinen Kunden spielten sich auf wohlgeordneten Bahnen ab: Die öffentliche Nachrichtentechnik wurde nach dem Vorbild der Deutschen Bundespost Telekom organisiert, und Entwicklungsprojekte packten die Ingenieure der Post und von Siemens gemeinsam an. Die Preise waren überwiegend kostenorientiert, der Marktzugang für Wettbewerbe war «geregelt», sprich: begrenzt.

Ein Wettbewerb unter Lieferanten existierte nicht. Die Innovationszyklen konnten sich bis zu 35 Jahre hinziehen, und die Siemens-Produkte waren entsprechend langlebig. Das galt bis Anfang der neunziger Jahre in Deutschland sowohl für die Telefonapparate als auch für die Vermittlungs- und Übertragungstechnik für den Ausbau der Fernmeldenetze. Die Post (Telekom) verfügte zwar etwa im Bereich der Netze mit Siemens, Alcatel SEL und Telenorma über drei Hoflieferanten, aber das Risiko, Geschäft zu verlieren, war begrenzt. Schließlich betrieb die Telekom mit ihren Aufträgen deutsche Industrie- und Beschäftigungspolitik. Das Verfahren sah vor, dass jedes Jahr ein neues Preisangebot abgegeben werden musste. Lag Siemens mit dem seinigen am höchsten, bedeutete dies noch lange nicht, dass man leer ausging. Lediglich der Anteil am Auftragsvolumen reduzierte sich von 50 auf 45 Prozent. Im nächsten Jahr konnte Siemens diesen Anteilsverlust dann jeweils mit einem tieferen Gebot wieder wettmachen. In dieser Phase avancierte der Unternehmensbereich Öffentliche Netze (ÖN) zum umsatzstärksten und ergebnisgrößten Bereich. Allein sein Gewinn reichte aus, um einen Großteil der defizitären Geschäftsfelder am Leben zu erhalten.

Jetzt aber änderte sich das Umfeld. Die Verpflichtungen, welchen die staatlichen Post- und Telekombetriebe unterlagen, wurden im Laufe der achtziger und neunziger Jahre mit den Teil- oder vollständigen Liberalisierungen der Betriebe obsolet. Die enge Symbiose zwischen der Telekom und ihren Hoflieferanten wurde aufgekündigt. Die Telekom schreibt heute millionenschwere Aufträge weltweit aus. Wer den Auftrag gewinnt, gewinnt alles. Die andern gehen leer aus. ÖN (heute ein Teil von ICN) entwickelte sich in jüngster Zeit zu einem der größten Sorgenkinder von Siemens. Nicht, dass die engen Beziehungen zwischen den Telekomgesellschaften und ihren einstigen Hoflieferanten beeinträchtigt worden wären. Im Gegenteil, auch wenn es im obersten Kader zu einem großen Reinemachen gekommen ist. Dort tummeln sich heute statt Postbeamten aber in großer Zahl Ex-Siemens- oder Ex-Alcatel-Leute. In den unteren Reihen, wo die technische Verantwortung liegt, sind die Menschen zu einem gewissen Teil dieselben geblieben. Die Margen aber sind um 50 bis 80 Prozent eingebrochen.

Die enge Symbiose zwischen der Telekom und ihren Hoflieferanten wurde aufgekündigt.

Siemens unternahm sehr wohl Schritte, um sich den veränderten Spielregeln anzupassen und verpasste sich 1988/89 zunächst eine neue Struktur. Der Gesamtvorstand wurde halbiert und ein Zentralvorstand eingerichtet. Die bisher sieben «Unternehmenssäulen» teilte man in 18 Bereiche auf, dies mit dem Ziel der höheren Eigenverantwortlichkeit und der stärkeren Kundennähe. Der zentrale Inlandsvertrieb wurde direkt den operativen Einheiten zugeordnet. Kaske glaubte damit ein «neues Kapitel in der Geschichte des Unternehmens» aufzuschlagen. Der damalige Finanzchef und Architekt der Reorganisation, Hermann Franz, sprach von einem «Aufbruch zu neuen Ufern», mit dem die Entscheidungs- und Ablaufprozesse beschleunigt werden sollten. «Ich arbeite nun seit 32 Jahren in diesem Unternehmen und habe schon an vielen Stellen gestanden und in dieser Zeit auch einige Höhen und Tiefen durchlebt. Es ist eine prägende Erfahrung, die sich bei mir zu einer Überzeugung verdichtet hat, dass in diesem Unternehmen eine ungeheure Kraft liegt. Das ist die Kraft und der Wille unserer Mitarbeiter, in Technik, Qualität und auch in den Verhaltensweisen besser zu sein als unsere Konkurrenten. Wenn es uns gelingt, diese Kraft zu mobilisieren und auf ein gemeinsames Ziel auszurichten, dann brauchen wir uns um die Zukunft nicht zu sorgen, denn dann sind wir unschlagbar», sagte Franz gegenüber der Siemens-Mitarbeiterzeitschrift.

Zeitgleich liefen Kostensenkungs-, Produktivitäts- und Innovationsprogramme. Für ÖN beispielsweise hatten Berater 1987 das Projekt «Herstellkosten –40», 1990 das Programm der «strategischen Fertigungsorganisation» und 1992 die Maßnahmen auf Basis der Studie «Fertigungsstruktur ÖV, Üb 2000» ausgeheckt. Ähnliche Programme wurden auch dem Telefonendgerätebau, den Halbleitern und später auch der Datentechniksparte Siemens-Nixdorf verpasst.

Sämtliche Programme waren aber zu kompromissbeladen, zu stark der Tradition und gewissen Personen verhaftet geblieben; die Energie verpuffte in internem Kompetenzgerangel, personellen Rücksichten und im mittleren Management war die Umsetzung der Programme schon gar nicht vom Gedanken getragen, dass ein Ruck durch das Unternehmen gehen müsse. Bei der Reorganisation 1989 etwa wurde zwar dem Trend der Zeit entsprechend den Unternehmensbereichen mehr Verantwortung gewährt, allerdings halbherzig und nicht weitreichend genug. Zudem meldeten sich genervte Kunden, weil sie sich statt einem zentralen Siemens-Vertriebsbeauftragten plötzlich 17 Vertretern gegenüber sahen.

Auch der äußerst kritische Befund eines internen Vergleichs von 1989, der belegte, dass die Produktivitätslücke zwischen Siemens und seinen Konkurrenten schnell gewachsen war, bewirkte kein Erdbeben. Immerhin beschloss der Zentralvorstand, ein Produktivitätszentrum zu gründen, das eine unternehmensweite Bewegung hätte anstoßen sollen. In der Folge beschäftigten sich drei Abteilungen im Bereich «Produktion und Logistik» mit Produktivitätsprogrammen und riefen wiederum ein Dutzend Unternehmensberatungen zur Unterstützung ins Haus. Kompetenz- und Methodenstreitigkeiten absorbierten die Beteiligten, zumal noch Querelen mit der Zentralabteilung Unternehmensplanung und -entwicklung hinzukamen, wo ein Trupp interner Berater zusammen mit externen Consultants an eigenen Rationalisierungsprojekten bastelte. Die Initiative versickerte so weitgehend.

In den Schranken der eigenen Kultur

Die wahren Probleme ließen sich so nicht aus der Welt schaffen. Sie wurzelten tiefer, in ganz bestimmten Verhaltensweisen und Selbstverständnissen der Mitarbeiter – von ganz unten bis ganz oben –, die sich in der Vergangenheit ausgebildet hatten. Eine 1996 gemachte Umfrage unter den Mitarbeitern lieferte ein aussagekräftiges Ergebnis. Erwartungen, Haltungen und Motivationen, bezogen auf Deutschland und den Rest der Welt, wurden erfragt, um die Evolutionsstufe des Unternehmens zu ermitteln. Die Forscher fanden heraus, dass Siemens gerade einmal dabei war, den Kopf aus dem Fenster zu strecken, um sich umzuschauen, was es denn sonst noch gab. «Diese Mauern sind auch Mauern der Unternehmenskultur», sagt Joachim Hübner, früherer Leiter der internen Kommunikation. «Ein historisch gewachsenes innerbetriebliches Wertgefüge, das sich in bestimmten Denk-, Verhaltens- und Arbeitsweisen manifestiert.»

Im Fall von Siemens waren es einerseits die größtenteils regulierten Märkte mit den fest gefügten Kunden-Lieferanten-Beziehungen zwischen Siemens und meist staatlichen Organisationen, die technisch orientierte Elektrobranche und das gesellschaftliche Umfeld Deutschlands, andererseits aber auch das Traditionsbewusstsein und die Rolle der Gründerfamilie innerhalb des Unternehmens, welche die Siemens-Kultur prägten. «Unsere besondere Stärke ist die Solidität, die Seriosität, die Innovationskraft, der Ingenieurgeist, der Erfindergeist und das Bewusstsein für Qualität. Das sind die Säulen, auf denen das Unternehmen steht», umschrieb Franz 1990 die spezifischen Charakteristika der Siemens-Kultur. Diese Elemente verschmolzen zu einer eigentümlichen Mischung aus Konservatismus, Kontinuitätsbedachtheit und Fortschrittsorientierung, die sich in verschiedenen Verhaltensweisen und Strukturen spiegelte. Die starke Unternehmenskultur von Siemens sicherte einen Basiskonsens und strukturierte entsprechend die internen Entscheidungsprozesse. Sie wirkte koordinierend und insofern stabilisierend, als bestimmte, kulturell geteilte Denkmuster gewisse Handlungsalternativen von vornherein ausschlossen.

Konservative Finanzpolitik: solid und liquid

Der Konservatismus zeigte sich in der Finanzpolitik, die sich an rückwärts gewandten Vorstellungen orientierte. Siemens hatte den Anspruch, ein sehr gut verwaltetes Unternehmen zu sein. Entsprechend gering war die Bereitschaft, allzu große Risiken einzugehen. Investitionen wurden deshalb größtenteils zentral gesteuert und möglichst mit Eigenmitteln unterlegt. Entsprechend tief waren traditionell die Finanzschulden in Relation zur Bilanzsumme und dem Eigenkapital. Die Stärkung der Selbstfinanzierungskraft gehörte zu einem wichtigen Ziel der Unternehmenspolitik.

Siemens hatte vor diesem Hintergrund ein Unikum herausgebildet: das so genannte Vier-Augen-Prinzip, das ein System von Zuständigkeitsteilung und gegenseitiger Kontrolle entstehen ließ. Getreu dem Vier-Augen-Prinzip trägt immer ein kaufmännischer Vorstand für das Controlling die Verantwortung, in den meisten Unternehmensbereichen sind zudem ein bis zwei weitere Vorstände für sonstige Aufgaben zuständig. Der Controller erstattet Bericht an den Finanzchef im Zentralvorstand und gleichzeitig an seinen Bereichsvorstand. Dies führt dazu, dass auf vielen Ebenen Führungskräfte nebeneinander sitzen, die in zwei Linien nach oben rapportieren. Das birgt durchaus auch Gefahren: Gewisse Bereichsvorstände kannten sich in finanziellen Fragen kaum aus, weil sie sich dabei auf den Controller abstützten. Verantwortlichkeiten ließen sich bei diesem System nur schwer zuordnen.

Hinter dieser konservativen Finanzpolitik, die Siemens den Ruf einbrachte, ein solide finanziertes, sehr liquides Unternehmen zu sein, schimmert eine bereits von Werner von Siemens formulierte Maxime durch: Sein Motto – «Für augenblickliche Gewinne verkaufe ich die Zukunft nicht» – wurde 1990 im Rahmen einer Kadertagung explizit als Leitsatz aktualisiert. Damit stellten die Verantwortlichen nicht Rentabilität und Optimierung des Betriebsergebnisses, sondern Sicherheit, Liquidität und Unabhängigkeit in den Mittelpunkt finanzpolitischer Entscheidungen. Dieses Denken begrenzte etwa die Möglichkeit, Wachstumschancen wahrzunehmen. Siemens hatte schon im 19. Jahrhundert damit begonnen, beträchtliche stille Reserven aufzubauen und stärkte den Kapitalstock ab 1906/1907, indem man Maschinen und Geräte noch im Jahr der Anschaffung voll abzuschreiben begann. Damit verbunden war eine zurückhaltende Ausschüttungspolitik gegenüber den Anteilseignern, die Siemens bis in die neunziger Jahren in der Elektroindustrie nur gerade mit Bosch gemeinsam hatte. Dank den geltenden deutschen Bilanzierungsvorschriften war es den Unternehmen möglich, hohe Rückstellungen zu bilden und Gewinne zu verstecken. In schlechten Zeiten konnten dann mit den Reserven der Vergangenheit geschickt die Probleme der Gegenwart verschleiert werden.

«Für augenblickliche Gewinne verkaufe ich die Zukunft nicht!»
Werner von Siemens

Das dicke Finanzpolster – die Liquidität betrug Anfang der neunziger Jahre jeweils um die 18 Milliarden Mark (bei einem Umsatz von 77 Milliarden) – und die Rendite daraus federten zunächst den Druck ab, der aus der schwindenden Rentabilität erwuchs. Diese weckte zwar die Begehrlichkeiten der Aktionäre, aber Siemens widersetzte sich deren Drängen weitgehend und hielt an seiner zurückhaltenden Ausschüttungspolitik, die atypisch für die Branche war, fest. Im Geschäftsjahr 1990/91 etwa kam Siemens auf einen positiven Zinssaldo von 1859 Millionen Mark, das entsprach fast dem Dreifachen der Dividende, die zuletzt knapp 700 Millionen erfordert hatte. Mit der Rendite aus der Anlage liquider Mittel konnten die Verlustquellen im laufenden operativen Geschäft aufgefangen werden. Dort verdiente Siemens etwa einen Fünftel weniger als im Vorjahr, das Ergebnis unter dem Strich konnte aber immerhin um 7,4 Prozent von 1668 auf 1792 Millionen Mark gesteigert werden. Auch 1993 war der Betriebsgewinn rückläufig. Dass das Unternehmen nicht in die roten Zahlen rutschte, sondern den Gewinn um ein Prozent steigern konnte, war wiederum auf das Finanzergebnis zurückzuführen: es steuerte 60 Prozent zum Gewinn bei.

Die gute Hand, welche die Siemens-Finanzvorstände bewiesen, führte auch dazu, dass ein Novum geschaffen wurde. Als erstes deutsches Industrieunternehmen gründete Siemens im Januar 1993 eine eigene Kapitalanlagengesellschaft, um einen Teil der umfangreich vorhandenen liquiden Mittel von annähernd 20 Milliarden Mark künftig selber zu bewirtschaften. Verbunden damit wurden verschiedene Spezialfonds geschaffen, die aus eigenen Mitteln in der Höhe von 6 Milliarden Mark gespeist wurden, um im Konzern vorhandenes Know-how besser zu nutzen und bei der Anlage von Geldern eigene Zielsetzungen noch stärker in den Vordergrund zu rücken. Das Risiko, aber auch die Steuerzahlungen sollten so minimiert werden.

Technische Leistungsfähigkeit: Pioniere und Trendsetter

Die Fortschrittsorientierung und damit verbunden das Streben nach technischer Leistungsfähigkeit wurden ebenfalls auf den Firmengründer zurückgeführt und waren zentraler Bestandteil des Selbstverständnisses. Immer auf dem neusten Stand der Technik zu sein, bedeutete für Werner von Siemens, einen Vorsprung auf die Konkurrenz zu besitzen. Der Anspruch auf Technologieführerschaft wurde zwar auch Anfang der neunziger Jahre noch reklamiert, Siemens hatte ihn aber schon weitgehend verloren.

Für den Konzern wurde es zunehmend zum Problem, dass er es nicht schaffte, die Entwicklungen genügend rasch in marktfähige Produkte umzusetzen. Stattdessen betrieben die Ingenieure einen unglaublichen Aufwand, bis sie den Status der Marktreife erlangten. Die Produkte wurden perfektioniert und mit allem erdenklichen Schnickschnack ausgestattet. So kamen sie nicht nur später als diejenigen der Konkurrenz auf den Markt, Siemens handelte sich auch den Ruf ein, besonders teuer zu sein. Dieses Verhalten konnte man sich lange Zeit leisten. Schließlich war unter Monopolbedingungen der Staat Hauptkunde und bereit, fast jeden Preis zu zahlen. Er garantierte damit ja auch Arbeitsplätze im Inland.

Kontinuität: Korpsgeist und Inzucht

Nachhaltig geprägt ist die Unternehmenskultur auch dadurch, dass sich der Konzern immer schon an Kontinuität orientierte. Sie weist verschiedenste Facetten auf: Über Jahrzehnte hinweg blieb sie zunächst dadurch gewahrt, dass sowohl für die Unternehmensspitze als auch das Management beizeiten Nachfolger aus der Familie von Siemens herangezogen wurden. Mit Bernhard Plettner setzte sich 1981 erstmals ein nicht-familienangehöriger Manager auf den Chefsessel, und erst 1993 verabschiedete sich Peter von Siemens als letztes Familienmitglied aus der operativen Leitung des Konzerns. Noch heute ist die Familie mit einem Mitglied im Aufsichtsrat vertreten, Peter von Siemens hat im Rosa Palais sein Büro – dies, obwohl die Familie nicht einmal mehr sieben Prozent der Aktien hält und das Vorzugsstimmrecht der Stammaktien mittlerweile abgeschafft wurde.

Deutlich zeigt sich diese Kontinuität auch in der Unternehmensstrategie. Die Ausrichtung des Hauses auf Elektrotechnik in ihrem ganzen Umfang, um Synergieeffekte zu nutzen, hatte seit der Gründerzeit Bestand. Sie legitimierte die Quersubventionierung zwischen den verschiedenen Bereichen. Die Vorstellung von einer kontinuierlichen Entwicklung des Unternehmens, mit Höhen und Tiefen zwar, verbunden mit der konservativen Finanzpolitik, schützte es vor Hektik und Modetrends, nährte aber auch die Vorstellung, dass Siemens eigentlich nichts geschehen könne. Dieses Bild, das sich in den Köpfen der Mitarbeiter verschiedener Stufen durchgesetzt hatte, verhinderte zunächst, dass ein Leidensdruck entstehen konnte, und blockierte die Durchsetzung von Veränderungen. «Wir haben einen langen Atem», «das stehen wir durch», «wir sind solide finanziert» oder «die großen Anzahlungen stehen ins Haus», hieß es in solchen Situationen. Die starken Gewerkschaften in Deutschland ließen sich vor einem solchen Hintergrund schon gar nicht für einschneidende Maßnahmen gewinnen.

Kontinuität bedeutete ferner, dass Siemens auf einem Konsens zwischen Führung und Mitarbeitern aufbaute, eine «Wertegemeinschaft» bildete und damit dem Betriebsrat bei der Bewahrung dieses Konsenses eine wichtige Rolle zukam. Dadurch entstand eine ganz bestimmte Identifikation mit dem Unternehmen als Ganzes. Der Grundkonsens bedingte auch, dass die Führungskräfte größtenteils aus den eigenen Reihen rekrutiert wurden. Da Siemens in den oberen Funktionen kaum Zufluss von außen hatte, glich das Unternehmen einem abgeschlossenen System, das sich immer wieder selber reproduzierte und in seinen Werten bestätigte. Sämtliche Chefs bis heute, von Werner von Siemens bis Heinrich von Pierer, haben abgesehen von kurzen Gastspielen nie in einem anderen Unternehmen gearbeitet als bei Siemens. Dadurch entstand eine spezifische Kommunikationskultur mit wenig grundsätzlichen Regeln. «Viel wird informell kommuniziert», sagt Siemens-Schweiz-Chef Peter Grüschow. Die Abstimmung läuft auf zwischenmenschlicher Basis und setzt voraus, dass man eine Reihe von Leuten bereits kennt, die man in bestimmten Dingen zu kontaktieren hat. Funktionsbezeichnungen taugen dabei nur bedingt als Anhaltspunkte. Das macht es bis heute schwierig für Kader, die im mittleren Management von außen eingestiegen sind, sich durchzusetzen. Sie scheitern an der Komplexität des Unternehmens und dem fehlenden Einblick in diese informellen Strukturen.

Wer bei Siemens die Karriereleiter erklimmen wollte, musste sich in verschiedenen Positionen bewähren. Dadurch war die Karriere nicht mit dem langfristigen Erfolg eines Bereichs verbunden und die Tendenz vorgegeben, bei sich abzeichnenden Problemen vor harten Maßnahmen zurückzuschrecken und dafür eine andere Aufgabe zu übernehmen. Dieses bereichsübergreifende Konzept, wie Führungskräfte auf höhere Aufgaben vorbereitet werden sollten, förderte aber auch die Entwicklung eines einheitlichen Denkens im Management und einen Grundkonsens über die strategische Ausrichtung des Gesamtkonzerns.

Die Sozialisation in der Siemens-Gemeinschaft barg noch ein weiteres Problem: die Scheu vor Kritik und Konsequenzen, wenn jemand Fehler gemacht hatte. «Siemens war lange eine verzeihende Organisation», sagt Manfred Nagel, der 45 Jahre lang bei Siemens tätig und zuletzt Verwaltungsratspräsident von Siemens Schweiz war. «Man hat den Bereichsverantwortlichen mit Geduld zugeschaut, ihnen gut zugeredet und nach langer, langer Zeit vielleicht einmal eine personelle Veränderung vorgenommen.» Vor allem im obersten Führungskreis herrschte eine Art Korpsgeist, der noch heute – zumindest teilweise – existiert: Das starke Zusammengehörigkeitsgefühl entstand aus der Vertrautheit und dem Vertrauen, das man in all den Jahren zueinander aufgebaut hatte; ein früherer Siemens-Manager spricht gar von «Nibelungentreue», die sich aus der Erfahrung des gemeinsamen Wiederaufbaus des Unternehmens nach dem Zweiten Weltkrieg speist. Die Spitze war folglich durch langjährige und komplizierte Beziehungen verbunden, und gegenseitige Rücksichten schränkten die Bewegungsfreiheit ein. Mit Edward Krubasik etwa war zwar ein Manager von außen in den Zentralvorstand berufen worden, aber auch er wies einen Siemens-Hintergrund auf. Als langjähriger Berater bei McKinsey war er schon über Jahre hinweg im Stammhaus in München ein und aus gegangen. Durch seine Politik, sich in die Tagesgeschäfte der Bereiche einzumischen, eckte er allerdings an. Das entsprach nicht dem Rollenverständnis, das die Zentralvorstände sonst bei Siemens pflegten.

«Man hat den Bereichsverantwortlichen mit Geduld zugeschaut, ihnen gut zugeredet und nach langer, langer Zeit vielleicht einmal eine personelle Veränderung vorgenommen.»

Manfred Nagel

Restrukturierungsprogramme – Tummelfeld für Unternehmensberater

In den USA waren Unternehmenskulturen und ihre Folgen bereits in den siebziger Jahren zum Thema geworden. Wissenschaftler begannen, japanische Unternehmen zu studieren, um im unterschiedlichen Verhalten der Manager und dessen Bedingungen den Schlüssel für deren Aufsehen erregende Erfolge zu finden. Einige Muster schienen von national geprägten Kulturen durchaus unabhängig und übertragbar zu sein. In den Arbeiten der nächsten Jahre rückte die Unternehmenskultur entsprechend stärker in den Fokus, zunächst als so genannte «soft facts», die Einfluss auf die «hard facts» hatten, dann als wesentlicher Faktor für den Unternehmenserfolg und als «Werkzeug der Unternehmensführung».

1990 setzte Siemens das Thema zum ersten Mal auf die Tagesordnung – ganz nebenbei, als Rahmenprogramm einer Kadertagung. «Da ging es noch darum, die gewachsenen Werte zu bewahren, schließlich standen wir ja auf den Schultern der Ahnen», sagt der damalige Projektleiter Joachim Hübner. Vielen der 1000 Führungskräfte musste erst einmal klar gemacht werden, dass ein Unternehmen eine Kultur hat, die weit darüber hinaus geht, ob sich der Konzern einen dritten Pfingstfeiertag leistete oder nicht. «Die Wenigsten brachten Verständnis für das Thema auf», erinnert sich Hübner.

Unter dem Schlagwort «Unsere Unternehmenskultur – ein Bekenntnis zu Tradition und Fortschritt» wurden die wesentlichen Elemente in zehn Maximen zusammengefasst (siehe Anhang). Sie allesamt waren in der Tradition des Unternehmens verankert. Die Autoren bezogen sich bei fünf davon direkt auf Werner von Siemens, bei einer auf Carl Friedrich von Siemens. Auf einem Set von Karten war die Rede von «Was wir fördern wollen» und «Was wir bewahren wollen» und damit die Verbindung von Vergangenheit und Zukunft angesprochen.

Vom «mündigen Mitarbeiter» war da die Rede, vom «Unternehmer in eigener Sache», von «Mut auch zu tief greifenden Veränderungen», einer «Zeit des Wandels und Umwälzungen, die voller Risiken aber auch voller Chancen ist». Doch dass Wunsch und Wirklichkeit stark auseinander klafften, war etwa dem damaligen Finanzchef Hermann Franz, der den Anstoß zum Thema gegeben hatte, nur zu bewusst. Das Sicherheitsdenken bei Siemens sei bisher zu ausgeprägt gewesen, klagte er. Heute hingegen sei eine «gesunde Aggressivität» gefragt. Vom Bewusstsein für die Bedingungen, welche die Unternehmenskultur in ihrer spezifischen Ausprägung schufen, war aber beim Sammelsurium von damals initiierten Kostensenkungs- und Produktivitätsprogrammen nicht mehr viel zu spüren.

Die Situation änderte sich 1992, als Heinrich von Pierer an die Spitze rückte. Zusammen mit Kaske hatten viele der alten Garde die Sessel im Zentralvorstand geräumt. Walter Kunerth, der zuvor den Siemens-Bereich Automobiltechnik aufgebaut hatte, wurde zum neuen Koordinator für die Produktivitätsprogramme ernannt. Er fand ein Wirrwarr verschiedenster Projekte vor, die unter unterschiedlichen Titeln wie etwa «KVP» (Kontinuierlicher Verbesserungsprozess) oder «Project Based Management» firmierten. Von Pierer setzte dem noch eins oben drauf. Sein im Juli 1993 den Medien vorgestelltes «Fünf-Punkte-Programm» sah vor, die Sektoren Halbleiter und Datentechnik zu sanieren, die Produktivität zu steigern, die Entwicklung innovativer Produkte zu fördern, die Kosten in der Zentrale um bis zu 30 Prozent zu senken und schließlich die Personal- und Sachkosten generell zu kürzen. Freiwillige Sozialleistungen wie Jubiläumszuwendungen oder Kantinenzuschüsse sollten dem Rotstift zum Opfer fallen sowie der Umfang des Bezugs von Belegschaftsaktien reduziert werden.

Top - Time Optimized Processes

Das Fünf-Punkte-Programm sollte schon bald einem neuen Schlagwort Platz machen: «Top», die Kurzform von «Time Optimized Processes». Die Abläufe müssten schneller werden, und zwar über das ganze Unternehmen hinweg. Dazu leitete das Management eine Reihe von Projekten in die Wege.

«Zeit ist zu einem entscheidenden Wettbewerbsfaktor geworden. ... Wenn wir mit unseren Produkten zu spät kommen, verlieren wir unsere Kunden und unsere Märkte. Und damit unsere Geschäftsgrundlage», mahnte der Aufsichtsratsvorsitzende Hermann Franz. Mittels Top sollten die Kosten in den nächsten Jahren um 30 Milliarden gekappt sowie die Innovationszyklen und Durchlaufzeiten halbiert werden. Ziel war es zudem, die Produktivität um 30 Prozent zu steigern und damit auch das operative Ergebnis erheblich zu verbessern.

Top sollte aber nicht einfach der «Oberbegriff für die Anwendung irgendwelcher Managementmethoden» sein, sondern eine Bewegung werden, getragen von allen Mitarbeitern, und die Defizite des Unternehmens beheben.

TOP-Produktivitätsprojekte (eine Auswahl)

Bereich/Standort (Produkt)	Problem	Vorgehensweise	Ergebnis/Ziel
EC/Berlin-Marienhof (Relais-Fertigung)	Ergebnisverfall, hoher Konkurrenzdruck (vor allem mittelständische Mitbewerber)	Bildung kleiner Geschäftseinheiten, Beschleunigung aller Abläufe unter Einbeziehung aller Mitarbeiter	Höhere Marktanteile bei verbessertem operativen Ergebnis, sehr flache Hierarchie
Gerätewerk Wien (Stromversorgungen und Stromrichter)	Lange Durchlaufzeiten, funktionales Denken und Handeln	Neustrukturierung, Beschleunigung der gesamten Wertschöpfungskette	Prozessorientierter Aufbau, prozessorienttierte Ablauforganisation, Halbierung der Durchlaufzeiten
LG Portugal (Schaltungen	Lange Durchlaufzeiten, starker Konkurrenzdruck	Beschleunigung der Prozesse für Angebotserstellung und Auftragsabwicklung/Fertigung	Engere Zusammenarbeit zwischen Fabrik, Vertrieb und Montage, Verkürzung der Durchlaufzeit, Pilot innerhalb der LG
MED (Dentalsysteme)	Veränderungen im Dentalmarkt, Ergebnisverschlechterung, Präventivmaßnahmen zur Geschäftssicherung	Neugestaltung des Entwicklungsprozesses, Einführung eines Marketingprozesses, Customer-Service-Center, Motivations- und Schulungsprogramme	Verkürzung des Logistik- und Entwicklungsprozesses, eindeutige Verantwortung innerhalb vertikaler Strukturen
(Röntgen und Vacuumtechnik)	Stärkung der Wettbewerbsfähigkeit der Vacuumtechnik, Kapazitätserweiterungen in Erlangen, Standort Rudolstadt (Thüringen) einbinden	Produktanalyse, Abgrenzung der Aktivitäten zwischen Erlangen und Rudolstadt, Einführung KVP	Glasröhrenfertigung und wettbewerbsfähiges Teilfertigungssegment, neues Technologiezentrum Röntgenröhren in Erlangen
(Ultraschall)	Restrukturierung komplettes Geschäft, starker Konkurrenzdruck	Konsolidierung des Geschäfts an einem Standort, Prozessimplementierung aller Funktionen, Einbindung des gesamten Managements	Mit einem neuen Ultraschallgerät als erster auf dem Markt, Verkürzung der Produktentstehungszyklen, Verbesserung der Qualität und Reduzierung der Kosten bei allen neuen Produkten
PN (Hicom mittlere Systeme)	Lange Entwicklungszeiten	Neustrukturierung und Beschleunigung der Wertschöpfungskette	Verkürzung der Entwicklungszeiten, Reduzierung der Fehler
(Hicom große Systeme)	Produktentstehungszyklus für den internationalen Markt zu lang	Geschäftsprozessoptimierung unter Einbeziehung aller Funktionen und Standorte weltweit, selbstverantwortliche Teams, Einbindung der gesamten Organisation durch breit angelegte Kommunikation	Halbierung des Produktentstehungszyklus, Prozessverständnis als Erfolgsfaktor für zukünftige Geschäfte, Anwendung des neuen Prozesses auf andere PN-Geschäftsgebiete
Bocholt (Kommunikationsendgeräte)	Deregulierung, hohe Verluste	Redesign der Produkte, Anpassung der Ressourcen und Verkürzung der Abläufe	Schwarze Zahlen, konkurrenzfähige Produktion in Bocholt – auch im Vergleich zu Fernost

QUELLE: SIEMENSWELT

Abbildung 1

Top könne auch heißen «training of people», «turn on power», schließlich umgangssprachlich auch «an der Spitze stehen» oder einfach «super sein», hieß es in der Mitarbeiterzeitschrift. «Wir haben diese Bewegung ins Leben gerufen, um unser Unternehmen weltweit zu mobilisieren. Siemens soll für andere Unternehmen im Wettbewerb die Maßstäbe setzen – und nicht umgekehrt», schrieb von Pierer in einem Brief an die Mitarbeiter.

Dass dies schon seit längerem nicht mehr der Fall war, wusste man im Topmanagement nur zu gut. Dank einer internen Studie, die bei McKinsey in Auftrag gegeben worden war, lag dieses Verdikt spätestens seit 1993 auch schwarz auf weiß vor. Sie zeigte eklatante Fehlentwicklungen schonungslos auf, die durch die Quersubventionierung verschiedener Bereiche sorgsam zugedeckt worden waren. Zwischen Siemens und seinen wichtigsten Konkurrenten klafften Stückkostenunterschiede von zwischen 25 und 50 Prozent. Schuld daran war vor allem, dass viele Produkte überflüssige Leistungsmerkmale aufwiesen und nur sehr aufwendig herzustellen waren. Die Unterschiede hatten sich in den letzten Jahren eher noch vergrößert als verringert. Gleichzeitig waren die am Markt bezahlten Preise um teilweise mehr als die Hälfte halbiert worden.

Besonders dramatisch war die Entwicklung bei der Fertigung von Telefonapparaten verlaufen. Noch 1990 erhielt Siemens von der Deutschen Bundespost einen Fabrikabgabepreis von 100 Mark pro Apparat, die dann zu Monopolzeiten gegen eine geringfügige monatliche Nutzungsgebühr an die Kunden verteilt wurden. Ein Jahr später, als der Markt für Telefongeräte geöffnet wurde und man sich bei Karstadt oder Quelle selber eins kaufen konnte, vermochte Siemens für die Geräte bei sehr viel besserer Qualität gerade noch zwischen 40 und 50 Mark zu verlangen. Die Fabrikation von Telefonapparaten an zwei Standorten in Nordrhein-Westfalen stand auf der Kippe. Die Zentralvorstände redeten sich die Köpfe heiß, ob man die Fabriken schließen und allenfalls Geräte in Taiwan fertigen lassen soll oder ob man die Herstellungskosten um die Hälfte reduzieren könne. «Verschiedene glaubten nicht daran, dass wir das packen», sagt Kommunikationschef Eberhard Posner. Doch die Traditionalisten setzten sich durch, schließlich wollte Siemens Siemens und damit im angestammten Geschäft bleiben. Die Betriebe in Gladbeck und Bocholt wurden zusammengelegt und neu aufgebaut, um mit den Wettbewerbern in Asien mithalten zu können. Zu diesem Zweck hatte 1990 ein Führungsteam des Bereichs mit der Unterstützung von McKinsey erstmals eine Studienreise nach Japan unternommen; die Reise wird noch heute als «konzeptioneller Durchbruch» im

Unternehmen angesehen. Tatsächlich markierte die zunächst zaghafte Einführung des Benchmarking, das jedem Geschäftsfeld ein Idealunternehmen gegenüberstellt, einen Kulturbruch. Der Konzern hatte sich lange nur an sich selber orientiert, von den Konkurrenten spricht man teilweise auch heute noch fast liebevoll von «Mitbewerbern».

Nach außen war das Ausmaß der Probleme heruntergespielt worden. Schließlich stimmte das Ergebnis dank guten Finanzresultaten unter dem Strich nach wie vor. Während die Konkurrenz bereits unter Hochdruck restrukturierte, war nach wie vor von einem «widerstandsfähigen» Siemens die Rede, und mit «Kassandrarufen» wurden die Mahnungen derjenigen abgeurteilt, die Anfang 1993 auch in Deutschland eine Rezession aufziehen sahen. Ende 1993 schlug der Siemens-Zentralvorstand andere Töne an: Jetzt ging es ums Überleben. Im Geschäftsbericht 1993 wurde siebzehn Mal das Wort „Preiserosion“ verwendet. Das brachte dem Management Kritik aus den eigenen Reihen ein, da der Eindruck entstand, die Verantwortlichen würden sozusagen einen Schuldigen für die Probleme suchen – die Marktwirtschaft mit ihrer freien Preisbildung. «Darum ging es natürlich nicht», erinnert sich von Pierer. «Aber einige unserer Geschäftsgebiete fühlten sich wie Nichtschwimmer, die in das kalte Wasser geworfen wurden und nicht wussten, ob sie das überleben würden.» Von Pierer hatte schon im Herbst an einer Tagung die Chefs der Ländergesellschaften und die führenden Bereichsvertreter vor der Illusion gewarnt, dass die Ertragslage des Unternehmens sich von selbst entspanne, wenn nur die Konjunktur wieder anzieht. «Unsere großen internationalen Konkurrenten, die in ihren Heimmärkten von der Rezession früher heimgesucht wurden als wir, haben diese Herausforderung genutzt, um die Kosten spürbar zu senken. Sie haben sich dadurch Wettbewerbsvorteile verschafft, die für uns gefährlich werden können, wenn wir nicht ähnliche Fortschritte erzielen», verkündete er.

«Aber einige unserer Geschäftsgebiete fühlten sich wie Nichtschwimmer, die in das kalte Wasser geworfen wurden und nicht wussten, ob sie das überleben würden.»

Heinrich von Pierer

Der Top-Stoßtrupp mit Siemens-Strategen Michael Mirow, Top-Promoter Walter Kunerth, Vorstandsvorsitzendem Heinrich von Pierer und Kommunikationschef Eberhard Posner werkelte an einem eingängigen Konzept, mit dem die Mitarbeiter ins Boot geholt werden sollten. Von Pierer glaubte während eines Wochenendes die Lösung gefunden zu haben: Der Bewunderer antiker

Kultur hatte auf einem Stück Papier die Umrisse eines Tempels mit dem Fundament Wettbewerbsstärke skizziert, auf dem die Säulen Produktivitätssteigerung, Innovation, Wachstum und Erschließung neuer Märkte ruhten. Dieses Konzept sollte dem Programm den frustrierenden Anstrich der Kostensenkungs- und Arbeitsplatzvernichtungsmaschinerie nehmen und diente von Pierer dazu, sich deutlich von dem damals herrschenden Modetrend der Reengeenering-Programme abzugrenzen. Der Top-Tempel ist bis heute wiederkehrendes Bild auf den Foliensätzen von Siemens geblieben.

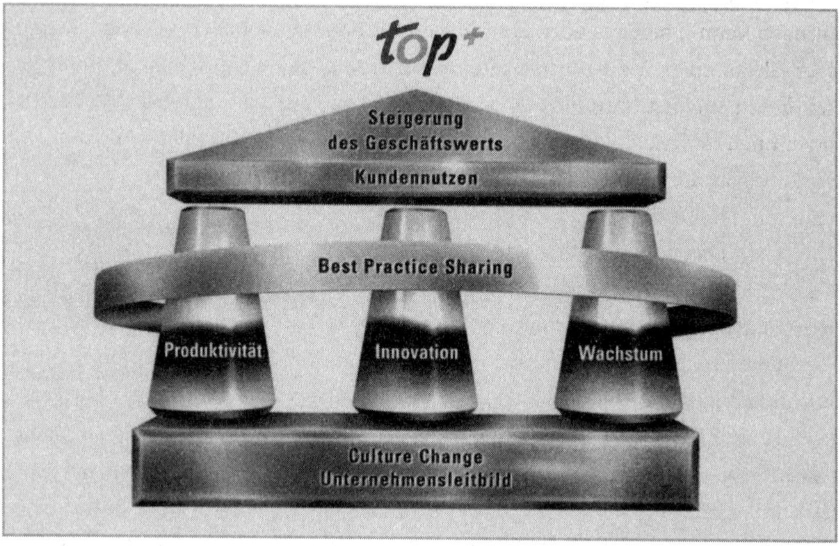

Abbildung 2: **Top-Tempel in der Jahr-2001-Fassung**

Das Thema Kulturwandel kam erst später hinzu – zu spät, wie heute konstatiert wird. 1995 wurde das Fundament, auf dem der Top-Tempel steht, durch den Aspekt des «Culture Change» erweitert. Zwar ließen verschiedene Mitglieder des Zentralvorstands schon früher jeweils in der Mitarbeiterzeitschrift verlauten, dass aus Siemens-Beamten Unternehmer werden müssten und die Vorgesetzten sich neuerdings als Teamcoaches zu verstehen hätten. «Um langfristig überleben zu können, müssen wir dafür sorgen, dass im Unternehmen ein neuer Geist einkehrt», predigte Kunerth auf seinen Reisen durchs Unternehmen. Doch wie dieser genau aussehen und wie er geschaffen werden sollte, blieb höchst unklar.

«Tot oder pensioniert»

Top startete zäh. Dabei waren die Voraussetzungen relativ gut. Der Betriebsrat hatte sich nach harten Diskussionen durchgerungen, sich zu Top zu bekennen, nachdem er die alarmierende Sicht des Zentralvorstandes zu seiner eigenen Sicht gemacht hatte. In der Gesamtbetriebsratsvereinbarung vom Februar 1994 hatte der Betriebsrat unter Punkt 8 ausgehandelt, dass er vor der Einführung von Top-Projekten zu informieren sei. «Die Information hat so rechtzeitig und umfassend zu erfolgen, dass sich der Betriebsrat mit der Planung eingehend befassen und seinerseits eigene Vorschläge in die Beratung einbringen kann», heißt es dort. Der Betriebsrat nannte im Gegenzug Top die «einzige Alternative». Im Kulturwandel sah er eine große Chance für die Mitarbeiter. Einen solchen hatte er schon in den siebziger Jahren befürwortet, damals noch unter dem Schlagwort «Humanisierung der Arbeit». In der konkreten Umsetzung war aber von Kulturwandel und mehr Eigenverantwortung des Einzelnen kaum mehr die Rede.

Die Top-Männer, interne und externe Berater, initiierten Hunderte von Projekten, zunächst vor allem Restrukturierungsprogramme, mit denen die Kosten gekappt wurden. Dann stellten sie die Prozesse in einer Art in Frage, wie man dies bereits von japanischen und amerikanischen Unternehmen her kannte. Die Geschäftsfelder bei Siemens waren noch immer in Entwicklung, Fertigung und Vertrieb gegliedert. Jeder Funktionsbereich verfügte über eine eigene Hierarchie und schottete sich gegen außen ab. Die Mitarbeiter orientierten sich in diesem Gefüge an den Vorgaben ihres Vorgesetzten und kümmerten sich nicht darum, ob sie mit den Bedürfnissen der Nachbarabteilung oder den Anforderungen des Marktes in Konflikt gerieten.

Diese Mauern zwischen den Funktionen begann man niederzureißen und die gesamte Wertschöpfung eines Produkts – von der Idee bis hin zum Vertrieb – in einzelne Prozessabschnitte zu unterteilen. Für jeden Teilprozess wurde ein funktionsübergreifendes Team verantwortlich gemacht. Jeder Mitarbeiter sollte so seine bisher zugeschütteten Fähigkeiten besser zur Geltung bringen können.

Doch Theorie und Praxis klafften weit auseinander. Die Mitarbeiter hatten bereits eine Fülle von Restrukturierungsprogrammen über sich ergehen lassen, dann verordnete Top, dass jeder Selbstverantwortung übernehmen und ein neues Verhältnis zum Vorgesetzen aufbauen solle. Die Führungskräfte erweckten in ihrer technischen Engstirnigkeit häufig den Eindruck, dass es sich bei Top in Tat und Wahrheit um ein weiteres Abbauprogramm handle und die Zurückbleibenden schneller und mehr arbeiten müssten. Top wurde bei den Mitarbeitern zum Synonym für «Total ohne Personal», «Total ohne Perspektive» oder «Tot oder pensioniert». Viele Vorgesetzte hatten sich angewöhnt, jede Maßnahme, die auch nur im Weitesten mit Sparen zu tun hatte, mit dem Etikett Top zu versehen.

Die Voraussetzung für das Gelingen von Top, das Mitziehen der Mitarbeiter, war damit zunichte gemacht. Da half es wenig, das Programm über die Mitarbeiterzeitschrift und zweitägige Kick-Off-Veranstaltungen zu vermarkten. Die Bewegung, von oben verordnet, blieb in der Lehmschicht des mittleren Managements stecken – auch wenn die Vorstände bei jeder Gelegenheit an ihre Vertreter appellierten, ihr Führungsverhalten zu ändern. «In Zukunft ist es nicht mehr Aufgabe des Vorgesetzten, der beste Fachmann zu sein, der alles besser weiß und vorgibt, was zu tun ist. Der Chef muss vielmehr dafür sorgen, dass die Mannschaft sich mit den gesteckten Zielen identifiziert und der Weg dorthin frei ist», forderte Personalverantwortlicher Walter Schusser öffentlich. Der Vorgesetzte sollte sich mehr nach außen orientieren, die Markt- und Kundensignale aufnehmen sowie die Wettbewerber beobachten. Er müsse in die Zukunft blicken, Visionär sein, neue und ehrgeizige Ziele setzen, Innovationen fördern. Er dürfe kein Anweiser sein, sondern müsse mit seinen Mitarbeitern Ziele vereinbaren und ihnen ermöglichen, diese eigenverantwortlich zu erreichen.

Falsch kalkuliert

Das neue Rollenverständnis ließ sich nicht einfach verordnen. Siemens verpasste es zunächst, den Kulturwandel zu organisieren, indem man konsequent Bedingungen geschaffen hätte, welche die Mitarbeiter gezwungen oder dazu motiviert hätten, ihr Verhalten zu überdenken. Mit der Veränderung verband sich besonders bei den Führungskräften die Angst, Macht, Prestige und letztlich den Job zu verlieren. Eine Angst, die im betreffenden Fall – schließlich wurden durch den Hierarchieabbau zwei Drittel der bislang 30.000 Führungspositionen überflüssig – durchaus begründet war. Wer seine Position in der Hierarchie preisgeben musste, verlor auch praktisch alle Statussymbole – vom Titel über den Dienstwagen bis hin zur Möglichkeit, für das Büro einen Teppich auszuwählen. Und wer bleiben durfte, büßte in der neuen prozessorganisierten Organisation an Einfluss ein. Und ein zweites Thema wollte nur schwer in die Köpfe: die Zeitoptimierung. Beschleunigung wurde gleichgesetzt mit alles schneller machen, und das hatte bei vielen den negativen Beigeschmack, schlampiger zu werden.

Der Siemens-Vorstand realisierte, dass er auflief. Er versuchte deshalb, nicht nur Druck von oben zu machen, sondern mit Hilfe des Betriebsrates auch von unten, der die geringe Bereitschaft gewisser Vorgesetzter, sich zu ändern, offen anprangerte. Dazu diente etwa der in der Mitarbeiterzeitschrift publizierte Top-Test, in dem die Mitarbeiter zu verschiedenen Bereichen ihres Arbeitsumfeldes Noten vergeben konnten. Der Test gipfelte in einer Reihe von Fragen zu den Qualitäten des jeweiligen Chefs und entsprechenden Handlungsanleitungen, was einem offenen Aufruf zu Denunziantentum gegenüber unverbesserlichen Vorgesetzten gleichkam. Ein Kommentator des «Handelsblatts» verglich dieses Vorgehen mit der chinesischen Kulturrevolution unter Mao Tse Tung. «Bei Siemens wird der Ausgang nicht so blutig sein wie im China der späten 60er-Jahre, aber es müssen wohl tatsächlich eine ganze Reihe unter den Führungskräften den Hut nehmen.»

«Bei Siemens wird der Ausgang nicht so blutig sein wie im China der späten 60er-Jahre, aber es müssen wohl tatsächlich eine ganze Reihe unter den Führungskräften den Hut nehmen.»

«Handelsblatt» zum Top-Test

Aber genau damit tat sich Siemens schwer. Die Entlassung von langjährigen Siemens-Mitarbeitern bedingte die Kündigung jenes unausgesprochenen Vertrags, den Siemens mit seinen Mitarbeitern abgeschlossen hatte. Wer sich bei dem Elektrokonzern verdient gemacht hatte, in der Hierarchie aufstieg und damit Teil des auf Loyalität basierenden Old-Fellow-Netzwerkes wurde, war praktisch unkündbar. Erst im Herbst 1995 wagte von Pierer, eine erste «heilige Kuh» zu schlachten: Er überredete den Zentralvorstand, mit gutem Beispiel voranzugehen und sich von den 52 Bereichsvorständen beurteilen zu lassen. Künftig sollten sämtliche Führungskräfte des Unternehmens von ihren Mitarbeitern anhand vorgefertigter Fragebögen in regelmäßigen Abständen auf ihre Arbeitsleistung überprüft werden. Um den Druck auf das Management zu erhöhen, verschob man zudem die Verantwortlichkeiten. Ab Herbst 1996 mussten alle Unternehmensbereiche erstmals ihr Geschäftsergebnis offen legen. So ließ sich leichter feststellen, wer von den Bereichsleitern erfolgreich gewirtschaftet hatte und wer nicht. Dafür erweiterte der Zentralvorstand ihren Spielraum. Früher gingen fast alle Projekte über seinen Schreibtisch. Künftig sollten die Bereichsvorstände über Investitionen oder Firmenkäufe bis zum Wert von 10 Millionen Mark selber entscheiden.

Die Top-Verantwortlichen scheiterten aber auch, weil sie nicht an die Beantwortung einer einzigen, winzigen Frage gedacht hatten: Was springt für den Einzelnen raus? Die klassische Schornsteinkarriere war nach wie vor das vorherrschende Karrieremuster geblieben, und die Vorgesetzten klebten noch immer auf ihren Sesseln, selbst wenn Hunderte von Arbeitern die Kündigung erhalten hatten. Bei aufgekommenen Fragen zur Einführung von Vorgesetztenbeurteilungen, persönlichen Perspektiven der jeweiligen Mitarbeiter und neuen Entlohnungssystemen sahen die Personalverantwortlichen zwar durchaus einen Handlungsbedarf, sie flüchteten sich aber zunächst in allgemeine Formulierungen. Noch 1994 wurde gemäß dem damaligen Gesamtbetriebsratsvorsitzenden die Forderung nach einer Vorgesetztenbeurteilung durch die Mitarbeiter strikt abgelehnt.

Nach langem Hin und Her modifizierte Siemens das Beurteilungssystem. Die Führungskräfte werden seit Herbst 1996 von ihren Mitarbeitern bewertet. Außerdem wurden Rangsystem und Gehaltsrahmen geändert. Mit EFA, dem Rahmen zur Entwicklung, Förderung und Anerkennung der Mitarbeiter, wurde im Oktober 1996 ein Modell eingeführt, das die Entwicklung der übertariflichen Einkommen an die persönliche Leistung, die Aufgabenerfüllung und das persönliche Entwicklungspotential koppelt und von den so genannten EFA-Gesprächen abhängig macht. «Offen, ehrlich und vor allem objektiv muss dabei die Rolle der Führungskräfte sein; selbstbewusst, aber nicht überstiegen sollten die Vorstellungen der Mitarbeiter sein», so die damit verbundene Direktive. Das bedeutete einen tiefen Einschnitt: Die Gehälter werden seither nicht mehr regelmäßig und automatisch angehoben, sondern hängen von der jeweiligen Leistung ab, die bekanntlich schwer messbar ist und in höchst subjektiver Weise vom Vorgesetzten beurteilt wird.

Aktionärswertorientierte Anreizsysteme bei der Bezahlung der Manager existierten ebenfalls nicht. Die variable Komponente wurde im Rahmen eines Zielkranzes berechnet, zu dem neben der Rentabilität des investierten Vermögens auch Umsatz- und Marktanteilsziele gehörten. Das konnte sich durchaus kontraproduktiv auf das Ergebnis auswirken, ließen sich doch die eigenen Taschen leicht füllen, indem man Umsätze bolzte, auch wenn dies mit Verlusten verbunden war.

Im Wettlauf mit General Electric und ABB

Für das US-Wirtschaftsmagazin «Business Week» kamen die Umwälzungen bei Siemens angesichts der «sturen, hierarchischen, sehr deutschen Firmenstruktur einer Kulturrevolution gleich». Die Konkurrenz aber hatte nicht geschlafen. In der Effizienzrechnung schnitt 1995 ABB doppelt, General Electric (GE) sogar fünfmal so gut ab wie die Münchner.

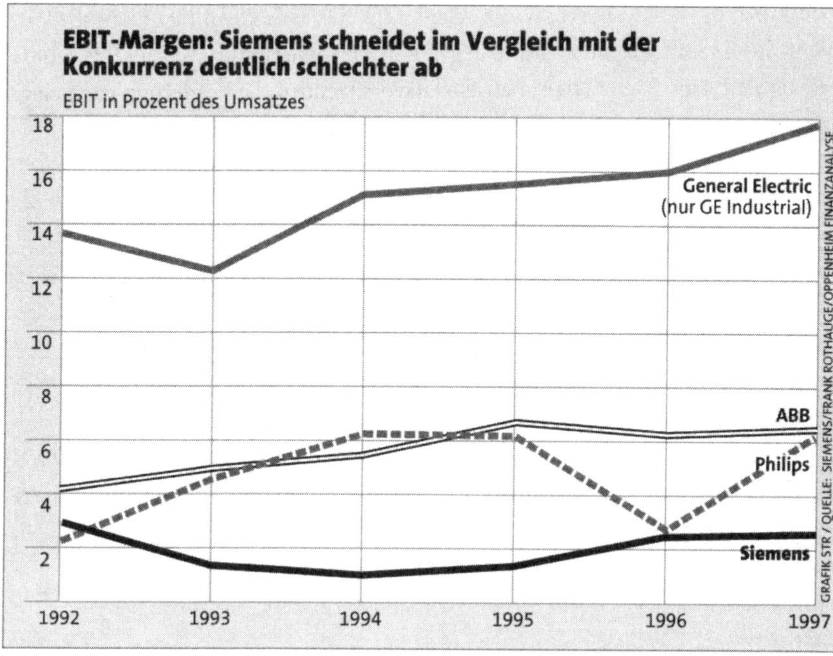

Abbildung 3

Jack Welch hatte bereits 1981 mit dem Umbau von GE, einer Ikone amerikanischer Wirtschaftsgeschichte, begonnen, als noch niemand sich vorstellen konnte, dass das Unternehmen gravierende Probleme haben sollte. Der Konzern, an dessen Gründung Thomas Edison beteiligt gewesen war, war in jenem Jahr gerade 115 Jahre alt geworden. Von der Glühbirne bis zum Flugzeugtriebwerk führte GE alles im Sortiment. Welch besaß eine glasklare Vorstellung, in welche Richtung er steuern wollte: GE sollte das «wettbewerbsstärkste Unternehmen der Welt» werden – ohne Rücksichten auf irgendwelche Traditionen. Derartige Orientierungen waren seiner Meinung nach Luxus, den man sich nicht leisten konnte. Ein Unternehmen sollte entstehen, das die besten Jobs für Menschen schuf, die bereit waren, sich dem Wettbewerb zu stellen. Die New Yorker Wall Street sollte GE nicht mehr als chaotisches Konglomerat mit allen möglichen weitgestreuten und unzusammenhängenden Geschäftsbereichen betrachten, sondern als ein Unternehmen, das auf ein Ziel ausgerichtet war: das beste der Welt zu sein.

In später mystisch verklärter Konsequenz schüttelte Welch den Traditionskonzern durch, indem er aus dieser Vision eine neue Unternehmensstrategie ableitete und sie kompromisslos umsetzte. Sie fand ihren Ausdruck in der «change or die»-Philosophie und dem Konzept des «fix it, close it or sell it». Entweder man schaffte es, in allen Geschäftsbereichen die Nummer eins oder zwei weltweit zu sein, oder man machte den Laden dicht beziehungsweise verkaufte ihn. In den fünf ersten Jahren seiner Amtszeit entließ Welch jeden vierten Mitarbeiter, insgesamt mehr als 100.000 Angestellte. Das trug ihm intern den Spitznamen «Neutronen-Jack» ein: der Mann, der die Menschen auslöschte, die Gebäude jedoch stehen ließ. Sein Prinzip setzte er erbarmungslos um: «Anerkennung der Besten und Aussieben der Ineffektivsten», war sein Motto. Er habe «ständig Handgranaten geworfen, um Traditionen und Rituale in die Luft zu sprengen», erinnert er sich in seiner Autobiographie.

Nach 20 Jahren im Amt ging Welch schließlich im Herbst 2001 in Pension. «Fortune» würdigte ihn als den «Manager des Jahrhunderts», das «Wall Street Journal» verklärte ihn als eine «Ikone» und «Herald Tribune» nannte ihn den am meisten imitierten Manager seiner Generation. In seiner Amtszeit hatte er es geschafft, die Umsätze des Konzerns um 364 Prozent, die Gewinne um 671 Prozent und den Aktienkurs um 2876 Prozent hoch zu katapultieren. In keinem einzigen Quartal verpasste Welch seine veröffentlichten Gewinnziele. Seine Abschiedsvorstellung – die versuchte Übernahme des Industriekonzerns Honeywell – misslang ihm aber. Die US-Antitrustbehörden hatten dem Deal zwar zugestimmt, EU-Wettbewerbskommissär Mario Monti aber stellte Bedingungen, die Welch zu weit gingen. Er sei, so schreibt er in seiner Autobiographie, von seinem ewigen Feind, der Bürokratie, in die Knie gezwungen worden. Nach dem Zusammenbruch des Energiehandelskonzerns Enron wurde auch GE vom Vertrauensverlust an der Börse erfasst. Enron war Ende 2001 nahezu unbemerkt von den Aufsichtsbehörden, Analysten und Medien innerhalb weniger Wochen Pleite gegangen. Die Bilanz des Mischkonzerns schien vielen Investoren plötzlich zu intransparent zu sein. Während Tyco sein Geschäft daraufhin aufsplittete, versuchte Welch-Nachfolger Jeff Immelt mit dem Versprechen, mehr Transparenz in die Bilanz zu bringen, die Gunst wieder zurück zu gewinnen.

ABB, Siemens-Konkurrent vor allem in den Bereichen der Verkehrstechnik, des Stromerzeugungs- und -verteilungsgeschäfts und der Automatisierung, war zwangsläufig etwas später ans Werk gegangen als GE. ABB entstand erst 1988 aus der Fusion der Schweizer Brown Boveri (BBC) und der kleineren schwedischen Asea. Die marketingorientierten Schweden überrumpelten die technikorientierten BBCler geradezu, und Percy Barnevik, der frühere Chef von Asea, setzte sich durch. Auf den Trümmern der beiden Unternehmen baute er einen neuen Konzern auf. Er schrumpfte die Konzernzentrale von 2000 auf 200 Mitarbeiter und organisierte das Unternehmen mit vier Unternehmensbereichen, 1300 selbständigen Unternehmen, die vor Ort Aufträge akquirierten und ausführten, und 5000 Profitcentern dezentral. Über eine feingliedrige Matrix, an deren Knotenpunkt sich die einzelnen ABB-Gesellschaften und Profitcenter trafen, wurde das Unternehmen geführt. Gleichzeitig brach Barnevik die Strukturen auf, indem die Fabriken nicht mehr nach Arbeitsgängen, sondern nach Prozessen gegliedert wurden: Mittels dem so genannten T 50-Programm sollten sämtliche Durchlaufzeiten halbiert werden. Die Kosten senkte er, indem er Produktionsstätten nach Osteuropa verlegte und unrentable Unternehmen verkaufte und dafür neue erwarb, 155 allein bis 1994.

Barnevik verstand seine Rolle vor allem als diejenige eines Motivators. Er züchtete 500 Manager heran, welche sich wie Unternehmer zu verhalten und die ABB-Strategie – niedergelegt in einer 55-seitigen Broschüre (genannt «Die Bibel») – vollkommen verinnerlicht hatten. Produktionschefs etwa von Turbinenwerken wurden dazu gezwungen, Aufträge innerhalb des Unternehmens zu akquirieren und konkurrierten dabei intern mit anderen Fabriken, die weltweit verstreut waren. Gelang das nicht, drohte die Verlagerung der Produktion in Billiglohnländer und die Schließung des Werks. ABB kritisierte offen die paritätische Mitbestimmung und die Vollkasko-Mentalität, wie der damalige Europachef Eberhard von Koerber verächtlich die historisch in Westeuropa herausgebildeten Strukturen wie Sozialstaat und Versicherungen nannte. Diese Strukturen machte man verantwortlich für eine zu geringe Anpassungsgeschwindigkeit gerade auch deutscher Unternehmen. Barnevik brüstete sich öffentlich damit, dass die beste Investition, die ein Unternehmen machen könne, die Schließung eines Werkes in Deutschland und dessen Wiederaufbau in Tschechien sei. Das rechne sich bereits nach einem Jahr.

Barnevik wurde in der Öffentlichkeit von Journalisten und Vertretern der renommiertesten Business Schools bald zum Musterknaben stilisiert. Unbeabsichtigt schufen sie damit für Tausende von Mitarbeitern einen Identifikationspunkt. Rund um die Welt sprachen die ABB-Angestellten von ihrem allseits gerühmten Chef, der stets bei Kunden und nur an zwei Tagen in der Woche im Büro war, nämlich am Samstag und am Sonntag. Sobald ABB die nötige Größe erreicht und genügend Unternehmergeist entwickelt hätte, werde der Konzern zur Geldmaschine, verkündete er. Doch diese Vision sollte nicht Realität werden. Vom 1988 deklarierten Ziel, einer Betriebsgewinnmarge von 10 Prozent, war ABB Mitte der neunziger Jahre nach wie vor weit entfernt. Doch das irritierte zu diesem Zeitpunkt niemanden, auch nicht Christopher Bartlett, Professor an der Harvard Business School, der nach Barneviks fulminantem Start noch erklärt hatte: «Barnevik hat aus zwei zweitklassigen Unternehmen ein transnationales Unternehmen gemacht, das flexibler ist als jeder Multi.»

Wenige Jahre später schaut alles ganz anders aus. Die Entwicklung erwies sich nicht als nachhaltig: ABB liegt nach raschem Chefwechsel am Boden; Lichtgestalt Barnevik wurde zum Buhmann, als bekannt wurde, dass er und sein Nachfolger Göran Lindahl sich ihre Jobs mit Pensionskassenbezügen von 233 Millionen Franken hatten vergolden lassen. Die schwedische Wirtschaftszeitung «Dagens Industri» bescheinigte ihrem vorher so hoch gelobten Landsmann «schweinische Raffkultur». Der Konzern ist im Jahr 2002 zu einem orientierungslosen, renditeschwachen Konzern verkommen, der immer wieder neue Radikalkuren verkündet, aber das Vertrauen der Investoren verloren hat. Die hochgelobte, doppelt gewobene Matrixorganisation, in der die Einheiten sowohl an die Länder- als auch an die Spartenverantwortlichen rapportierten, wurde bereits 1998 wieder aufgelöst, weil sie nicht funktionierte.

Worin unterschied sich das Siemens-Fitnessprogramm vom Weg, den General Electric und ABB eingeschlagen hatten? Siemens wies zunächst einen zeitlichen Rückstand auf die Konkurrenz auf, unterschiedlich wurden aber auch die Themen Unternehmensstrategie und Kulturwandel angepackt. GE hatte mit seiner Vision, in allen Bereichen die Nummer eins oder die Nummer zwei weltweit zu werden oder sonst das Geschäft aufzugeben, eine sehr präzise Orientierung geschaffen. ABBs Ziel, die Prozesszeiten innerhalb von vier Jahren zu halbieren, war ebenfalls eine quantifizierbare Leitplanke, entlang welcher die Unternehmenstransformation strukturiert werden konnte. Allerdings wurde die Wirksamkeit der Programme zu wenig kontrolliert, wie ein ehemaliger ABB-Manager sagt, was sich im bekannten Resultat niederschlug.

Die Top-Bewegung von Siemens hingegen enthielt sich einer derartigen Zuspitzung. Ihr lag vielmehr ein relativ kompliziertes, mehrdimensionales Entwicklungskonzept – die Stärkung der Wettbewerbsfähigkeit durch Steigerung der Produktivität, Wachstum, Innovation und die Erschließung neuer Märkte – zu Grunde, das dazu beitragen sollte, Arbeitsplätze vor allem auch am Standort Deutschland zu sichern. Dementsprechend waren auch die Unternehmensziele weniger radikal und weniger konsequent formuliert, boten aber auch den Mitarbeitern weniger Orientierung als etwa bei General Electric. Eine Mitarbeiterbefragung Ende 1995 förderte in dieser Hinsicht ein ernüchterndes Resultat zu Tage. Praktisch jeder Mitarbeiter kannte zwar den Begriff «Top», brachte ihn aber in erster Linie mit Prozessoptimierung, Mitarbeiterorientierung und -motivation sowie Kundenzufriedenheit in Verbindung. Obwohl im Selbstverständnis der Macher «Innovationen» und «neue Märkte» tragende Säulen des Konzepts waren, nannten sie die Mitarbeiter kaum.

Siemens war sich zunächst auch nicht bewusst, dass der Kulturwandel zu organisieren war und packte entsprechend das Thema nur halbherzig an. Die Mitarbeiter sahen sich denn auch nicht als treibende Kraft der Bewegung an, sondern vielmehr in der Rolle der Adressaten. GE hingegen verfolgte seinen Kulturwandel ab 1989 aggressiv im Rahmen eines so genannten «Work-Out»-Prozesses, an dem bis 1994 sämtliche Mitarbeiter teilgenommen hatten. GE organisierte dafür dreitägige Meetings, an denen vor allem auch das Selbstvertrauen des Einzelnen gegenüber seinem Vorgesetzten gefördert wurde. Bei ABB wurden «self directed teams» sowie das «Intrapreneurship»-Konzept im mittleren und höheren Management eingeführt. In der Praxis wurde diesen Strategien allerdings zu wenig Nachdruck verliehen.

«Top war kein Schritt nach vorn, sondern verhinderte lediglich einen Absturz.»
Frank Rothauge

Bei Siemens endete Top 1997/98 in der totalen Ernüchterung. Ausgerechnet zum 150-Jahr-Jubiläum hin prasselten die Probleme wie große Hagelkörner auf den Hauptsitz in München nieder. «Siemens zählte in den letzten fünf Jahren eindeutig zu den Verlierern im globalen Wettbewerb», konstatierte Bankanalyst Frank Rothauge. «Top war kein Schritt nach vorn, sondern verhinderte lediglich einen Absturz.» Die Stunden von Pierers auf dem Chefsessel schienen gezählt. Von Tag zu Tag finsterer dreingeschaut hätte der Chef, erinnert sich Ottl. «Das wird schon wieder», sagte der Pförtner dann jeweils, wenn von Pierer bereits am morgen müde die Drehtüre des Rosa Palais passierte.

Kulturwandel im Zeichen des Shareholder Value

Heinrich von Pierer, der Chefverkäufer

Obwohl er eigentlich ins Bett wollte, genehmigt sich Heinrich von Pierer zu später Stunde noch einen Schlummertrunk. Deutschlands einstiger Vorzeigemanager bleibt auch in der Hilton-Bar in Budapest im Frühjahr 2001 ein durch und durch unauffälliger Mensch. Akkurat gescheitelt mit Brille, plaudert der oberste Siemens-Chef mit einer Hand voll Journalisten aus Deutschland und der Schweiz. Die entspannte Körperhaltung täuscht: Er erzählt präzise und ist auch zu fortgeschrittener Stunde ein aufmerksamer Zuhörer, streut süffisante Bemerkungen ins Gespräch. Beispielsweise erzählt er von jenen Investmentbanken, die ihn täglich mit attraktiven Kaufgelegenheiten von Firmen bestürmen, um die Journalisten sogleich aufzuklären, dass die wirklich relevanten Zeitungen «Financial Times» und «Wall Street Journal» heißen. «Da wissen die Analysten schon am Nachmittag, was in der Börsenkolumne vom nächsten Tag drin steht.» Aus dem Hintergrund löst sich der Kommunikationsverantwortliche Eberhard Posner. «Kaum lässt man den Chef allein, plaudert er alles aus», kokettiert er.

Hinter von Pierer liegt eine anstrengende, rastlose Woche. Er jagte von Sitzung zu Business Lunch, von Pressekonferenz zu Frage- und Antwortstunde, dazwischen ein kurzer Abstecher in die Fabrik, ein Mittagessen mit dem ungarischen Premierminister gefolgt von einer Aufsichtsratssitzung, um die Halbjahreszahlen zu erläutern, anschließend Presse- sowie Analystenkonferenz.

Am Morgen wird von Pierer um 5.30 Uhr noch schlaftrunken in der Hotelhalle von seinem Fahrer empfangen. Im Auto folgt eine kurze Phase der Vorbereitung und wenige Stunden später wird er im Bayer-Aufsichtsrat über die Geschäfte des Pharmakonzerns diskutieren.

Anders als sein Vorgänger sucht der 61-jährige Franke gern die Öffentlichkeit. Diese Rolle behagt ihm, obwohl Kritiker ihn früher oft rügten, er besitze kein Charisma, wirke farblos sowie äußerst dünnhäutig. Sein Rezept: Cool bleiben, nur ja keine Emotionen zeigen und den Gegner nie unterschätzen. Wie damals auf dem Aschenplatz, als begeisterter Tenniscrack, der sich bis zum bayrischen Jugendmeister emporspielte. Wo immer von Pierer antritt, will er gewinnen. Manchmal aber fühlt er sich bestimmten Entwicklungen gegenüber «geradezu hilflos», wie er sagt. Das sehe er aber durchaus mit einem gewissen Sportsgeist.

«Heute ist er in New York, morgen in Usbekistan, dann in Singapur», sagt Posner, mit Verweis auf die Dossiers, die sich auf seinem Schreibtisch stapeln. Von Pierer ist gerne unter Menschen, pflegt den direkten Kontakt, kennt seine Kunden, fasziniert mit seinen Reden volkswirtschaftliche Gesellschaften genauso wie mit seinem Charme die Chinesen und pfeffert zwischendurch Politiker auf dem Tennisplatz zwecks Kontaktpflege schon mal seinen gefürchteten Aufschlag um die Ohren. Die Tochter des Finanzchefs fragt er lateinische Vokabeln ab, in der Kantine nimmt er sich ein Tablett und setzt sich dort hin, wo gerade ein Platz frei ist. Auf Flughäfen oder in Hotellobbys lässt er sich von Mitarbeitern über den Stand ihrer Geschäfte informieren. «Er kennt sich häufig besser aus als die Verantwortlichen selber», staunt ein Bereichsvorstand.

«Kein Charismatiker, aber ein besessener Überzeugungsarbeiter.»
«Wirtschaftswoche»

Will er Details wissen, ignoriert er Dienstwege und fragt nicht erst den Bereichsvorstand, ob dieser oder jener Herr zu sprechen sei. «Er mischt sich zu stark ins Tagesgeschäft ein», warfen ihm bei einer Führungskräfte-Umfrage die Bereichsvorstände vor. Die «Wirtschaftswoche» schrieb: «Kein Charismatiker, aber ein besessener Überzeugungsarbeiter.»

Aufgewachsen ist von Pierer in einer Offiziersfamilie in Erlangen. Sein Großvater diente in der K.u.k.-Armee, von daher stammt das Adelsbeiwerk im Namen. In Erlangen heiratete er die Tochter eines Siemens-Managers, mit der er drei erwachsene Kinder hat. Um von Pierer zu verstehen, muss man Erlangen kennen, schreibt ein «Zeit»-Redakteur: In der fränkischen Universitätsstadt, geprägt vom reformatorisch-strengen und sparsamen Geist hugenottischer Einwanderer, lebt er bis heute.

18 Jahre lang sass er in Erlangen für die CSU ehrenamtlich im Stadtrat, knüpfte Kontakte, schulte seine Diplomatie, und 1976 fehlte ihm nur eine Stimme zur Bundestags-Kandidatur. Daneben wirkte er in Erlangen in allen wichtigen Ausschüssen mit, war Aufsichtsrat bei den Stadtwerken und lobbyierte für die Sportler. Die Fußballspiele des TV 48 Erlangen kommentierte er schon als 16-Jähriger für seine Heimatpostille, die «Erlanger Nachrichten».

Die ganze Region hängt am Tropf von Siemens: Erlangen ist das Herz der Energie- und Medizintechnik. Hier herrscht eine besondere Ausprägung der Siemens-Kultur. Wie früher reisen die Vertreter der Elektrizitätswerke in die fränkische Provinzstadt, besuchen das Werk und gehen abends noch auf ein Glas Wein mit. Die Verantwortlichen der Telekomgesellschaften hingegen machen sich in München rar und informieren sich an internationalen Messen bei den verschiedenen Anbietern ganz nach dem Motto «Time is money». Und obwohl auch in Erlangen Arbeitsplätze im großen Stil abgebaut und Flexibilisierungen der Arbeitszeiten den Betriebsräten abgerungen wurden, «werde ich in Erlangen noch immer freundlich gegrüsst», sagt von Pierer stolz. Wenn er in die Ferien fährt, dann nie weit weg, entweder ins Engadin in die Schweiz oder an den Wörthersee in Österreich, wo man «heute noch so viel Eierschwammerl finden kann, dass die Suche Spaß macht», wie er der Mitarbeiterzeitung anvertraute.

Der promovierte Jurist und Volkswirt begann als 28-Jähriger in Erlangen bei der Rechtsabteilung. Vor allem die ersten Kernkraftwerksaufträge Ende der sechziger und anfang der siebziger Jahre warfen eine Fülle juristischer Probleme auf – zuerst Atucha in Argentinien, dann Bushehr im Iran. Beim Geschäft mit Turbinen und Reaktoren konnte er sein politisches Geschick und seine Erfahrung einbringen, wurde schließlich Chef der KWU und als überzeugter Kernkraftbefürworter willkommene Zielscheibe der Anti-Atom-Bewegung. Mit 49 berief ihn das Stammhaus in den Zentralvorstand – als damals jüngstes Mitglied in der Geschichte des Unternehmens. Gefördert wurde er vor allem von Hermann Franz, dem Finanzchef und späteren Aufsichtsratsvorsitzenden. Der enge Kontakt und die Bodenhaftung zu Erlangen ist auch nach seiner Ernennung zum Vorstandsvorsitzenden 1992 erhalten geblieben. Bei Tagesbeginn überfliegt von Pierer als erstes die Schlagzeilen der «Erlanger Nachrichten». Sie dienen ihm als «Seismograf für die Stimmung an der Basis».

Als Softie und Zauderer, gar als «Social Romantic» ist er seit seinem Amtsantritt vor zehn Jahren in den Medien charakterisiert worden, als «Jedermanns Liebling» oder als Börsenstar. Hat er sich verändert? Von Pierer lächelt, überlegt kurz. «Die Fülle und Bandbreite von Bezeichnungen, die ich mir in den letzten Jahren eingehandelt habe, ist schon bemerkenswert.» Er sei schon als letzter Ritter bezeichnet worden. Zugegeben, Letzteres habe ihm gefallen. «Der Mann tut sozial, was er kann. Aber allzu viel kann er nicht tun – gegen ökonomische Strukturen», schrieb die «Woche». Damit kann von Pierer sich identifizieren.

Sein Weggefährte und Kommunikationschef Eberhard Posner sitzt bei diesen Worten daneben und verzieht keine Miene. Später, unter vier Augen, wird er die Frage mit «Ja und Nein» beantworten. Gewisse persönliche Eigenschaften seien dieselben geblieben, vor allem die Diszipliniertheit. Wenn ein Kunde den Siemens-Chef abends auf ein Problem in einem der Bereiche anspreche, wird er sich dieses nachts im Hotelzimmer auf einen Zettel notieren und am nächsten Tag nach dem Rechten sehen. Wehe, jemand kommt nach zwei Tagen mit Ausreden. «Er schreit nicht, er schimpft nicht, er hat eine andere Art und Weise, jemandem klar zu machen, dass dies das letzte Mal war», sagt der Kommunikationschef.

«Er hat sich in anderer Hinsicht ganz erheblich weiterentwickeln müssen», gibt Posner zu bedenken. Die ganze Finanzwelt mit ihren Werthaltungen und Regeln war von Pierer fremd. Der Zeitgeist hat sich inzwischen gründlich geändert. Jahr für Jahr stiegen die Ansprüche, schließlich machte es Jack Welch in den USA vor, wie ein traditionsreicher Koloss auf eine mehrfache Rendite getrimmt werden konnte. «Die Verantwortlichen bei Siemens stecken in einem Kühlschrank», sagt ein früherer Manager, «und wo von Pierer sitzt, ist es am kältesten.» Der Siemens-Vorstandschef hat sich, zunächst nur widerstrebend, in das Korsett von Finanzkennzahlen zwängen lassen, sieht die Börse als «eine Art Spielerbetrieb» und den Konzern als einen «lebenden Organismus», bei dem gewisse Teile dazukommen, andere weggegeben werden. Mit einer Selbstverständlichkeit erläutert er, «was heute zählt, ist ein hoher Börsenkurs».

Unerbittlich hielten ihm die Analysten Jack Welch und GE vor. Das schätzt von Pierer überhaupt nicht. Den inneren Zusammenhalt von Fernsehstationen, Rückversicherungen, Kunststoff und Flugzeugturbinen zu sehen, bereite ihm Mühe. Im Gegensatz zu GE sei dieser bei Siemens doch klar. «Wir sind ein Unternehmen der Elektrotechnik und der Elektronik.» Welchs Philosophie «We steel the best ideas» («Wir stehlen die besten Ideen») hat er sich inzwischen zu eigen gemacht, aber auf dessen Spitznamen «Neutronen-Jack» könne er getrost verzichten.

Von Pierer wird in seiner Arbeit und bei seinen Auftritten von seinem Kommunikationschef unterstützt, wenn nötig rund um die Uhr. Posner, seit Mitte der achtziger Jahre Verantwortlicher für Kommunikation, hatte seinem Chef schon früh erklärt, wie er sich die Zusammenarbeit vorstellt. Schon Kaske habe Vorträge gehalten, von denen er gar nichts gewusst hätte und auch dessen Ansprachen im Aufsichtsrat seien ausbaufähig gewesen. Von Pierer klopfte Posner auf die Schulter und lächelte spitzbübisch, «ich weiß schon, was Sie meinen. Ab heute machen Sie alles.»

Jeden Sonntag bereiten von Pierer und Posner gemeinsam die Woche vor, und ein reger Fax-, E-Mail- und Telefonverkehr zwischen Erlangen und München ist die Folge. «Mittlerweile hat von Pierer verstanden, dass die Zeit von 11 Uhr bis 15 Uhr tabu ist, da bin ich auf dem Tennisplatz», sagt Posner. Von Pierer hat zwar schon gegen Polit- und Sportprominenz wie Bundeskanzler Gerhard Schröder oder Chris Evert gespielt, aber seinem Kommunikationschef stand er am Netz noch nie gegenüber. «Das würde er auch nie tun», wehrt Posner grinsend ab, «der kann ja nicht verlieren.» Von Pierer sieht das anders. «Man lernt im Tennis, unter Druck, in schwierigen Situationen, cool zu bleiben. Ich habe dort auch gelernt zu verlieren.»

Die Gründerfamilie begehrt auf

Anlass, trotz steigendem Druck kühlen Kopf zu bewahren, gab es für den Siemens-Vorstandsvorsitzenden im Laufe der neunziger Jahre zur Genüge. Der Sturm der Kritik begann mit der Forderung angelsächsischer Analysten und Medien, den Konzern in mehrere Teile zu zerschlagen, gewisse zu verkaufen und anderen die völlige Freiheit zu geben. «Ich habe viel Geduld mit und Respekt vor von Pierers Rücksichtnahme auf die Beschäftigung; aber dann sollte diese Firma nicht an der Börse kotiert sein, wo kapitalistische Regeln herrschen», kommentierte das «Wall Street Journal».

Bereits im Mai 1994 hatte eine Studie der US-Investmentbank Goldman Sachs für helle Empörung im Vorstand gesorgt. Die Siemens-Aktie sei zu teuer, hieß es, Gewinne, Cash-Flow und Dividende würden «deutlich niedriger als bei wichtigen Konkurrenten» ausfallen. Siemens müsse schleunigst die schwachen Glieder «amputieren», sich vom Geschäft mit Nebenstellenanlagen, Halbleitern, Medizintechnik und Licht trennen, da sonst längerfristig auch die starken Bereiche in Gefahr geraten würden. «Wir dürfen uns von Besserwissern nicht nervös machen lassen. Nur wer kein Konzept hat, wird zum Spielball», wiegelte von Pierer vor dem Aufsichtsrat ab. Sein Konzept war, das gesamte Gebiet der Elektrotechnik abzudecken und aus den daraus resultierenden Synergien Mehrwert zu schaffen.

Die Beweislage allerdings stand Mitte der neunziger Jahre auf dünnem Eis. Von Pierer wurde von den Ereignissen überrumpelt. Im November 1996 musste er seine Gewinnprognose für das nächste Jahr massiv reduzieren und auch das Ergebnis vor Steuern lag eine halbe Milliarde unter Plan. Die enttäuschten Erwartungen ließen den Kurs um neun Prozent einbrechen. Selbst dieses Resultat war nur dank buchhalterischen Tricks zustandegekommen, indem der Finanzchef die Restrukturierungskosten zu einem tieferen Betrag als vom Vorstand früher angegeben verbuchte.

Im Jahr darauf schnitt Siemens nicht besser ab. Von Pierer war ins Geschäftsjahr 1997/98 noch mit hohen Erwartungen und entsprechend optimistischen Ankündigungen gestartet. Schon bald zeigte sich, dass die Budgetzahlen nichts wert waren. Teure, neue Gasturbinen standen wegen Verbrennungsschwingungen wochenlang still, Lokomotiven gingen in Flammen auf und unförmige Handys lagen wie Blei in den Verkaufsvitrinen. Zu allem Überfluss brach auch noch der Halbleitermarkt zusammen. Von Pierer war gezwungen, seine Zahlen nach unten zu revidieren. Im Sommer 1998 war der Kurs der Aktie unter den Stand von Herbst 1985 gefallen.

Auch deutsche Kollegen hatten zunehmend in die Kritik der angelsächsischen Analysten eingestimmt und die Idee, den Konzern in eine Finanzholding umzubauen, forciert. «Der mangelnde Erfolg des vom Vorstand initiierten Produktivitätsprogramms Top ist der beste Beweis, dass sich der Konzern von oben nicht mehr steuern lässt. Deshalb muss die Unternehmensleitung viel mehr Verantwortung nach unten verlagern», schrieb etwa Sal. Oppenheim-Analyst Frank Rothauge.

Selbst die Gründerfamilie muckte in einem Interview öffentlich auf, was noch nie geschehen war. «Das kann so nicht weitergehen», grollte Peter von Siemens, Ururenkel des Gründers und gleichzeitig Aufsichtsratsmitglied, im österreichischen Wirtschaftsblatt «Trend». Allein durch den Kurssturz nach der Veröffentlichung der Siemens-Zahlen im November 1996 hatte die Familie zumindest auf dem Papier 300 Millionen Mark verloren. Die Ertragslage müsste drastisch verbessert werden. «Für diese Rendite sperrt kein Milchmann seinen Laden auf», polterte von Siemens.

«Für diese Rendite sperrt kein Milchmann seinen Laden auf.»
Peter von Siemens

Von Pierer stand in der Öffentlichkeit als Ankündigungsweltmeister da. Ein Manager, der zwar verändern wollte, aber davor zurückschreckte, sich konsequent durchzusetzen. Ob er der Richtige sei, um das «im Kern phantastische Unternehmen», wie es ein Berater formulierte, wachzuküssen, daran wurden immer stärker Zweifel laut. Zwei Redakteurinnen des «Manager Magazins» glaubten schon im April 1997 nicht mehr daran: «Ob Pierer aber noch die Kraft hat, ganz neu zu beginnen, ist zweifelhaft: Schon jetzt wirkt er dünnhäutig und der heftigen Anwürfe müde.»

In der Geschichte des damals 150-jährigen Unternehmens war noch nie ein Konzernchef abgesetzt worden. Jeder Führungswechsel war sorgfältig vorbereitet und ohne großes Aufsehen über die Bühne gegangen. Von Pierer zeigte sich hinter den Kulissen schon seit Längerem wenig entspannt. Er habe es satt, dass gewisse Bereiche erst dann die Notbremse zögen, wenn die Zahlen wirklich nicht mehr stimmten, sagte er. In einer E-Mail an sämtliche Mitarbeiter prangerte er an, dass sich das Unternehmen an verschiedenen Stellen sehr schnell bewege, an andern aber überhaupt nicht. Gegenüber dem Aufsichtsrat wurde er noch deutlicher: «Unser Bekenntnis, auf vielen Gebieten der Elektrotechnik und Elektronik tätig zu sein, darf nicht als Alibi missbraucht werden, um auf einzelnen Geschäftsfeldern Hausaufgaben zu unterlassen. Wir dürfen uns nicht verzetteln. Das Unternehmen muss sich überall mit gleicher Geschwindigkeit bewegen. Dauerhafte Quersubventionen nehmen wir nicht länger hin.» In der Mitarbeiterzeitschrift forderte er unverblümt die Mitarbeiter auf, «ihre Führung zu fragen: Was tut ihr eigentlich?»

Ein neues Leitbild soll Abhilfe schaffen

Siemens hatte mit Top zwar einiges in Gang gebracht, aber die Mitarbeiter hegten gegenüber dem Programm zunehmend gemischte Gefühle. Zwischen 1993 und 1997 hatte der Konzern über acht Milliarden Mark für Restrukturierungsmaßnahmen ausgegeben. Allein in Deutschland verschwanden beim Konzern 40.000 Arbeitsplätze. Insgesamt sanken die Kosten dabei zwar um mehr als 20 Milliarden Mark und der Produktivitätszuwachs konnte mit 8,5 Prozent jährlich mehr als verdoppelt werden. Der Gewinn blieb trotzdem bescheiden. In vielen Geschäftsfeldern fielen im gleichen Zeitraum die Preise um 50 Prozent und mehr und die Währungsseffekte, die starke Mark, machten einen großen Teil der Fortschritte zunichte. Die Tarifabschlüsse verschlangen weitere Milliarden und die Finanzschulden erreichten eine Höhe, die früher unvorstellbar gewesen wäre. Das wirklich große Potential könnte nur ausgeschöpft werden, wenn «kulturelle Barrieren» abgebaut würden, hieß es intern. Als Anleitung, wie der Siemens-Mitarbeiter zum flexiblen Menschen wird, sollte ein neues, 1997 vorgestelltes Leitbild dienen, das die künftige Wertebasis des Unternehmens definierte.

Die Resultate einer Umfrage unter 8000 Siemens-Mitarbeitern bildeten die Grundlage für das Leitbild. Es enthielt sieben Programmpunkte, neben anderen «Der Kunde bestimmt unser Handeln», «Erfolgreich wirtschaften heißt: Wir gewinnen durch Gewinn» und «Unsere Zusammenarbeit kennt keine Grenzen» (vollständiges Leitbild siehe Anhang).

Ziel dieses Leitbildes sei es, Identität zu stiften, heißt es im Grundsatzpapier. «Nur mit einer starken Identität entwickelt ein Unternehmen den unverwechselbaren Charakter, der für das Selbstbewusstsein der Mitarbeiter und für die Positionierung am Markt unerlässlich ist. Sie gibt den Mitarbeitern Orientierung, inneren Halt und ein ‹Heimatgefühl› und lässt eine gemeinsame

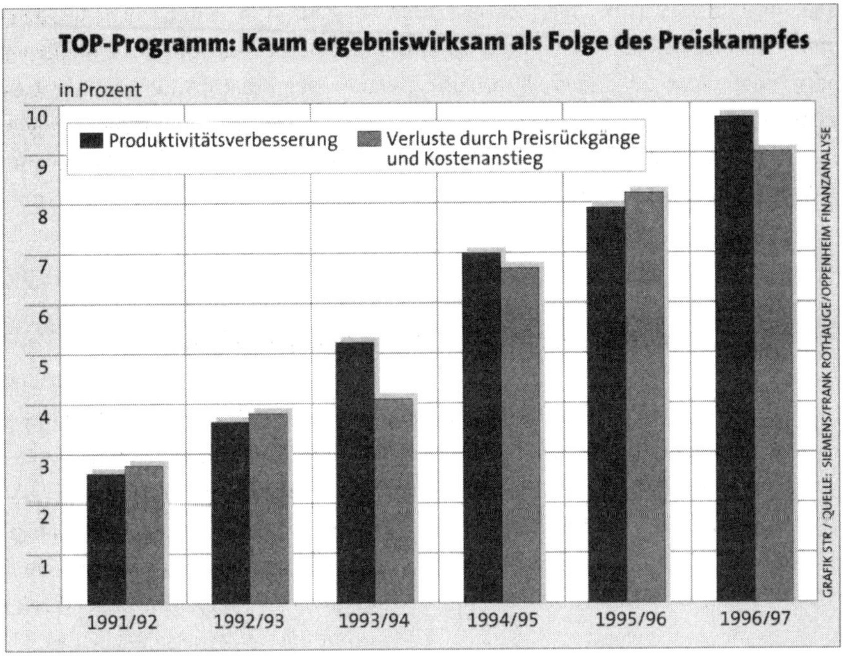

Abbildung 4

Vertrauensbasis entstehen.» Dadurch würde die Zusammenarbeit verbessert und alle Prozesse beschleunigt. «Mit einem Wort: es gibt handfeste, geschäftsrelevante Gründe, sich mit Identität und Werten strategisch auseinanderzusetzen.» Die Beschäftigung mit den Werten sollte in der Formulierung einer Vision kulminieren, einem Fixstern, der Mitarbeiter, Kunden und Investoren gleichermaßen für Siemens und dessen Zukunft begeistern sollte. Innovativ und flexibel sollte der Konzern in Zukunft sein, kein riesiges Schlachtschiff, sondern mehr und mehr «eine Flotte aus zahlreichen flinken und wendigen Booten».

Die Mitarbeiterzeitschriften wurden mit seitenlangen Abhandlungen beliefert und Kulturworkshops organisiert, um das Leitbild diffundieren zu lassen. «Gemeinsam besser – auf mich kommt's an», lautete etwa der Aufhänger einer Veranstaltung, zu der die Führungs- und Assistenzkräfte der Zentralabteilung Personal eingeladen waren. Einfache Verhaltensregeln wie «Einfachheit statt Umständlichkeit», «Vertrauen in die Leistung der Mitarbeiter statt Einmischen», «Kooperation mit allen statt Ab- und Ausgrenzen» wurden den Teilnehmern mit auf den Weg gegeben.

Dieses Vorgehen stieß in Kreisen des mittleren Managements zunehmend sauer auf. Für viele waren das lediglich flotte Sprüche und Top bekam in ihren Augen mit der Betonung des Kulturwandels den Anstrich, dass in der Zentrale Leute saßen, die Geld damit verdienten, sich leere Worthülsen auszudenken.

Die allzu große Allgemeinverbindlichkeit des Leitbildes trug das ihrige dazu bei. Von einem Leitbild, bei dem nur der Firmenname ausgetauscht werden müsste, um selbst einem Unternehmen aus einer andern Branche zu dienen, konnte nicht erwartet werden, dass sich die Mitarbeiter besonders dafür begeistern würden. Die IG Metall betrachtete es immerhin als ein «ehrliches Bekenntnis», weil ausführlich auf das wirtschaftliche Handeln eingegangen und die gesellschaftliche Verantwortung gerade noch als siebter und letzter Punkt erwähnt werde, der wohl bei Gelegenheit auch noch gekippt würde, wie sie festhielt.

Unter den Mitarbeitern herrschten Skepsis und Frustration, was durch das Ausbleiben kurzfristiger Erfolge noch bestärkt wurde. Das ganze Programm wurde 1997 in die Ecke des verordneten Kulturwandels gestellt. «Das hat zu einer tiefen Spaltung des Unternehmens geführt», sagt Christoph Kollatz, Leiter des Nachfolgeprogramms «Top+».

Die Hardliner setzen sich durch

Anfang 1998 verschob sich in der Führungsmannschaft die Machtbalance zugunsten der eher an Wertsteigerung orientierten Manager. Zunächst machte Hermann Franz im Aufsichtsrat altershalber Karl-Hermann Baumann Platz. Obwohl beide Siemensianer von echtem Schrot und Korn sind, lassen sich die beiden gemäß Insidern nicht vergleichen. Franz wird als der Hemdsärmlige beschrieben, der noch die alte Siemens-Schule repräsentiert, wonach alles nach einem gewissen Ritual abzulaufen hat, dem aber auch ethische Fragen wichtig sind und der ein Gespür für die Wichtigkeit weicher Faktoren hat. Baumann hingegen gilt als der pointiertere und offenere Manager, der dem Trend der Zeit folgend finanztechnische Fragen stärker zu gewichten begann. Franz spielt aber auch heute noch eine gewichtige Rolle im Unternehmen. Im schwierigen Jahr 2001 führte er langwierige Gespräche mit der Siemensfamilie, um deren Druck auf das Unternehmen aufzufangen. Einschneidend war aber, dass mit Heinz-Joachim Neubürger ein früherer Investmentbanker in den Zentralvorstand aufrückte und als Finanzchef die Nummer zwei wurde. Gleichzeitig stieß der McKinsey-Mann und langjährige Siemens-Berater Edward Krubasik dazu.

Heinrich von Pierer musste erkennen, dass es ihm misslungen war, mit einem konsensorientierten Managementstil das Unternehmen zu wandeln. Er hatte eine Bewegung initiieren wollen, die auf das ganze Unternehmen übergreift, von den Mitarbeitern getragen wird und die Menschen in ihrem Denken und Handeln verändert. Doch das früher bewährte Managementmuster brachte nicht den erhofften Erfolg. Alles ging viel zu langsam – und Zeit, das wurde ihm bewusst, hatte er nicht. Siemens geriet immer mehr ins Visier der Finanzwelt. Die Kritik an seiner Person wurde immer lauter. Als die Hardliner auch intern immer mehr Gewicht erhielten, zollte von Pierer Tribut.

Die beiden internen Beratergruppen, deren unterschiedliche Ausrichtung – die einen an den Restrukturierungsansätzen von McKinsey, die anderen an Prozessoptimierungen – auf der Führungsebene immer wieder zu offenem Streit geführt hatte, wurden zusammengelegt. Im Juli 1997 verabschiedete der Zentralvorstand den bisherigen Leiter des Top-Programms, Walter Kunerth, frühzeitig. Der neu für Top zuständige Zentralvorstand Günter Wilhelm kürte Christoph Kollatz zum Projektleiter. Kollatz, der ab 1989 zunächst in der Strategieberatung tätig gewesen war, dann ins Produktmarketing der fossilen Kraftwerksanlagen gewechselt hatte, stand der McKinsey-Schule näher als den Prozessoptimierern.

Mit ihm rückte auch die Unschärfe der bisherigen Zielsetzung und die mangelhafte Kontrolle ins Zentrum der Diskussionen. Die Ziele – besser, schneller und Kulturwandel – waren ungeeignet, um in Vorgaben gepackt zu werden, die sich messen und mit der Konkurrenz vergleichen ließen. Es existierten zwar quantitative Messlatten, die kontrolliert wurden, etwa wie die Produktivität gesteigert wird oder die Vorgabe, den Umsatz im Ausland stärker zu erhöhen als in Deutschland, aber das waren keine relativen Größen, anhand derer man sich mit der Konkurrenz hätte vergleichen können.

Die vagen Vorgaben öffneten den Bereichen genügend Schlupflöcher. Der eine Vorstand interpretierte das Oberziel Wettbewerbsstärke so, dass er der erste sein wolle, der ein bestimmtes Produkt auf den Markt bringt, der andere erklärte Umsatzwachstum in Asien zum Maßstab. «Dass man damit auch Geld verdienen sollte, stand nicht unbedingt im Vordergrund», sagt ein Siemens-Manager. Zwar wurde schon früher heftig darüber gestritten, ob man Top mit verschärftem Controlling verbinden sollte. Nach langen Debatten hatte von Pierer im Geschäftsjahr 1993/1994 erstmals ein Eigenkapitalrenditeziel von 15 Prozent für den Konzern genannt, das bis ins Jahr 2000 erreicht werden sollte. Die Größe barg aber verschiedene Fallstricke. Bei den wachstums- und ertragsstarken Bereichen hätte die Messlatte höher gesetzt werden müssen, was aber nicht getan wurde. Angesichts dieser pauschalen Vorgabe blieben zudem die Risiken der verschiedenen Bereiche – das Leuchtengeschäft von Osram war wesentlich ertragsstabiler als etwa das Halbleitergeschäft – unberücksichtigt, und drittens, lässt sich die Eigenkapitalrendite manipulieren. Je höher man die Fremdfinanzierungsquote nach oben schraubt, desto größer wird die Eigenkapitalrendite ausfallen.

Von Pierer und Franz hatten sich darauf konzentriert, Top nicht im Controlling zu ersticken. «Wir wollen nicht als die großen Brutalos dastehen», wehrte sich Franz gegen Forderungen, den Konzern stärker auf die Interessen der Aktionäre auszurichten. «Es bereitet mir Unbehagen, wenn man sich so einseitig auf den Shareholder fokussiert», sagte er gegenüber dem «Manager Magazin». Das Management hätte vielmehr im Geflecht von Kunden, Mitarbeitern, Aktionären und Gesellschaft zu vermitteln. «Ein Unternehmen wie Siemens, von dem allein in Deutschland eine Million Menschen direkt oder indirekt abhängt», sagte von Pierer in einem Interview, «hat auch eine gesellschaftspolitische Verpflichtung.» Siemens war mit dem impliziten Vertrag, wenn immer möglich Arbeitsplätze in Deutschland zu schaffen und dafür von der Politik lukrative Aufträge zu erhalten, in der Vergangenheit immer gut gefahren.

Doch auch Franz und von Pierer wurden durch die aktuellen Entwicklungen irritiert. Franz klagte in einem offenen Brief an die Mitarbeiter: «Selbst Fast-Food-Ketten wie McDonald's werden von der Börse höher bewertet. Das sollte uns zu denken geben.» Und auf einer Betriebsversammlung in Erlangen stellte von Pierer klar, dass man solche Kursstürze, wie sie vorgekommen seien, nicht ignorieren dürfte. Ihn beherrschte neuerdings die Angst vor einem Putsch an der Börse. Auch wenn er die Gefahr einer feindlichen Übernahme an der Börse runterspielte, setzte sich der Gedanke, dass ausgerechnet General Electric den deutschen Elektrokonzern an der Börse attackieren und erbarmungslos in Einzelteile zerschlagen könnte, in seinem Kopf fest. Fazit: «Wir mussten etwas für unseren Aktienkurs machen, aber schleunigst.» Von Pierer wollte nicht als der zehnte und allerletzte Chef von Siemens enden.

«Wir mussten etwas für unseren Aktienkurs machen, aber schleunigst.»
Heinrich von Pierer

EVA – die neue Zauberformel

Um sich stärker an der Wertsteigerung des Unternehmens auszurichten, ging man auf die Suche nach einer geeigneten Größe, die sich auch kontrollieren ließ und dazu angetan war, das Vertrauen der Anleger zurück zu gewinnen. Finanzchef Baumann suchte und wurde schließlich in New York, bei der US-Consulting-Firma Stern, Stewart & Co., fündig. Sie hatte 1991 das Konzept des Economic Value Added (EVA) entwickelt. Auf dem Flug nach München überlegte er sich, ob und wie EVA auf Siemens angewandt werden könnte. Als er sich von den Flight Attendants verabschiedete, stand für ihn fest: Mit dem Economic Value Added hatte er die Lösung gefunden.

Auf eine Kurzformel gebracht, verrät EVA, ob Wert geschaffen oder vernichtet wird. Es ist ein Indikator dafür, inwieweit es einem Unternehmen gelingt, mit dem erwirtschafteten operativen Ergebnis nicht nur die betrieblichen Kosten, sondern auch diejenigen für das investierte Eigen- und Fremdkapital zu decken beziehungsweise zu übertreffen. Die Kapitalkosten entsprechen den Mindestrenditeerwartungen der Kapitalgeber, der Aktionäre und Banken und orientieren sich am Zinssatz für langfristige Wertpapiere und der Risikoprämie

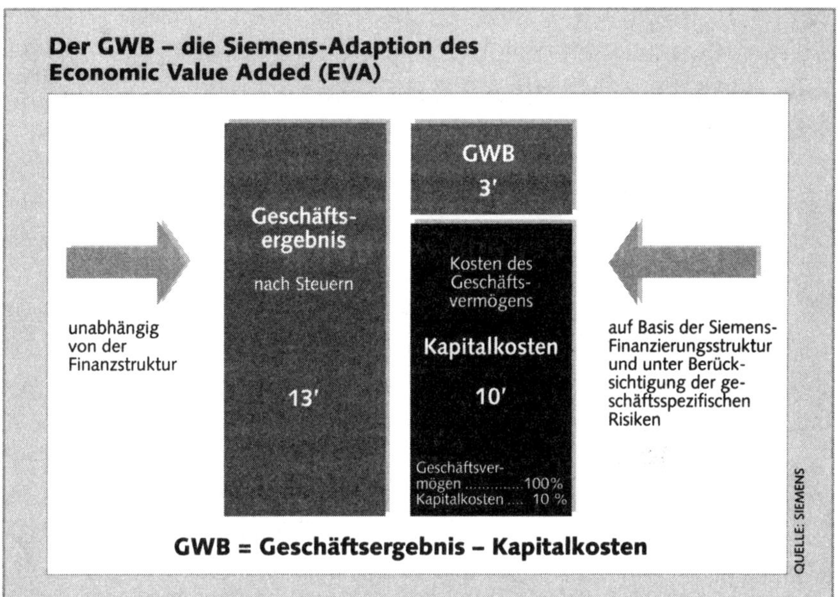

Abbildung 5

für das jeweilige Geschäft. Ende 2000 variierten die Kapitalkostensätze zwischen 8 und 11 Prozent, je nach geschäftsspezifischem Risiko.

Das Konzept war zum damaligen Zeitpunkt vor allem bei US-Firmen sehr beliebt. Die größte US-Pensionsgesellschaft Calpers sowie führende Investmentbanken wie Goldman Sachs, CS First Boston und Morgan Stanley nutzten das Konzept bereits früh, um Unternehmen zu bewerten. Inzwischen adaptierten es aber auch weitere deutsche Unternehmen wie Metro oder die Deutsche Telekom. Unter den Siemens-Managern wurde der EVA – zu deutsch auch Geschäftswertbeitrag (GWB) – zum Nonplusultra. Es schuf nicht nur eine noch nie da gewesene Transparenz bei den jeweiligen Bereichen, der GWB orientierte sich ganz klar am Shareholder Value.

Von der Idee her bot das Konzept nicht viel Neues. Alfred Marshall hatte schon 1890 den Betriebsgewinn als den gesamten Nettoerfolg abzüglich der Zinsen auf dem investierten Kapital zum geltenden Satz beschrieben. Doch keine der später davon ausgehenden Studien konnte sich in der Praxis durchsetzen. Der Erfolg der US-Beraterfirma mit EVA lässt sich neben dem Ruf und dem geschickten Marketing der Berater wohl damit erklären, dass das Konzept perfekt den Zeitgeist verkörperte. Die Investoren hatten sich stärker an Firmen auszurichten begonnen, welche die Steigerung des Shareholder Values explizit verfolgten, während die Unternehmen ihre bisherige Geschäftspolitik durch Liberalisierung und Globalisierung in Frage gestellt sahen. Mit EVA bot sich der Führungsetage von Siemens anstelle der obsolet gewordenen Regeln eine neue Orientierungsgröße, die dazu diente, die neu entstandene Komplexität der Managementaufgaben zu reduzieren, aber auch anerkannt war in jenen Kreisen, die Siemens am lautesten kritisierten.

Baumann schaffte es, die andern Zentralvorstände trotz verschiedener Bedenken ins Korsett des GWB zu zwängen. Vor allem die Bereichsvorstände warnten, dass dadurch eine kurzfristige Denkweise im Unternehmen Einzug halten würde. Sie taten sich zudem schwer damit, das Konzept überhaupt zu verstehen. Im Laufe ihrer Karriere waren sie mit einer Reihe von Kennzahlen konfrontiert worden: Eine Umsatzrendite konnte jedermann rechnen, aber den GWB? Und auch die Vorstellungen von totem Kapital, das im Unternehmen liegt und dessen Einsatz man optimieren müsse, um Wert zu schaffen, war für viele ungewohnt. Am 1. Oktober 1997 begann Siemens mittels einer Wertsteigerungs-Initiative unter dem Namen «Win» den GWB zu implementieren und erklärte ihn ab Oktober 1998 für verbindlich. «Die mit Top in Gang gesetzten Programme erhalten durch Win eine klare Ausrichtung auf die Steigerung des Geschäftswertes», heißt es im Geschäftsbericht.

Das 10-Punkte-Programm – Wendepunkt in der Siemenskultur?

Mit der Einführung des GWB kam im Unternehmen eine Lawine ins Rollen, die vorerst noch größtenteils unbemerkt blieb und den Druck auf von Pierer nicht entschärfte. Im Gegenteil: Er musste schleunigst etwas unternehmen, um die schlechte Ertragslage nach neun Monaten zu übertünchen. Am 16. Juli 1998, an der Halbjahreskonferenz im niederländischen Den Haag, tischte er der Presse und den Finanzanlaysten das «10-Punkte-Programm zur Verbesserung der Produktivität und zur Beschleunigung des Wachstums» auf. Daran hatten seine Strategen nicht etwa Monate gearbeitet – von Pierer hatte es in einer Nacht- und Nebelaktion eigenhändig entworfen und von der Kommunikationstruppe Eberhard Posners in Sonderschichten ausfeilen lassen. Eilig hatten sie die verschiedenen im Unternehmen eingeleiteten Maßnahmen gesammelt und sie publizitätsträchtig unter den zehn Programmpunkten zusammengeführt. Sie enthielten Schritte, die mit dem Geschäftsportfolio zusammenhingen, die Weiterentwicklung von Top sowie Finanz- und Kapitalmaßnahmen:

- Neuordnung im Halbleiter-Bereich
- Aktualisierung des Top-Programms: Top+
- Bereinigung von Problemgebieten
- Stärkung durch Akquisition
- Neuaufstellung von Arbeitsgebieten
- Maßnahmen zur Reduzierung der Kapitalbindung
- Verbesserung der Kapitalstruktur
- Anpassung der Rechnungslegung an US-GAAP
- Börsengang in den USA
- Höhere Restrukturierungsaufwendungen

Im Strandhotel in Den Haag wartete von Pierer nervös auf die Reaktionen. Er wurde nicht enttäuscht. Die Medien berichteten aufgeregt von einer «Notbremse», die sogar das Überbordwerfen von «heiligen Prinzipien» beinhalte («Süddeutsche Zeitung»), der «am weitestgehenden Restrukturierung von Siemens in seiner 150-jährigen Geschichte» («Financial Times») oder einem «Befreiungsschlag» («Handelsblatt»). «Siemens hat sein Herz für die Aktionäre entdeckt», titelte «Finanz und Wirtschaft».

Das Kursfeuerwerk – plus 17 Prozent am ersten Tag – war allerdings nur von kurzer Dauer. Analysten wie Peter Thilo Hasler von der Vereinsbank durchschauten das Spiel. Ein Großteil der Punkte sei bekannt, in ein neues Format verpackt worden oder entspränge «allgemeinen Notwendigkeiten», schrieb er in einer Studie. «Allein die Ankündigung, die Rechnungslegung auf US-GAAP umzustellen sowie der geplante Börsengang in den USA sind fundamental Neues, betreffen allerdings frühestens das Geschäftsjahr 1999/2000», hielt Hasler fest.

Schon bald war von Pierer gezwungen nachzudoppeln. Mit der Ankündigung, 50 der insgesamt 200 Konzern-Geschäftsfelder auszugliedern, darunter das Halbleitergeschäft, brachte er seine Kritiker schließlich zum Verstummen. Das 10-Punkte-Programm wurde zum Synonym des neuen, konsequent an Wertsteigerung orientierten Siemens. Als von Pierer die Gründe für das Rekordjahr 1999/2000 interpretieren sollte, schrieb er dies ganz seinem kommunikativen Meisterstück zu: «Ein Fahrplan, der ohne Wenn und Aber umgesetzt wird.» Er trug dabei zur Mystifizierung des 10-Punkte-Programms bei, das heute noch in den Medien herumgeschleppt und gern als Wendepunkt in der Siemens-Geschichte dargestellt wird.

Die entscheidenden Schritte waren bereits vor der Lancierung des 10-Punkte-Programms unternommen worden. Seit Sommer 1997 überlegte sich der Zentralvorstand fieberhaft, ob und wie er an das unternehmensweite Programm anschließen sollte. Heftig debattierte er auch darüber, wie er es nennen wollte. Der Zentralvorstand entschied sich schließlich dafür, das Programm fortzuführen und den Namen beizubehalten. Die Vorstände wollten um jeden Preis den Eindruck vermeiden, dass Top und damit seine Macher, allen voran von Pierer selbst, gescheitert waren. Flüchtig betrachtet bot Top+ den Verantwortlichen die Gelegenheit, ihr Gesicht zu wahren. In Tat und Wahrheit rechnete das Anfang 1998 gestartete Programm mit lange gepflegten Dogmen ab.

Top+ lag eine Situationsanalyse zugrunde, die belegt, wie sich das Denken in den Köpfen zumindest des obersten Managements veränderte. In einem internen Papier wurden im Wesentlichen drei Feststellungen gemacht, die selbstkritischer nicht hätten ausfallen können. Erstens: Das Ziel von Top, die

Ertragskraft insgesamt zu stärken und den Geschäftswert zu erhöhen, wurde nicht erreicht. Zweitens: Der Ruf von Siemens bei den Kunden weist verschiedene Defizite auf. Die Produkte seien oft nicht bedarfsgerecht, detailverliebt, teuer und schwierig zu bedienen. Und: Analysten und Investoren stehen Siemens kritisch gegenüber. Sie würden dem Unternehmen ein Auf-der Stelle-Treten («Travelling without Moving») attestieren. Damit hätten sie nur allzu recht. «Gerade 50 Prozent unserer Erlöse machen wir in Geschäften, in denen wir zu den ersten zwei gehören – mittelfristig aber kann man nur in den Marktpositionen eins und zwei im globalen Wettbewerb erfolgreich sein. Wir geben mehr Geld aus, als wir einnehmen. Seit 1995 können wir die notwendigen Investitionen nicht mehr aus dem Mittelzufluss tätigen.»

Daraus zog Siemens folgenden Schluss: «Erfolge und Misserfolge werden bei uns nicht transparent gemacht und bleiben oft ohne Konsequenzen – positive wie negative. Es gibt viele gute Ideen, doch es fehlt oft an der konsequenten Umsetzung. Voneinander und von Vorbildern außerhalb des Unternehmens zu lernen, ist noch lange keine Selbstverständlichkeit. Unsere Führungskultur muss noch stärker darauf ausgerichtet sein, den offenen und fairen Umgang miteinander zu fördern und so den Nährboden zu schaffen für ein Verhalten, das die Stärken des Einzelnen in der Arbeit im Team noch wirksamer zur Geltung kommen lässt. Vor allem aber müssen wir unser Handeln noch stärker am Ergebnis orientieren.»

Siemens sollte sich in Zukunft an «klaren Zielen, konkreten Maßnahmen, eindeutigen Konsequenzen» ausrichten. Top+ stellt damit den entscheidenden Kulturbruch in der Geschichte dar. Durch die Einführung des GWB wurden die Bedingungen, unter denen die Führungskräfte bisher gehandelt hatten, nachhaltig geändert. Der Druck des Kapitalmarktes, die gesetzten Ziele auch zu erreichen, wurde direkt an die Manager der nächst unteren Stufen weitergegeben. Jedes Geschäft muss sich seither zu einem GWB-Ziel verpflichten, und zwar zu einem, das zur Gesamtausrichtung von Siemens passt. Vergleiche mit den besten Wettbewerbern wurden zur Pflicht erklärt genauso wie die Initiierung eines maßgeschneiderten Top+-Programms und das Schaffen von Transparenz.

Als Instrumentarium wurde die so genannte Toolbox zur Verfügung gestellt, welche die gängigsten aktuellen Themen der Managementlehre enthielt, wie Benchmarking, Kostensenkung, Umsatzsteigerung, Asset Management, Innovation, Qualität, E-Business, Geschäftstreiber-Scorecards und «Best Practice

Sharing». Siemens nahm diese auf und adaptierte sie, falls notwendig, um sie möglichst rasch einsetzen zu können. Die Geschäftstreiber-Scorecards etwa bieten einen aktuellen Überblick über das laufende Geschäft unter den Aspekten Finanzen, Kunden, interne Prozesse und Mitarbeiter.

Appell in Feldafing

Mit Top+ brach bei Siemens ein Mess- und Benchmarkregiment an, das überall um sich griff. Teils dienten Eigenbeurteilungen als Grundlage der Vergleiche, teils wurden außenstehende Berater oder spezialisierte Institutionen beigezogen. Top+ ist inzwischen zu einer Art Marke geworden. Obwohl das Programm Instrumente enthält, die allesamt nicht bei Siemens «erfunden» wurden und aus diesem Grund eher prädestiniert wären, bei den Mitarbeitern auf Widerstand zu stoßen, sind sie mittlerweile akzeptiert, wie Siemens-Schweiz-Chef Peter Grüschow sagt. «Bei uns weiß jeder, dass die Instrumente in dieser Toolbox siemens-erprobt sind. Das bedeutet, dass ich irgendwo einen Kollegen finde, der damit Erfahrungen gesammelt hat, von dem ich lernen und mit dem ich mich messen kann.»

Ideen, wie die jeweiligen Instrumente ausgestaltet sein könnten, holte sich Top+-Leiter Christoph Kollatz sowohl bei internen als auch bei externen Beratern. Zu neuen Themen lud er zunächst regelmäßig vier bis fünf Consultingfirmen zu Präsentationen ein, um sich ein Bild über die neusten Ansätze zu machen. Zu den entstandenen Kosten will sich niemand äußern. Die gerüchteweise kolportierte Zahl von 700 Millionen Mark pro Jahr für externe Berater dementiert Kollatz aber aufs vehementeste. «Das Budget von Top+ für externe Berater bewegte sich im niedrigen Promille-Bereich dieser Zahl.»

Um die Einhaltung der Vorgaben zu überprüfen, lancierte Siemens im Herbst 1998 die Quartalsgespräche. Seither trifft sich der Zentralvorstand alle drei Monate mit den Vorständen der verschiedenen Bereiche in Feldafing bei München. Die neun Buchstaben stehen für ein großzügiges, abgeschieden und sehr ruhig gelegenes Anwesen direkt am Starnberger See, erbaut in den sechziger Jahren von einem dänischen Architekten. Die Räume sind schlicht eingerichtet und bieten knapp 100 Personen Platz. Auf diese eineinhalbtägigen Treffen hinter verschlossenen Türen kann sich allerdings nur freuen, wer gute Zahlen abliefert, für die andern wird die Stippvisite in Feldafing zur Zitterpartie. Wer die Gewinnvorgaben verfehlt oder im Bereich des Qualitäts-, Innovations- und Assetmanagements zu wenig unternommen hat, wird ins Gebet genommen – entsprechend der Rangierung auf der «Bundesligatabelle», wie ein Manager sagt. Die Idee der Quartalsgespräche kupferte Siemens zwar von GE ab, von Pierer selber legte aber noch einen Zacken zu, indem er den Schlechtesten zuerst vortanzen lässt. «Das kann mitunter sehr, sehr peinlich werden», sagt ein Bereichsvorstand.

Früher waren die Zielvereinbarungsgespräche eine Angelegenheit zwischen dem zuständigen Zentral- und jeweiligen Bereichsvorstand. Die andern bekamen nicht mit, was konkret besprochen wurde. Intern wurden bewusst keine Gewinne und auch keine Verluste der Bereiche kommuniziert, um zu verhindern, dass mit den Fingern auf den Schlechtesten gezeigt wird. Auch die alte Siemens-Tugend, wortreich zu erklären, weshalb man die Budgetzahlen nicht erreichte, und sich so aus der Verantwortung zu stehlen, hat ausgedient. «Jetzt reden wir über Fakten», sagt Kollatz. «Es kommt dabei weniger auf die Analyse an, weshalb man nicht auf Kurs ist, sondern was man bis zu den nächsten Quartalsgesprächen tut, um dorthin zu gelangen.» Die Gespräche hätten sich dadurch versachlicht. «Ein Bereichsvorstand muss heute CEO-Qualitäten aufweisen», sagt Kommunikationschef Posner. «Dazu braucht es Menschen, die diesen Druck als Perspektive empfinden.»

Wenn sich in den Bereichen nichts bewegt, drohen inzwischen harte Konsequenzen. Der Chef des Bereichs Verkehrstechnik, Wolfram Martinsen, war eines der ersten Opfer der neuen Gangart. Er hatte bereits zuvor zahlreiche Warnschüsse vor den Bug abbekommen, weil er vertragliche Vereinbarungen mit Kunden immer wieder schlichtweg ignorierte, sagt ein Insider. Es traf aber auch den damalige Verantwortlichen für den Handy-Bereich, Dietrich Botsch, der versetzt wurde. Im Sommer 2001 musste schließlich ICN-Chef Roland Koch gehen.

Wer hingegen die Ziele erreicht, spürt das in seinem Geldbeutel, und darf – häufig viel früher als bisher – auf einen weiteren Karrieresprung hoffen. Durch ein ausgetüfteltes Gehaltsmodell, das an den GWB gekoppelt ist, will Siemens den alten Gegensatz zwischen Mitarbeiter- und Eigentümerinteressen überwinden. Dazu führte der Elektrokonzern für das obere Management das so genannte Jahreszieleinkommen ein. Dieses wird zu 40 Prozent fix und zu 60 Prozent variabel ausgezahlt. Die variable Komponente setzt sich zur Hälfte aus einem Long-Term-Bonus, der von der Entwicklung des Geschäftswertbeitrags innerhalb von drei Jahren abhängt, sowie einem Short-Term-Bonus zusammen. Mit ihm wird honoriert, ob der erwartete Geschäftswertbeitrag des jeweils laufenden Jahres erreicht wird. Darüber hinaus wurde ein Aktienoptionsplan geschaffen.

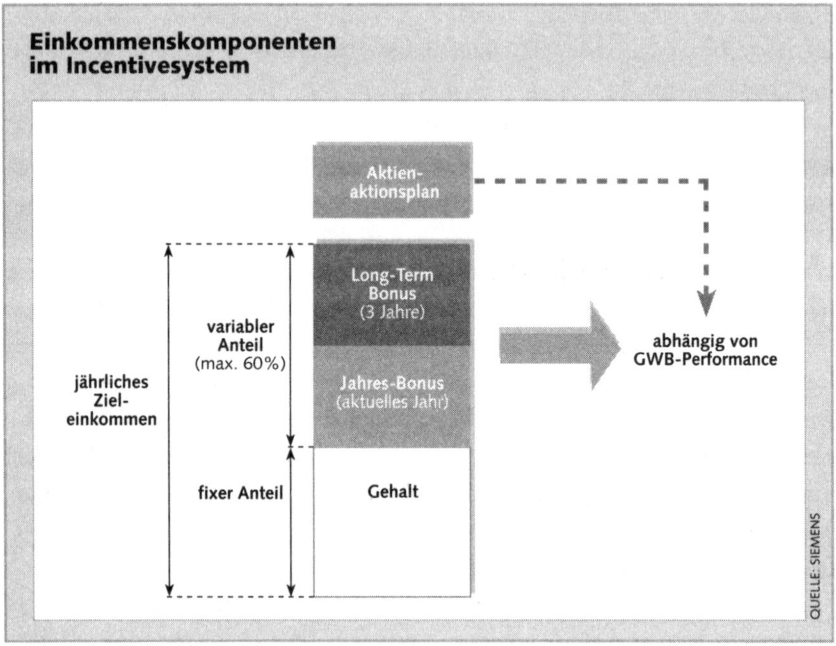

Abbildung 6

Im Unterschied zu Top zielt Top+ durch die spezifische Ausgestaltung des Programms viel stärker darauf, das Management mittels Druck zu verbessern, als ein ganzes Unternehmen zu mobilisieren, da sich nicht sämtliche 440.000 Mitarbeiter über solche Anreizstrukturen steuern lassen. Deshalb sind die Manager angehalten, parallel dazu einen Leidensdruck zu erzeugen. «Wenn der Leidensdruck nicht groß genug ist, muss man ihn halt kommunikativ aufbauen», sagt ein Top+-Verantwortlicher.

Zur psychologischen «Mobilmachung» dienen Workshops, Präsentationen und die Mitarbeiterzeitschrift, die etwa im Sommer 2001, als die Nachfrage im Kommunikationsbereich dramatisch einbrach, bewusst mit düsteren, leicht verschwommenen Bildern arbeitete. Managern, die über Schwierigkeiten klagen, wird empfohlen, diese auf möglichst vielen Folien von verschiedenen Seiten her zu beleuchten, um so Unruhe zu erzeugen. Das lasse bei den Mitarbeitern das Gefühl entstehen, dass es nicht ein Problem gebe, sondern hundert. «Ich kam mir wie ein Prediger vor», erinnert sich Herbert Steffen, Bereichsvorstand von Transportation Systems (Verkehrstechnik). «Wir mussten durch die Fabriken ziehen und den Leuten klar machen, dass es kalt geworden ist.»

«Wenn der Leidensdruck nicht groß genug ist, muss man ihn halt kommunikativ aufbauen.»
Verantwortlicher von Top+

Die Musterkinder

In der Mitarbeiterzeitschrift wurden die jeweils erfolgreichen Bereiche entsprechend gewürdigt. Die Industrie war in dieser Zeit zu einer Ertragsperle gereift, mit dem Bereich Automatisierung und Antriebe (A & D) als Star. Am meisten Seiten füllten aber die Fortschritte bei Verkehrs- und Medizintechnik. Dass ausgerechnet sie mit Top+ den Turnaround geschafft hatten, wenn auch zum Preis eines massiven Stellenabbaus, war von Pierer eine persönliche Genugtuung. Analysten hatten ihm vorher dringend ans Herz gelegt, die beiden Bereiche zu verkaufen. Es kümmerte sie nicht, dass sie eine lange Tradition aufwiesen. Der Schienenfahrzeugbau gehört zu den ältesten Geschäftsfeldern überhaupt. Bereits 1879 hatte Siemens & Halske die erste elektrische Eisenbahn auf der Berliner Handelsmesse vorgestellt. In der Medizintechnik, die Investoren seit jeher als Randthema behandelten, hatte der Konzern in den achtziger Jahren die vermutlich erfolgreichste Weltmarktstellung aller Bereiche aufbauen können.

Die Verkehrstechnik

Die Verkehrstechnik war nach Jahren stürmischen Wachstums in den neunziger Jahren tief in die roten Zahlen gerutscht. Der Bereich verlor 1997/98 bei einem Umsatz von 2,6 Milliarden Euro 380 Millionen Euro. Das lag zunächst an Veränderungen im Markt. «In vielen Bereichen richtete sich Siemens früher an den Wünschen ihres wichtigsten Kunden, der Deutschen Bahn, aus», sagt Theo Weiss, Leiter Rollmaterial bei den Schweizerischen Bundesbahnen (SBB). Sparprogramme und Liberalisierungen führten zu einem Paradigmenwechsel. Aus Kostengründen schrieben nicht mehr die Bahngesellschaften vor, wie ein Zug konzipiert werden sollte, sondern sie traten die Verantwortung an die Lieferanten ab (Turnkey-Projekte). Preise, Schnelligkeit und Qualität entscheiden nun darüber, wer den Auftrag erhält. Dabei wurden nicht nur Pauschalpreise und fixierte Fertigstellungstermine vereinbart, sondern auch hohe Strafen, wenn das Versprochene nicht eingehalten wird. «Die Bahngesellschaften wollen heute alles aus einer Hand», sagt Weiss. Züge werden vermehrt von der Stange gekauft. «Wenn man Spezialwünsche anbringt, muss man sich bewusst sein, dass das nicht nur preisliche Nachteile, sondern auch längere Lieferfristen mit sich bringt.»

Die Verkehrstechnik krankte aber auch an hausgemachten Problemen: Sie nahm einige Großprojekte an, bei denen Geld in den Sand gesetzt wurde, und bei den einst gelobten Loks wimmelte es von Fehlern, sodass Siemens häufig zu spät lieferte. Zudem war man damit beschäftigt, die verschiedenen in den neunziger Jahren übernommenen Fahrzeugbauer wie Duewag, Krupp oder Mantra zu integrieren. Der Konzern hatte im Rahmen des Konzentrationsprozesses der Branche relativ wahllos eingekauft, um seine Marktanteile zu erhöhen, und beschäftigte jetzt ein Heer von Experten, um die Unternehmen einzuverleiben und aufwändige Doppelspurigkeiten zu beseitigen.

Die Kosten müssten um eine Milliarde Euro, sprich um ein Drittel der Gesamtkosten reduziert und die Verkehrstechnik deutlich innovativer werden, verlangte der Zentralvorstand. Das traute er dem bisherigen Management nicht zu. Der altgediente Siemens-Manager Herbert Steffen, der zuvor die Automatisierungs- und Antriebstechnik (A&D) getrimmt hatte, übernahm das Ruder. Im obersten Kader überlebten nur zwei der 16 Manager die Aufräumaktion. Basierend auf internen und externen Kostenstrukturvergleichen mit anderen Produktionsbetrieben erhielten die neuen Chefs Vorgaben, ihre Kosten um 25 bis 47 Prozent zu senken.

Über 100 Projekte wurden initiiert, die in mehr als 3000 Einzelaktionen mündeten. Dabei nahm der Bereichsvorstand etwa die Effizienz der Produktion unter die Lupe. In der Folge wurden die beiden Rollmaterial-Werke in Uerdingen und Düsseldorf zusammengelegt und 1000 Stellen abgebaut. Zusätzlich wurden die Produktionsabläufe neu gestaltet, mit dem Ergebnis, dass die übrig gebliebene Fabrik in Uerdingen heute 50 Prozent mehr Fahrzeuge im Monat produziert als früher beide Werke zusammen. Siemens stutzte nicht nur die Zahl der Varianten an Rollmaterial, die den Bahngesellschaften angeboten werden, reduziert wurde auch die Vielzahl der Komponenten von 7000 auf

1100 Teile zum Bau eines Regional- oder Agglomerationszuges. Dadurch konnte hauptsächlich die Produktionszeit des Rollmaterials verkürzt werden. Heute dauert die Herstellung eines «Desiro» in Uerdingen weniger als 25 Tage, das entspricht einem Drittel der Zeit, die 1998 benötigt wurde. «Siemens ist in diesem Bereich sehr stark geworden», sagt Weiss.

Ganz im Geheimen verhandelte Steffen 1998/99 aber auch mit der kanadischen Bombardier über eine Fusion. Die beiden hätten sich gut ergänzt: Siemens hatte das Schwergewicht auf die Elektrotechnik gelegt, während Bombardier sich mehr um die mechanische Seite kümmerte. Die Gespräche scheiterten nicht an unterschiedlichen strategischen Überlegungen, sondern an Unstimmigkeiten über die Besetzung der Führungsspitze und unterschiedliche Bewertungen der jeweiligen Unternehmensteile. Bombardier tat sich schließlich mit Adtranz zur Nummer eins der Branche zusammen. Die französische Alstom und Siemens belegen die folgenden Ränge. Im Jahr 2000 schaffte es der Siemens-Bereich mit einem Betriebsergebnis von 75 Millionen Euro (bei einem Umsatz von 4 Milliarden Euro) wieder in die schwarzen Zahlen und akquirierte im Jahr 2001 in Großbritanntien den größten Auftrag seiner Geschichte mit einem Volumen von 2,5 Milliarden Euro. Einer der Bereichsvorstände, Thomas Ganswindt, war von Pierer derart positiv aufgefallen, dass er ihn im Sommer 2001 zum Chef der kriselnden Netzwerksparte (ICN) ernannte. Ganswindt war Ende der neunziger Jahre für den Siemens-Kunden Deutsche Bahn verantwortlich. Bisher war sein Einsatzgebiet Braunschweig gewesen, jetzt sollte er sich im Kampf gegen Schwergewichte wie Cisco Systems, Lucent, Nortel und Alcatel behaupten. Für Insider war klar: Da wird ein Mann getestet, ob er sich auch für höhere Aufgaben eignet.

Die Medizintechnik

Auch das zweite Sorgenkind, die Medizintechnik (Med), schaffte mit den Instrumenten aus der Toolbox die Wende. Spitäler und Arztpraxen stellten wegen der Diskussion über die Kostenexplosion im Gesundheitswesen ihre Investitionsentscheide zurück. Entsprechend purzelten die Preise für Computertomographen oder Ultraschallsysteme. Siemens wurde dabei der Anspruch zum Verhängnis, «Rolls-Royce» der Medizintechnik sein zu wollen. Die breite Produktepalette und Managementprobleme in den USA, die zur Schließung von drei der vier Produktionsstätten geführt hatten, leisteten das ihrige. Als Med im

Geschäftsjahr 1996/97 einen Verlust von 170 Millionen Mark auswies, machten sich die Sanierer ans Werk. Sie beschlossen zwar, weiterhin in Erlangen zu investieren, wo seit 1995 mehr als 1000 Arbeitsplätze abgebaut worden waren, aber dies nur zum Preis einer Arbeitszeitflexibilisierung. An sechs Tagen in der Woche bis zu zwölf Stunden täglich lief der Betrieb nun zuschlagsfrei und vor allem dann, wenn die Auftragslage es erforderte. In einigen Abteilungen wurde auch sonntags gearbeitet. Im Tausch dafür investierte Siemens mehr als 100 Millionen Euro in die Erstellung eines neuen Werkes, der «Fabrik der kurzen Wege». Dadurch, dass Entwicklung, Fertigung und Logistik unter einem Dach vereint wurden, konnten die Kosten gesenkt werden. Die Genehmigungsverfahren in Erlangen dauerten nur gerade sechs Wochen.

Zum Umbau von Med gehörte auch, dass die Produktepalette bereinigt wurde. So wurde etwa die Dentaltechnik verkauft, um das Geld in das Geschäftsgebiet Ultraschall zu investieren. Mit dem Kauf von Shared Medical Systems verstärkte sich Med im Geschäft mit den höchsten Wachstumsraten, den medizinischen IT-Services, und der Erwerb von Acuson half, sich vom weitabgeschlagenen siebten Platz in der Weltrangliste bei den Ultraschallgeräten zu lösen. Zudem ließ das Management an den Prozessen feilen. Dadurch konnte die Lieferfrist bei den Computertomographen um 70 Prozent reduziert werden. Schließlich schaffte Med den Sprung auf die Sonnenseite. Das Betriebsergebnis hatte sich mit 660 Millionen Mark im Geschäftsjahr 1999 mehr als verdoppelt, und auch der Umsatz wurde um 7 Prozent auf 8 Milliarden Mark gesteigert.

Top+ – ein Modell mit Tücken

Das neue Leitbild und damit die Kulturwandeldiskussion fanden in den Top+-Jahren ihren stärksten Niederschlag in der Personalpolitik. «Ohne die Fähigkeit zur Zusammenarbeit, ohne die Bereitschaft zum Lernen und ohne eine exzellente Führung, die dies unterstützt, ist Best Practice Sharing – eine der wesentlichen Maßnahmen von Top+ – nicht möglich», sagt Personalchef Peter Pribilla. Im Rahmen des 1996/97 geschaffenen Förderungsrahmens für Führungskräfte wurden neben der leistungsbezogenen Bezahlung auch strukturierte Gespräche zwischen Mitarbeitern und Vorgesetzten über Ziele, Fähigkeiten und Entwicklungsziele eingeführt. Die regelmäßige Mitarbeiterbefragung beruht auf dem Unternehmensleitbild und soll dessen Verankerung im Bewusstsein der Mitarbeiter vorantreiben.

Tatsächlich trat mit dem GWB das Thema Kulturwandel in den Hintergrund. Es wird zwar im Nachsatz nach wie vor genannt, auch immer wieder von von Pierer höchstpersönlich, aber in der neu entstehenden leistungsorientierten Kultur scheitert die konsequente Umsetzung eines solchen Themas daran, dass sie nicht messbar ist. Ein Leitbild wird in einer derartigen Welt als etwas empfunden, das «nice to have» ist. Verstärkend hinzu kommt, dass der Prozess sich hinzog und viel länger dauerte, als der Zentralvorstand sich hatte vorstellen können. «Das Problem ist, dass man nicht eine neue Unternehmenskultur schafft, sondern eine alte verdrängen muss», führt Jürgen Wunsch von Top+ aus.

«Das Problem ist, dass man nicht eine neue Unternehmenskultur schafft, sondern eine alte verdrängen muss.»
Jürgen Wunsch

Das schlug sich bereits in der Organisation nieder. Einem kleinen Grüpplein von 20 Mitarbeitern, die sich mit Softfaktoren beschäftigten, stand ein Trupp von 150 internen Beratern der SMC gegenüber plus 20 Verfahrensexperten, die sich um die Einführung von GWB, Asset Management und Benchmarking kümmerten. In der Wahrnehmung vieler Mitarbeiter verschob sich die Aufmerksamkeit klar zu den Hardlinern, die in ihren Augen die Siemens-Kultur zerstörten.

Durch die unterschiedlichen Kulturvorstellungen von Mitarbeitern und Top+-Gruppe entstand ein Spannungsfeld: Aus Sicht der Mitarbeiter war es richtig, von Kultur zu sprechen, wenn ein Unternehmen mit ihnen gut umging und Arbeitsplatzsicherheit garantierte. Das Top+-Kulturbild hingegen basierte auf den sieben Werten, die das Siemens-Leitbild ausmachen und einen Wandel der Verhaltensweisen der Mitarbeiter hin zu mehr Leistungsorientierung zum Ziel haben.

Die Vertreter der Leitbild-Gruppe stecken deshalb nicht die Köpfe in den Sand. Ihnen schwebt vor, die Gehälter auch von der Umsetzung des Leitbildes abhängig zu machen. «Davon sind wir aber noch weit entfernt», sagte Wunsch noch im Sommer 2001. Es sei zwar aufwändiger, aber nicht unmöglich zu überprüfen, ob die Werte im Tagesgeschäft eingehalten und vorgelebt werden. «Wenn nicht, müsste dies Konsequenzen haben.» Wenn sich die Fehler häufen, sollte man den Mann oder die Frau öffentlich an den Pranger stellen und auch die wahren Gründe benennen, weshalb jemand gehen muss oder versetzt wird, forderte die Leitbild-Gruppe.

Die Bereichsvorstände sollten im Rahmen der Quartalsgespräche nicht nur harte Zahlen präsentieren müssen, sondern auch die Resultate der Mitarbeiterbefragung, und entsprechende Maßnahmen ableiten, die ebenfalls kontrolliert würden. «Die richtigen Werte sind da, aber es mangelte bisher an Konsequenz in der Durchsetzung», sagte Wunsch. Im neuen Siemens-Führungsrahmen allerdings, der bis Oktober 2002 in alle Personalprozesse integriert sein soll, wird ein entscheidender Schritt in diese Richtung gemacht. Erstmals sind nicht mehr allein die finanziellen Ergebnisse ausschlaggebend zur Beurteilung der Leistung der Führungskräfte, sondern auch die Qualität der Mitarbeiterführung. «Durch eine Feedback-Schleife werden die Mitarbeiter in die Beurteilung einbezogen. So führt das System nicht nur bei finanziellem Misserfolg, sondern auch bei mangelhafter Sozialkompetenz zu Konsequenzen», sagt Personalvorstand Peter Pribilla. Weltweit sollen jährlich Befragungen durchgeführt werden, bei denen die Mitarbeitermotivation eruiert wird.

Siemens hat aber nach wie vor Schwierigkeiten, eine überzeugende Vision zu entwickeln, die entscheidend zur Motivation der Mitarbeiter beiträgt. «Hier haben wir nach wie vor Nachholbedarf», glaubt Wunsch. Gerade aufgrund seiner von Technik und Ingenieursleistungen geprägten Tradition wäre Siemens aber prädestiniert dazu, zumal Gründervater Werner von Siemens in den deutschen Schulbüchern seinen festen Platz als Erfinder und erfolgreicher Unternehmer hat. Rothauge glaubt, dass zum einen die Diversifikation es erschwert, eine sämtliche Geschäftsbereiche einbeziehende Vision zu entwickeln, aber auch dass es keine deutsche Tugend sei, sich zu einer solchen Vision zu bekennen.

Mit Top+ verbinden sich zumindest zwei weitere Schwierigkeiten, wie die Erfahrung zeigte: Das eine Problem ergibt sich daraus, dass sich die Erfolgsbeteiligung der Manager innerhalb eines Korridors bewegt. Das Band stellt sicher, dass die Manager einerseits nicht Gefahr laufen, ein negatives Einkommen zu realisieren, und andererseits ist das Maximum durch die 250-Prozent-Marke der variablen Komponente nach oben begrenzt. Wenn's gut läuft, erhält ein Manager beispielsweise mit einem Zieleinkommen von einer Million Mark den variablen Teil (60 Prozent des Zieleinkommens) von 600.000 Mark zu 250 Prozent ausbezahlt. Er vermag sein Gehalt also nahezu zu verdoppeln und kann sich im besten Fall 1,9 Millionen Mark sichern (400.000 stammen von der fixen Komponente plus 1,5 Millionen vom variablen Teil). Wer sieht, dass er diese Marke übertreffen könnte, wird in seinem persönlichen Optimierungsstreben versuchen, die Zahlen so zu manipulieren, dass er knapp 250 Prozent erreicht, und den Rest für die nächste Periode «aufsparen». Dass dies nicht nur Theorie ist, belegen zwei Fälle, in denen die nicht namentlich zu eruierenden Personen ihre Vorgaben zu 249 Prozent erreichten. «Das ist Anreizsystematik», sagt Kollatz, «man wird nie eine 100-Prozent-Lösung finden».

Zweitens ist das EVA-Konzept eher kurzfristig orientiert. Auch ohne die Kotierung der Aktien an der New Yorker Wall Street wäre Siemens dazu übergegangen, nicht mehr nur Jahresergebnisse ausführlich zu publizieren, sondern auch zunehmend quartalsweise zu berichten. Die Gefahr des berühmten Bonmots – «Ich verkaufe die Zukunft, um heute meine Zahlen hinzukriegen» – wird im Konzern vor allem auch von älteren Managern beschworen. Ein GWB lässt sich kurzfristig erzeugen, indem man beispielsweise eine Entwicklungsabteilung schließt oder davon absieht, ein Unternehmen zu kaufen, um sich nicht mit Goodwill-Abschreibungen zu belasten. Siemens hat insofern versucht, Sicherungen einzubauen, als bei den Quartalsgesprächen gerade auch nach Innovationen, Qualität und der Erschließung neuer Märkte gefragt wird und das Betriebsergebnis vor Steuern *und* Abschreibungen (EBITA) als Richtgröße dient. Das ändert aber nichts daran, dass letztlich die Steigerung des Geschäftswerts die alles entscheidende Größe ist.

Abbildung 7

Die Kritik brachte die Top+-Macher, welche die Gefahren durchaus sehen, nicht vom Kurs ab. Schließlich hatten sie die mit Top+ verbundenen Ziele bereits im Herbst 2000 und damit ein Jahr früher erreicht als ursprünglich geplant, dies vor allem auch wegen der überraschend stürmischen Nachfrage nach Kommunikationsausrüstung und dem schwachen Euro. Die Siemens-Aktie hatte seit jenen düsteren Tagen im Herbst 1998 um mehr als 100 Euro zugelegt. Im Jahr der «New Economy»-Euphorie, von der Siemens zusätzlich profitierte, schoss der Titel sogar um 80 Prozent auf mehr als 145 Euro in die Höhe. Aus dem lange als «Witwen- und Waisen-Papier» verspotteten Titel war ein schicker Technologiewert geworden. Bei Siemens klopfte man sich angesichts des Rekordergebnisses und des Höhenfluges der Aktie auf die Schultern. Intern fragte man sich, ob man mit dem Erreichen des GWB-Break Even das Projekt Top+ nun nicht beenden und die Methoden in die E-Business-Initiative integrieren sollte. Der Zentralvorstand entschied sich dagegen, weil er die erfolgreiche Vorgehensweise von Top+ keinesfalls der Gefahr möglicher Verwässerung aussetzen wollte.

Von Pierer stand jetzt in der öffentlichen Beliebtheitsskala ganz oben: Die Magazine kürten ihn zu Deutschlands angesehenstem Manager, zum «Manager des Jahres». In einer Umfrage der «Wirtschaftswoche» bescheinigten ihm 800 Entscheider höchste Glaubwürdigkeit. Unter den deutschen Managern der Top 30 trauten sie ihm am ehesten zu, qualifizierte Topmanager anzulocken, ein gutes Arbeitsverhältnis mit den übrigen Vorstandsmitgliedern zu unterhalten, Kapital Gewinn bringend einzusetzen, Krisen wirkungsvoll zu managen und – nicht zuletzt – einen hohen ethischen Standard durchzusetzen. An der Hauptversammlung im Februar 1999 hatte Daniela Bergdolt, Vertreterin der deutschen Schutzvereinigung für Wertpapierbesitz, noch ihre Stimme schrill erhoben und von Pierer aufgefordert, «bringen Sie den schlingernden Tanker wieder auf Kurs oder verlassen Sie die Brücke». Im Jahr darauf zollte sie Dank. «Halten Sie das Ruder fest in der Hand – und bleiben Sie auf der Brücke.» Ein alter ehemaliger Siemens-Mitarbeiter fügte mit brüchiger Stimme bei: «Wir alle sollten dem lieben Gott danken, dass Siemens einen solchen Vorstandsvorsitzenden hat.»

Wie Siemens die Sprache der Finanzmärkte lernt

Adrian Hopkinson, der «very strong buy»

«Siemens hat sich erheblich verändert», stellt Adrian Hopkinson auf dem Weg ins interne Fernsehstudio fest. August 2001: Wieder einmal ist er spät dran für ein Live-Interview mit CNBC Europe. Die Leitung im engen Aufnahmestudie des Hauptgebäudes der Westdeutschen Landesbank in Düsseldorf steht. «Er kommt schon noch», beruhigt einer der beiden Techniker die Redakteurin am Ende der Leitung in London. Kaum hat er den Satz beendet, wird die Doppeltür wuchtig aufgestossen. «Well, es kann losgehen.»

Der dunkle Anzug sitzt. Adrian Hopkinson zupft noch schnell die bräunlich gepunktete Kravatte zurecht und streicht sich mit beiden Händen die grauen Haare kraftvoll nach hinten, während ihn der Techniker in aller Eile verkabelt. Für den Chef der Techanalyse sind die kurzen Auftritte in den Sendungen von n-tv, n24, CNBC Europe, CNN, Deutsche Welle oder Bloomberg London Alltag; manchmal sind seine pointierten Kommentare mehrere Tage hintereinander gefragt, oft zwei bis drei Mal pro Tag. Das Fernsehstudio im eigenen Haus und die Routine, das verführe zu Unpünktlichkeit, lacht die für die Öffentlichkeitsarbeit zuständige Carola Walde, die «ihren» Adrian mittlerweile kennt.

CNBC will Adrian Hopkinson zu den Aussichten der Telekombranche befragen. «Please ask me anything but boring questions», kokettiert er mit der Redakteurin. Die katastrophale Finanzlage der Firmen und die Verzögerungen bei der dritten Mobilfunkgeneration UMTS sind das Thema. «Die herrschende Skepsis gegenüber UMTS ist für eine große Gruppe wie Siemens übertrieben», sagt er. Die Redakteurin, die vorher noch Blut geschwitzt hat, kommt auf ihre Rechnung. Sie wird ihn später einen «very strong buy» nennen – in Analogie zu den Aktien einer Firma, die – mit diesem Prädikat versehen – gleichbedeutend mit einer Lizenz zum Geldverdienen sind.

Die Westdeutsche Landesbank, Deutschlands viertgrößte Bank, beschäftigt mehr als 100 Analysten, in der Mehrheit Männer, die Unternehmen im In- und Ausland auf Herz und Nieren prüfen. Von Düsseldorf, London oder Kopenhagen aus verfolgen die 22 Analysten des Tech-Teams Firmen wie Siemens, Nokia oder Deutsche Telekom, aber auch über die ehemaligen Highflyer am Neuen Markt werden nach wie vor Studien verfasst.

Der Brite Hopkinson, seit mehr als 20 Jahren im Geschäft, ist eine wohl tuende Ausnahmeerscheinung in der Szene. Viele seiner Kollegen heuerten direkt nach dem Betriebswirtschaftsstudium im Alter von 25 bei der Bank an. Für Hopkinson war nach dem Studium nur eins klar: Er wollte sich nicht mit virtuellen Geldströmen beschäftigen, sondern mit Industriebetrieben, in deren Werkhallen Arbeiter noch an schweren Maschinen Produkte herstellen, die sich anfassen lassen. Zwar stammt er aus «typischem britischen Mittelstand» – seine Vorfahren waren entweder Industrielle oder Ingenieure, die überall auf der Welt Brücken bauten –, aber das Beispiel seines Vaters, der in der Londoner City als Fondsmanager Millionen verschob, war abschreckend genug.

Hopkinson träumte viel lieber vom rauschenden Applaus und von Standing Ovations in der Royal Albert Hall oder Plattenaufnahmen beim Label Decca als vom hektischen Auf und Ab der Kurse, «das einem schon recht an die Nerven gehen kann». Er wählte bewusst ein Studium ohne fixen Stundenplan. Gesegnet mit mehr Freiraum, konnte er stundenlang sein Cello traktieren. In Oxford ließ sich auf diese Weise «nebenbei» Geschichte studieren und dann «sehr ordentlich» abschließen.

Geschickt nutzte er Seilschaften – er kannte einige Parlamentsmitglieder – und wechselte nach Whitehall, um in das Innenleben der Politik einzutauchen. Als Mitarbeiter der späteren Premierministerin, der eisernen Lady Margret Thatcher, analysierte er die «völlig unzufriedenstellende» Situation des öffentlichen Sektors und zerbrach sich den Kopf darüber, wie man das Unternehmertum in Großbritannien am besten fördern könnte. 1978, nach drei Jahren, reichte er seine Kündigung bei den Tories ein. «Es war eine interessante Zeit, aber reich werden konnte man nicht», schmunzelt er. Zur gleichen Zeit, zwischen 1977 und 1979, nahm ein gewisser Chris Gent den Vorsitz bei der Tories-Jugendorganisation ein. Jener Mann, der später dem deutschen Traditionskonzern Mannesmann einen monatelangen Übernahmekampf lieferte und dem Establishment zeigen sollte, dass die Wirtschaftswelt auch in Deutschland eine andere geworden war.

Beim Griff nach den Millionen konnte ein Nachdiplomstudium an einer Elite-Business-Schools nur förderlich sein, dachte Hopkinson und entschied sich schließlich für die französische Kaderschmiede Insead. Am schwierigsten seien nicht die Cash-Flow-Berechnungen gewesen, sondern die Zusammenarbeit mit den verschiedenen Nationalitäten. «Die setzen nicht nur andere Prioritäten, auch der Humor ist höchst unterschiedlich.» Einer seiner Kommilitonen war Deutscher. Dieser fiel ihm nicht etwa durch ausgeprägte Cleverness auf, sondern weil er gut organisiert war und stets eine klare Idee hatte, was zu tun war: der Mitschüler hieß Heinz-Joachim Neubürger und ist heute Finanzchef von Siemens. Besonders eng sei ihr Verhältnis damals nicht gewesen; kulturelle Unterschiede ließen sich schon an der Business School nicht so einfach überbrücken, bemerkt Hopkinson trocken. Per Zufall heuerten beide nach dem Studium bei der amerikanischen Investmentbank J.P. Morgan an, Hopkinson in London, Neubürger in Frankfurt.

Wann er mit Siemens erstmals in Kontakt kam, erinnert er sich nicht mehr genau, «das muss 1985 oder 1986 gewesen sein». Damals begannen britische Fondsgesellschaften, sich nicht mehr nur auf einheimische oder US-Titel zu konzentrieren, sondern schauten sich auch auf der andern Seite des Kanals um. «Es war schon damals viel Arbeit, Siemens zu analysieren.»

Bis heute lässt man den Analysten-Nachwuchs nicht an Siemens ran. Das hat weniger mit der Wichtigkeit oder gar Verflechtungen der Bank mit dem Unternehmen zu tun. Siemens weist einfach zu viele Fallstricke auf. Immer wieder stellt die Komplexität des Firmenkonglomerats besondere Anforderungen. Bei der WestLB wird deshalb das Wissen von drei Analysten beansprucht, wenn eine Studie geplant ist. Sie müssen sich zuvor sehr intensiv mit Siemens und der jeweiligen Branche auseinandersetzen, um dafür fit zu sein. Hopkinson hat aus diesem Grund deutsch gelernt, und zwar in Schrift und Sprache. Zusätzlich hat er sich in seiner Freizeit in einem mehrere Jahre dauernden Kurs zum in den USA anerkannten Chartered Financial Analyst ausbilden lassen, sodass eine Menge internationales Wissen in jede Ergebnisschätzung einfließt. Trotzdem ist der Elektrokonzern immer wieder für Überraschungen gut. Siemens habe so viele Ecken und Ränder, die man nie so nah verfolgen könne, wie man das müsste. Hopkinsons Ironie hat auch auf dem Titelblatt einer 2001 erschienenen Siemens-Studie seinen Niederschlag gefunden. Dort ist ein Koch abgebildet – Sinnbild für das Konglomerat Siemens – «die richtige Mischung macht's».

Jäger und Gejagte, Gewinner und Verlierer

Mit der Einführung des Geschäftswertbeitrages und des 10-Punkte-Programms beugte sich Siemens dem Diktat des Kapitalmarktes. «Wir wollen den Unternehmenswert erhöhen und damit Ihnen, unseren Investoren, attraktive Anlagemöglichkeiten schaffen», schrieb Vorstandsvorsitzender von Pierer Ende 1998. Die primären Adressaten seiner Botschaft waren nicht die Kleinaktionäre, sondern die Fondsmanager und ihre Entscheidvorbereiter, die Analysten. Sie hatten in der deutschen Unternehmenslandschaft einen neuen Stellenwert erhalten.

Symbolträchtig war die Siemens-Hauptversammlung am 18. Februar 1999: Auf dem Podium der Münchner Olympiahalle saßen wie eh und je die Aufsichtsräte, darunter auch Rolf E. Breuer, der damalige Vorstandssprecher der Deutschen Bank. Schweigend folgte er dem Einwurf eines äußerst kritischen Aktionärssprechers. Wenn das so weitergehe, könne es Siemens passieren, von einem Konkurrenten aufgekauft zu werden. «Für die Aktionäre wäre dies nicht unbedingt das schlechteste Szenario. Sie würden auf diesem Wege möglicherweise nach den Versäumnissen der Vergangenheit einen Kurs erhalten, der dem wahren Wert ihrer Anteile zumindest näher kommt.» Die Kritik war nicht neu, aber sie stammte von niemand anderem als Christian Strenger, Sprecher der Fondsgesellschaft DWS (Deutsche Gesellschaft für Wertpapiersparen), eine Tochter der Deutschen Bank.

Früher verhielten sich die Vertreter vornehmlich deutscher Banken, die bedeutende Aktienstimmen vertraten, in den Hauptversammlungen still. Sie waren sich nur zu bewusst, dass auch sie Teil eines ganz speziellen Beziehungsgeflechts waren. Die Banken und Versicherungen waren das Herz der so genannten Deutschland AG, dem Hort jenes Rheinischen Kapitalismus, der in Deutschland nach dem Zweiten Weltkrieg entstanden war. Sie stellten der Industrie Kredite für den Wiederaufbau ihrer Geschäfte zur Verfügung und sicherten sich durch einen Sitz im Aufsichtsrat ab. Mit dem Einbezug der Arbeitnehmer wurde ein System aufgebaut, das Deutschland sozialen Frieden bescherte. Bei Siemens erhielt der Betriebsrat besonders viel Gewicht, wie sich das für ein Unternehmen, das vor allem staatliche Kunden hatte, ziemte. Im Machtdreieck von Aufsichtsratsvorsitzendem, Vorstandsvorsitzenden und Finanzchef kommt dem Betriebsratsvorsitzenden auch heute noch eine wichtige Stellung zu – er muss zu einem frühen Zeitpunkt wenigstens in die Diskussionen einbezogen werden.

Die Aktien aber waren seit jeher breiter gestreut als diejenigen anderer deutscher Traditionskonzerne. Ende der achtziger Jahre hatte Siemens mehr als eine halbe Million Anteilseigner und war deshalb auf den ersten Blick nicht derart gut geschützt wie etwa die von der Deutschen Bank behütete Daimler Benz, heute Daimler-Chrysler.

Doch auch beim Elektrokonzern lag mehr als die Hälfte des Grundkapitals in den Händen von Deutschen, die zu einem guten Teil auch Mitarbeiter waren. Bereits 1969 wurde ein Aktienbezugsprogramm zu Vorzugsbedingungen für die Mitarbeiter eingeführt. Angesichts des breit gestreuten Aktienbesitzes kam dem Paket der Familie von Siemens in Verbandelung mit den deutschen Banken und Mitarbeitern lange Zeit eine vergleichbare Schutzfunktion zu. Mittlerweile beträgt es weniger als sieben Prozent.

Die Zusammensetzung der Aktionärsschaft begann sich Anfang der neunziger Jahre signifikant zu verändern. Der Anteil ausländischer Investoren hatte sich auf 45 Prozent erhöht. Im Geschäftsbericht von 1991 stellte der Konzern auch einen «Trend zu einer weitergehenden Institutionalisierung der Aktionärsstruktur» fest. Der Anteil in- und ausländischer Versicherungen, Pensionsfonds und Fondsgesellschaften sowie Banken am Grundkapital war innerhalb eines Jahres von 24 auf 35 Prozent gestiegen, 1997 betrug er bereits 45 Prozent.

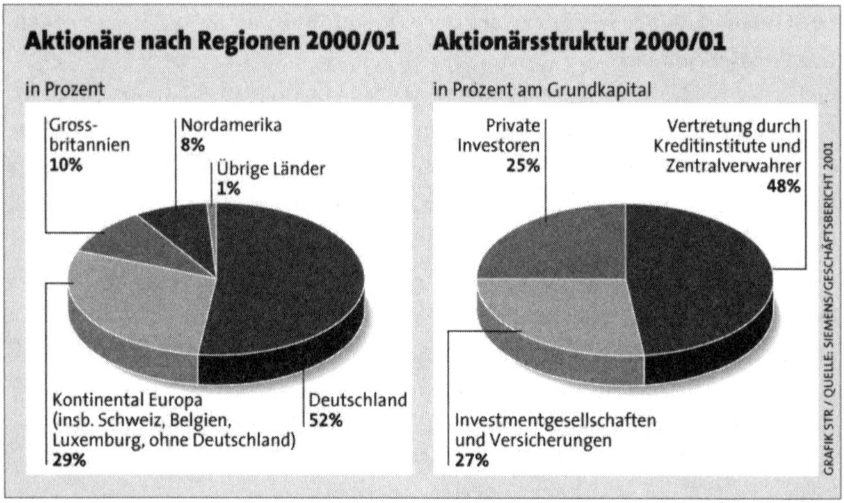

Abbildung 8

Damit gingen die schönen Zeiten zu Ende. Zunächst begannen die ausländischen Fondsmanager, die ihre Portefeuilles international zusammenstellten, dann auch die Fondsmanger der deutschen Banken und die Analysten, Siemens zu kritisieren. Die Fondsmanager, welche die Milliarden der Sparer in Aktien investieren, stehen mittlerweile in hartem internationalen Wettbewerb mit andern institutionellen Anlegern um die höchsten Renditen und geben den Druck entsprechend an Manager wie Heinrich von Pierer weiter.

Bei Siemens wurde man sich der Internationalisierung der Kapitalmärkte und der damit verbundenen Folgen erst sehr viel später bewusst, obwohl sich Verschiebungen in der Aktionärsstruktur schon länger abgezeichnet hatten.

Die Aktionäre behandelte man traditionell ganz nach dem Motto des alten Bankiers Carl Fürstenberg: «Aktionäre sind dumm und frech. Dumm, weil sie Aktien kaufen, frech, weil sie Dividenden haben wollen.» Entsprechend hinkte die Dividendenausschüttung vergleichbaren Unternehmen in der Branche hinterher. «Ein Prozent mehr und man hätte gezeigt, dass man ein Herz für die Aktionäre hat», sagte beispielsweise 1992 ein Sprecher der Schutzgemeinschaft der Kleinaktionäre, nachdem Siemens trotz einer Gewinnsteigerung von 7 Prozent dieselbe Dividende wie im Jahr zuvor auszahlte.

Auch die Forderung nach Abschaffung der unzeitgemäßen Stammaktien verhallte lange im Nichts. Die 9,2 Millionen Vorzugsaktien gehörten alle der Gründerfamilie. Seit den zwanziger Jahren zählten diese Stimmen bei wichtigen Entscheidungen wie Kapitalerhöhungen oder Aufsichtsratswahlen sechsfach. Wegen der schwachen Präsenz auf den Hauptversammlungen hatte der Clan praktisch die Sperrminorität, auch wenn er in der Realität nie davon Gebrauch gemacht hatte. Die Familie schwieg deshalb in der Öffentlichkeit lange Zeit eisern, um nicht der Diskussion um Einfluss der Familie auf die Siemens-Politik Vorschub zu leisten.

Bei Siemens wurden Börse und Anleger erst im November 1996 zu einem Thema. In dieser Zeit begann der Gedanke zu dämmern, dass bei tiefem Aktienkurs die Gefahr einer feindlichen Übernahme besteht. «Die neuen Möglichkeiten der Informations- und Kommunikationstechnik ließen es zu, dass die Anleger ihr Geldvermögen jetzt sekundenschnell international umschichten können», sagt Heinrich von Pierer. Zudem waren die Finanzschulden nach dem Kauf des Elektrowatt-Industrieteils und später von Westinghouse stark gestiegen und der Konzern war längst nicht mehr derart solid finanziert, wie man das gewohnt war. Der Aktionär wandelte sich in der Wahrnehmung des Unternehmens vom stillen Anteilshaber zum Kunden mit gestiegenen Erwartungen, den man ernst nehmen musste. Genauso wie ein Kunde, der ein Produkt oder eine Dienstleistung des Hauses erworben hat, erwarte der Aktionär, dass Technik, Qualität, Service usw. – mit anderen Worten: die Performance – stimmen, erklärte Finanzchef Heinz-Joachim Neubürger vor Mitarbeitern. Kurz: «Unsere wichtigste Visitenkarte heißt Aktienkurs.»

Als sich 1999 die britische Mobilfunkfirma Vodafone, die gerade einmal seit 1982 im Geschäft war, in einem beispiellosen Übernahmekampf den deutschen Traditionskonzern Mannesmann aneignete, war schließlich der letzte Beweis erbracht, dass es jeden treffen konnte. «Deutschland ist nach der Übernahme von Mannesmann durch Vodafone ein anderes geworden», sagt von Pierer. Der Konglomeratscharakter, der Siemens lange Schutz zu bieten schien, hatte auch eine Mannesmann nicht vor der Zerschlagung retten können. Vodafone-Chef Chris Gent schnappte sich vielmehr den Mischkonzern mit Röhren für Gasleitungen, Autoelektronik und Mobiltelefonie, zerlegte ihn und verscherbelte diejenigen Teile, die nicht in seine engere Mobilfunkstrategie passten. «Wir leben in einer Welt des Jagens und Gejagtwerdens. Wenn jemand mit einem verlockenden Angebot an unsere Aktionäre herantritt, müssen wir uns das genau ansehen», sagte Gent trocken in einem Interview mit der «Zeit». Mannesmann-Chef Klaus Esser, der ihm einen erbitterten Abwehrkampf gelieferte hatte, habe dies nicht verstanden. Vielleicht, so muss man im Wissen um die horrende Abgangsentschädigung sagen, hat Esser nur zu gut verstanden und nur versucht, das Maximum für sich selber herauszuholen. Innerhalb von Siemens aber verlieh der Mannesmann-Vodafone-Deal der GWB-Philosophie noch mehr Auftrieb. «Die Deutschland AG und der so genannte rheinische Kapitalismus sind Begriffe, die der Vergangenheit angehören. Jeder mag sich selbst ausmalen, was das bedeutet. Es wird Jäger und Gejagte geben, Gewinner und Verlierer. Was im globalen Wettbewerb zählt, sind die richtige Geschäftsstrategie und der unternehmerische Erfolg – und sonst nichts», sagte von Pierer auf der Hauptversammlung 2000.

«Deutschland ist nach der Übernahme von Mannesmann durch Vodafone ein anderes geworden.» Heinrich von Pierer

Rezepte, um die Jäger bei Laune zu halten

Seit Frühjahr 1998 bekleidete mit Heinz-Joachim Neubürger ein bekennender «Shareholder»-Aktivist den zentralen Posten des Finanzchefs. Neubürger hatte 1989 von der US-Investmentbank J.P. Morgan zu Siemens gewechselt, um eine Investor Relations-Abteilung aufzubauen. Doch selbst der damals zuständige Finanzchef Baumann betrachtete das ganze Thema mehr als Pflichtübung. Er war zwar Ansprechpartner für die Analysten, aber «er war nicht mit dem Herzblut dabei», urteilen damalige Analysten. Alle sechs Monate hielt Siemens Konferenzen ab, an denen die Dinge jeweils tapfer beschönigt wurden. Gespräche unter vier Augen – neudeutsch «One-to-Ones» – waren unmöglich.

«Baumann sah schon, was bei Siemens alles im Argen lag. Er konnte aber nichts machen gegen das Gespann Franz–von Pierer», sagt ein Analyst einer deutschen Bank. Den Vorstandsvorsitzenden bekam man nie zu Gesicht. «Wenn ich 1997 einen Termin mit von Pierer beantragt hätte, hätten die mich in die Klapsmühle gesteckt.» Von Pierer kassierte dafür rundum schlechte Noten.

Als Baumann 1998 in den Aufsichtsrat wechselte und Neubürger an seine Stelle trat, regelte von Pierer die Betreuung der Fondsmanager und Analysten neu. Die Finanzen wollte er nicht mehr einfach dem Finanzvorstand als technisches, isoliertes Thema überlassen, sondern stellte das Thema neuerdings in den Rahmen der Geschäftsstrategie. Er wollte das Feld künftig zusammen mit dem Finanzvorstand beackern und betrachtete die Manager der großen Fonds neuerdings wie hochrangige Vertreter der Deutschen Bahn oder der chinesischen Regierung. «Die Haltung zu den Kapitalmärkten hat sich erheblich geändert», sagt etwa Frank Rothauge von der Bank Sal. Oppenheim. Rothauge betrachtet die Maßnahmen, die in diesem Zusammenhang bei Siemens ergriffen wurden, als Quantensprung. «Siemens hat im Vergleich zu anderen Mischkonzernen Vorbildcharakter.» Von Pierer wandelte sich in der Zwischenzeit vom CEO, den kein Großinvestor und kein Analyst kannte, zum Chefverkäufer des Unternehmens. «Und Neubürger an seiner Seite weiß genau, was man tun muss, um die Analysten bei Laune zu halten», stellt Adrian Hopkinson fest.

«Wenn ich 1997 einen Termin mit von Pierer beantragt hätte, hätten die mich in die Klapsmühle gesteckt.» Ein Bankanalyst

Siemens hält heute unter dem Beisein des Vorstandsvorsitzenden vierteljährliche Treffen ab, bietet den Analysten Einblick in Produktionsstätten und ermöglicht auch den Gedankenaustausch mit Zentral- und Bereichsvorständen, was früher undenkbar gewesen wäre. «Für Analysten sind heute die Bereichsvorstände zentral. Sie kennen das jeweilige Geschäft, sie sind die treibenden Kräfte», sagt Hopkinson. 1997 veranstaltete Siemens erstmals in ausgewählten Technologiebereichen Workshops, um Branchen- und Technologietrends zu diskutieren. Der horrende Rhythmus der Finanzmärkte macht zusätzlich Telefonkonferenzen – so genannte Conference Calls – notwendig. Diese sind für von Pierer gemäß eigenen Aussagen nach wie vor eine Herausforderung. «Da steht dann ein Mikrofon mitten auf dem Tisch, und man weiß, da hängen etwa 180 Analysten weltweit in der Leitung. Ein Analyst aus Boston meldet sich, und wir verstehen seine Frage nur halbwegs, weil es in der Leitung knackt. Das ist nicht immer leicht», sagt er. Der Siemens-Chef schätzt die Möglichkeit, im Saal den Radar kreisen zu lassen, um zu spüren, welche Stimmung herrscht. «Auf dem Podium merke ich sehr rasch, wie der Grundtenor im Saal ist», sagt er, «ob es angebracht ist, einen lockeren Spruch zu machen oder ob ich das besser sein lasse.»

Wenn heute ein Fondsmanager anruft, der ein bedeutenderes Vermögen verwaltet, erhält er mit Sicherheit einen Termin beim Chef. Besser noch: Die Vorstände reisen mittlerweile zu den Fondsmanagern. In den USA, die bei Siemens eine besondere Bedeutung gewonnen haben, sind es im Osten die klassischen Stationen New York und Boston. Dort residieren mächtige Fonds wie Fidelity, Putnam oder Wellington und die Fondsmanager von J.P. Morgan und Merrill Lynch. San Francisco, Los Angeles und San Diego gehören zu den weiteren Pflichtstationen.

Der Konzernchef versucht dabei den Ton zu treffen, den die amerikanischen Fondsmanager so sehr lieben: beeindruckende Geschichten von aggressivem Wachstum, der Expansion in den USA und in Südostasien und vor allem der Orientierung der Geschäftspolitik an der Steigerung des Unternehmenswertes. «Die sitzen mir dann gegenüber und zeigen im Gespräch keinerlei Reaktionen. Sie veröffentlichen auch nicht, was sie von uns halten. Ich kann später nur am Kurs ablesen, ob ich sie überzeugt habe. Daraus lerne ich am meisten», sagte von Pierer in einem Interview. In den USA will niemand etwas über Werner von Siemens hören, der Blick muss nach vorne gehen. Der Fondsmanager und sein Analyst wollen kein Wenn und Aber, sondern eine klare Botschaft, ein Committment hören.

Hinzu kamen für von Pierer fremde Begriffe wie Price Earnings Ratio oder Working Capital. «Für uns war das alles neu», sagt etwa Eberhard Posner, Kommunikationschef und rechte Hand von Pierers. Gelernt hätten sie vor allem durch Misserfolge. Zusammen mit der IR-Verantwortlichen begannen sie Analysten-Studien zu lesen, um sich dann zu fragen, was sie jetzt verstanden hätten. Ähnlich gingen sie bei den Analystenkonferenzen vor, indem sie sich die Art der Fragen merkten und mit diesen im Selbststudium arbeiteten. «Die Sprache der Finanzmärkte kann man in keinem Crash-Kurs lernen», sagt Posner, «das ist ein Prozess.»

Siemens unterscheidet in der Bearbeitung der Fondsverantwortlichen und Analysten sehr wohl nach Wichtigkeit, nach Buy- und Salesside. Die Manager der großen Fonds haben Priorität, denn sie entscheiden, ob Siemens-Aktien gekauft werden oder nicht. Da ist besonders viel Überzeugungsarbeit notwendig. Schließlich betrachten die Fondsmanager den Konzern schon deshalb als unattraktiv, weil das Unternehmen für sich allein bereits ein Portfolio darstellt und der Fondsmanager gerade ein solches zusammenstellen möchte. Auf der Salesside – jene Analysten, die Unternehmen im Auftrag von Banken analysieren, die Aktien verkaufen wollen – führt von Pierer einige wenige Einzelgespräche. Zwei bis drei Analysten gehören zu den Auserwählten, von denen Siemens glaubt, dass sie meinungsbildend sind.

Adrian Hopkinson sieht aber durchaus Gefahren darin, dass Analysten mit Gesprächsmöglichkeiten umschmeichelt würden. «Je mehr ich mit Herrn Neubürger oder den verschiedenen Vorständen spreche, desto schwieriger wird es, Distanz zu halten und objektiv zu sein», sagt er. Obwohl Neubürger ein Studienkollege sei, habe er ihn noch nie angerufen, um Fragen zu klären. Da Siemens ein Konglomerat und die Qualität der offiziell veröffentlichten Informationen immer besser geworden sei, könne man das Unternehmen als Analyst getrost auch aus der Distanz, als Lesender, verfolgen.

Seit von Pierer mit Erfolg den Aktienkurs steigern konnte und realisierte, dass sich dieser sogar mit einfachen Kommunikationsmitteln treiben lässt, ist der Umgang mit dem Aktienkurs für ihn, wie Vertraute sagen, zum Sport geworden – und auch hier könne er, genauso wie auf dem Tennisplatz, nur schwer verlieren. So lässt er sich während der Pressekonferenzen jeweils den neuesten Stand des Aktienkurses zustecken, um den Erfolg seiner Worte zu messen, und ist entsprechend enttäuscht, wenn der Kurs nicht so reagiert, wie er sich das vorgestellt hat. In dem Infoprospekt für Anleger aus dem Jahr 2000 pries sich der Konzern etwa als «Siemens.com» an, womit man zum Ausdruck bringen wollte, dass der interne Wissensaustausch, die Prozesse und die Beziehungen zu Kunden und Lieferanten dank dem Internet wesentlich verbessert wurden. Anlässlich der Eröffnung des Center of e-Excellence am Flughafen München brachte von Pierer die neue Botschaft «New Economy with Substance» unters Volk: New Economy zwar, die aber nicht alles zerstört, wie das US-Firmen verkündet hatten, sondern auf der Substanz des Unternehmens aufbaut. Für das Fomulieren solch kerniger Botschaften wurde sogar die Abteilung «Corporate messages» eingerichtet.

Vom Finanzverwalter zum Zahlenakrobaten

Langsam, aber bestimmt schob sich neben von Pierer Finanzchef Heinz-Joachim Neubürger ins Rampenlicht. Der Finanzvorstand entspricht in keiner Weise der herkömmlichen Vorstellung eines Buchhalters, der seinem Vorstandsvorsitzenden die Zahlen mundgerecht aufbereitet und sonst diskret im Hintergrund agiert. Er ist vielmehr mit allen Wassern gewaschen, sprich den neusten Praktiken der kreativen Buchführung, den modernsten Finanzierungstechniken sowie den trendigsten Methoden, um das Unternehmen auf Rendite zu trimmen. «Neubürger ist ein Kommunikationsprofi, der haargenau weiß, was die Analysten hören wollen und wie man die Finanzmärkte auf bestimmte Meldungen vorbereitet, damit der Kurs nicht absackt», sagt Hopkinson.

Neubürgers Talente kommen nicht von ungefähr. Der gebürtige Westfale absolvierte nach dem Abitur eine Lehre als Exportkaufmann bei Coutinho, Caro & Co. in Hamburg, erwarb an der Insead im französischen Fontainebleau (zusammen mit Hopkinson) den Master of Business Administration und heuerte bei der US-Investmentbank J.P. Morgan an, die zu den ganz Großen im Fusions- und Akquisitionsbusiness gehört. In Frankfurt und Tokio verdiente er sich seine Sporen im Corporate Finance-Geschäft. «Das hat ihn für Siemens prädestiniert», sagt sein Studien- und früherer Firmenkollege Hopkinson. Für den Münchner Elektrokonzern baute Neubürger die Investor-Relations-Abteilung auf und im indischen Bombay wurde er schließlich auf Herz und Niere auf seine operativen Qualitäten als kaufmännischer Leiter getestet, bevor er zum Finanzvorstand berufen wurde. Dort löste er Baumann, den Vater des GWB, ab. Heute sitzt Neubürger nicht nur bei der Allianz im Aufsichtsrat, er ist auch Mitglied des Board of Directors von Merrill Lynch.

Die früher beliebten Quersubventionierungen sind ihm verpönt. «Verlustgeschäfte wird und darf es bei Siemens nicht mehr geben», ließ er bei einem seiner ersten öffentlichen Auftritte verlautbaren. Um die Verlustquellen überhaupt sichtbar zu machen, musste er erst die Transparenz im Unternehmen erhöhen. Allein mit der Einführung des GWB war dies noch nicht zu schaffen. Neubürger baute die ganze Bilanz um, er teilte sie in einen operativen Teil, den Bereich Finanzen und Immobilien sowie den Pensionsfonds ein – die drei «Wertbausteine», wie er sie nennt.

Auf den ersten Blick wird jetzt ersichtlich, wie das operative Geschäft läuft, was der Konzern aus dem Vermögen macht und wie mit den Geldern aus dem Pensionsfonds gearbeitet wird. Mehr Transparenz und die Basis für die Vergleichbarkeit mit Konkurrenten schuf Neubürger auch mit der Umstellung der Rechnungslegung auf den US-GAAP-Bilanzierungsstandard (ab dem Geschäftsjahr 1999/2000). Siemens kaufte gemäß Beschluss der Hauptversammlung vom Frühjahr 1999 auch eigene Aktien zurück und wandelte die Inhaber- in Namenaktien um, damit er die Aktionäre besser bearbeiten konnte. Durch eine gesetzliche Änderung bedingt war die Abschaffung der Vorzugsaktien und damit der Mehrstimmrechte der Gründerfamilie.

Der GWB als Leitgröße ermöglicht dem Finanzchef, auf die operativen Bereiche direkten Einfluss zu nehmen, die sonst in der Verantwortlichkeit der Bereichsvorstände liegen. Er redet dabei mit, wie Investitionen finanziert werden, welche Finanzierungsquellen bemüht werden und schließlich auch bei der Minimierung von Steuerzahlungen. Seine entsprechenden Fähigkeiten stellte Neubürger bei der Akquisition von Atecs/Mannesmann unter Beweis. Auf Drängen des Finanzvorstands tat sich Siemens zunächst mit Bosch zusammen, teilte das Gebilde steuer- und kartellrechtlich optimiert auf und unterlegte es dann mit unterschiedlichsten Finanzierungsinstrumenten. «Eine derartige Akquisition hätten wir uns früher nicht zugetraut», sagt Kommunikationschef Posner, «weniger der Größe, sondern der Komplexität wegen.»

Konsequent rollte Neubürger vor allem das Thema Asset Management auf und damit die Nutzung des Unternehmensvermögens. Er sah im Unternehmen zu viel Vermögen gebunden, das zu keiner Wertsteigerung führt. Die überproportional zum Umsatzwachstum gestiegene Mittelbindung in Sachanlagen, Immobilien, Maschinen, Vorräte und Forderungen belasten das Ergebnis jährlich mit mindestens 300 Millionen Mark, rechnete er den Zentralvorständen vor. «Als ich 1995 Siemens nach der Höhe des ‹Working Capital› fragte, haben die nur mit der Schulter gezuckt», erinnert sich ein Analyst. Der Konzern hatte zwar 1994 zaghaft damit begonnen, über die Nutzung seiner Immobilien nachzudenken. Er verfügte damals über 50 Millionen Quadtratmeter Grundstücks- und rund 20 Millionen Quadratmeter Gebäudeflächen an etwa 900 Standorten. Ausstehende Forderungen sowie eine unnötig aufgeblähte Lagerhaltung waren aber noch kein Thema, obwohl das Ausmaß – 1997 waren bei Siemens etwa ein Drittel aller Rechnungen überfällig – beträchtlich war. Es fehlte schlicht das Bewusstsein für solche Faktoren.

Unter Neubürger entwickelte der Konzern einen neuen Umgang mit diesen Themen. So legte im Sommer 1999 etwa die Siemens Kapitalanlagegesellschaft (SKAG), die 1992 gegründet wurde und einzige Fondsgesellschaft eines deutschen Industrieunternehmens ist, einen Immobilienfonds auf. Der «SKAG Euroinvest Immobilien» richtet sich ausschließlich an institutionelle Investoren wie Pensionskassen, Versorgungswerke und Versicherungen und legt das Geld in ausgewählte Büro- und Geschäftsimmobilien in Europa an, darunter etwa der Siemens-Sitz an der Hofmannstrasse in München oder der Beatrixpark in Den Haag, in dem verschiedene niederländische Ministerien eingemietet sind.

Siemens hatte immer schon über ein ausgefeiltes Finanzierungssystem verfügt, bedingt auch durch die breite Palette finanzwirtschaftlicher Aufgabenstellungen innerhalb eines Industriekonzerns, etwa die Realisierung von Großprojekten wie Kraftwerke oder Mobilfunknetze. Neubürger baute den Konzern noch weiter zu einer Bank um. Der Konzern neigt aber nach wie vor dazu, überzogene Rückstellungen zu bilden, wie von Pierer im Frühjahr 2002 an einer KPMG-Partnerversammlung feststellte. «Das stört mich deshalb, weil es in aller Regel dann dazu verführt, die entsprechenden Gelder auch tatsächlich auszugeben, anstatt alle Kraft darauf zu richten, die damit abgedeckten Risiken gar nicht erst eintreten zu lassen oder sie entscheidend zu mindern», sagte er.

Das Verhältnis zwischen von Pierer und Neubürger ist gemäß Insidern nicht unproblematisch. Sie würden bei der Vorbereitung eines Entscheides jeweils unterschiedliche Kriterien anwenden, was Zielkonflikte provoziert. Neubürger fragt prioritär danach, wie sich ein Entscheid auf den Kapitalmarkt auswirkt, während von Pierer mehr interessiert, wie dieser im Markt ankommt und ob Siemens zur Umsetzung über ausreichend Managementkapazitäten verfügt. Kommunikationschef Posner wiegelt ab: «Auch wenn ihre Kriterien unterschiedlich sind, kommen sie doch jeweils zum gemeinsamen Ergebnis.»

Es liegt auf der Hand, dass bei Akquisitionen letztlich der Finanzchef das letzte Wort hat. Vom früheren Vorstandsvorsitzenden Kaske stammt zwar der Ausspruch, ein Deal sei in seinem Unternehmen nie daran gescheitert, dass er dafür kein Geld gehabt hätte. Aber: «Die Zeiten haben sich inzwischen geändert», gibt Posner zu bedenken. Mittlerweile sind die Schulden des Konzerns erheblich gewachsen. Ob und wie ein Deal zu finanzieren ist, liegt schließlich in der Kompetenz des Finanzchefs. Der Rechtfertigungsdruck ist im Zeitalter des GWB eher gestiegen. «Der EVA-Ansatz zwingt zur Disziplin und verhindert beispielsweise Investitionen oder Akquisitionen mit ungenügenden Renditeaussichten, die rein aus Prestigegründen getätigt werden», heißt es in einer Finanzzeitung.

Das Verhältnis zwischen Kontrolleuren und Kontrollierten

Neben mehr Transparenz fordern die Investoren aber auch eine effiziente Kontrolle, die das Risiko von Managementfehlern reduzieren soll. Wenn es um die Qualität der Aufsichtsräte geht, schneiden deutsche Unternehmen, darunter auch Siemens, in den verschiedenen Untersuchungen wenig berauschend ab. Hauptsächlich die enge Bande zwischen Aufsichtsräten und Vorständen verhindere eine effiziente Kontrolle, wird etwa in einer internationalen Studie der Fondsgesellschaft DWS festgehalten. Lediglich die Deutsche Bank erreicht dort einen Spitzenplatz in einer europäischen Rangliste hinter Nokia und Shell. Das Hauptproblem laut DWS: Es fehle die Bereitschaft zu Transparenz und unabhängiger Kontrolle. Stattdessen dominieren enge wirtschaftliche und persönliche Beziehungen zwischen Kontrolleuren und Kontrollierten.

Bei Siemens trifft nicht der Gesamtaufsichtsrat die strategischen Entscheidungen, sondern der Konzernchef zusammen mit dem Aufsichtsratsvorsitzenden. Dieser nimmt hier traditionell eine stärkere Stellung ein als bei anderen Unternehmen. Das hängt damit zusammen, dass Siemens als Familienunternehmen gegründet wurde. Bis in die achtziger Jahre stammten alle Aufsichtsratspräsidenten aus dem Familienclan. Der Aufsichtsratsvorsitzende von Siemens interpretiert seine Aufgabe noch heute als Full-Time-Job und besitzt ein eigenes Büro gleich neben demjenigen des Konzernchefs. Und nicht nur das: Der jeweilige Amtsinhaber hat unmittelbaren Zugang zu sämtlichen Informationen.

Der Aufsichtsratspräsident wurde in den vergangenen zwanzig Jahren jeweils aus dem Vorstand rekrutiert, zuvor nahm ein Angehöriger der Familie den Sitz ein. Kritiker halten eine unbefangene Kontrolle für unmöglich, wenn Maßnahmen langjähriger Vorstandskollegen zu beurteilen oder Entscheide der Vergangenheit zu korrigieren seien, die man vielleicht früher sogar einmal selbst verantwortete. Hermann Franz, Aufsichtsratsvorsitzender zwischen 1993 und 1998, erkannte darin keinen Konflikt, wie er in einem Interview sagte. Es gebe keine Kumpaneien im Siemens-Vorstand. «Viel wichtiger ist, dass der Aufsichtsratsvorsitzende das Unternehmen in der Tiefe kennt und versteht, als dass er von außen kommt.» Wie soll er sonst beurteilen, was zu kontrollieren ist.

Um die drohende Konfrontation zwischen Anteilseignern und Arbeitnehmern zu vermeiden, handeln der Vorsitzende und sein Stellvertreter, der Chef des Gesamtbetriebsrats, vorab aus, was Sache ist. Die Aufsichtsratssitzungen werden deshalb zu bloßen Informations- und Diskussionsveranstaltungen degradiert und die Räte vor vollendete Tatsachen gestellt. Denn: Geschäftsvorgänge, die zustimmungspflichtig wären, der Kauf eines Unternehmens etwa, eine größere Investition oder die Absegnung einer neuen Strategie, gibt es beim Elektrokonzern nicht – keinen einzigen. In hartnäckiger Regelmäßigkeit stellen die Betriebsratsvertreter den Antrag auf Einführung zustimmungspflichtiger Geschäfte – und in derselben Regelmäßigkeit wird dieser jeweils abgelehnt.

Bei Siemens kann man darin kein Problem erkennen, in der Regelung der Mitbestimmung hingegen schon. «Die Arbeitnehmervertreter im Aufsichtsrat werden nur von der inländischen Belegschaft gewählt. Sie vertreten deren Interessen. Wir müssen deshalb aufpassen, dass wir uns nicht mit den falschen Themen beschäftigen», sagte Franz in einem Interview mit der «Süddeutschen Zeitung». Die Mitbestimmung der Arbeitnehmer hat in Deutschland dazu geführt, dass die Gremien viel zu groß sind – bei Siemens ist der Rat mit 20 Mitgliedern besetzt. Zudem können die trotz dieser Größe allenfalls doch entstehenden Diskussionen nicht offen geführt werden. «Ein vernünftiger Aufsichtsrat wird nie in einer Sitzung ein einzelnes Vorstandsmitglied kritisch anfassen, weil er damit rechnen muss, dass eine halbe Stunde nach Ende der Sitzung alle Arbeitnehmer des Unternehmens informiert sind und die Autorität des Betroffenen untergraben wird. Wir haben nicht genügend Offenheit. Und gute Corporate Governance ist Offenheit», sagte Hilmar Kopper, der Chefaufseher der Deutschen Bank, in einem Interview mit der «Zeit».

«Wenn ich in meinem Büro Selbstgespräche führe, ist der Inhalt am nächsten Tag Kantinengespräch und am übernächsten in der Presse. Ich versuche deshalb bereits meine Selbstgespräche mit einer Botschaft zu verbinden.»

Heinrich von Pierer

Hinzu kommt, dass es in den letzen Jahren einige Lecks im Aufsichtsrat gegeben hat und geheime Zahlen oder Diskussionen den Medien zugespielt wurden. Die jeweiligen Redakteure machten sich nicht einmal die Mühe, ihre Quellen zu vertuschen, sondern zitierten frisch-fröhlich aus den geheimen Papieren. Von Pierer kommentiert dies mit Galgenhumor: «Wenn ich in meinem Büro Selbstgespräche führe, ist der Inhalt am nächsten Tag Kantinengespräch und am übernächsten in der Presse. Ich versuche deshalb bereits meine Selbstgespräche mit einer Botschaft zu verbinden.» Konsequenz dieser Entwicklung wird sein, dass immer weniger Geschäfte und Informationen, die nicht für die Öffentlichkeit bestimmt sind, in den Aufsichtsrat gelangen.

An den Hauptversammlungen in der Münchner Olympiahalle versucht man den Eindruck zu erwecken, dass der Aufsichtsrat das Sagen hat. Dieser sitzt oben auf dem Podium und die Vorstandsmitglieder in der ersten Reihe. «Dabei müsste es genau umgekehrt sein», sagt Nikolaus Senn, langjähriger Siemens-Aufsichtsrat und ehemaliger Chef der größten Schweizer Bank SBG (heute UBS).

Bei Siemens schlug sich das frühere Geschäftsgebaren auch in den Aufsichtsratssitzungen nieder. Da saßen die Zentralvorstände, in den achtziger Jahren noch deren 30, in Vierer- und Fünfer-Reihen hintereinander und die Räte in Hufeisenform davor. Die Ersteren präsentierten, die Letzteren hörten zu und stellten die eine oder andere Verständnisfrage. Wirkliche Diskussionen fanden kaum statt. Senn, bekannt dafür, dass er mit seiner oft unbequemen Meinung nicht zurückhält, wagte es gemäß eigenen Worten ein einziges Mal, eine Grundsatzdiskussion anzuzetteln. Er kritisierte die Akquisitionspolitik Kaskes und stellte dabei die Jagd nach Größe in Frage. Er löste damit eine zweistündige Diskussion aus, mit dem Resultat, dass ihn nach der Sitzung ein Kollege zur Seite nahm und bemerkte: «Dass Sie das wagen».

«Siemens war ein klarer Fall von Managerherrschaft.»

Nikolaus Senn

Die Räte seien zwar immer sehr gut darüber informiert gewesen, was in den einzelnen Bereichen geschah; aber etwa ein Verzeichnis der Saläre des Vorstandsvorsitzenden und der Vorstände bekamen sie nie zu Gesicht. Das Potenzial an Wissen, das im Rat durchaus vorhanden war, wurde wegen dieser Strukturen ungenügend genutzt. «Ich kam gar nicht zum Zuge», sagt Senn. Der Finanzvorstand hätte ihn nur hie und da im direkten Gespräch um seine Meinung gefragt. «Siemens war ein klarer Fall von Managerherrschaft», urteilt er. Ab 1993 sei im Aufsichtsrat aber substantieller und kritischer diskutiert worden als früher. «Man hat schließlich gesehen, dass das Unternehmen nicht vom Fleck kommt.» Doch die Zusammensetzung war für das Entstehen wirklich spannender Diskussionen zu einseitig. «Wir waren eindeutig zu viele Bankmenschen.»

Der Aufsichtsrat wird internationaler

Die Deutschland AG ist zwar auf dem Weg, auseinander zu driften, wie von Pierer feststellt, jenes traditionelle Beziehungsgeflecht der deutschen

Banken, Versicherungen und Industriekonzerne lässt sich aber bei Siemens zumindest teilweise noch erkennen. Henning Schulte-Noelle, Vorstandsvorsitzender der Allianz, sitzt nicht nur bei Siemens im Rat, sondern auch bei BASF, E.ON, Linde, Münchener Rück und Thyssen-Krupp. Den Aufsichtsratschef von Siemens, Karl-Hermann Baumann, trifft man im Gegenzug an den Sitzungen der Allianz, der Deutschen Bank, E.ON, Linde, Schering oder Thyssen-Krupp. Und Rolf Breuer, der ehemalige Vorstandssprecher der Deutschen Bank, ist neben Siemens auch bei E.ON, der Lufthansa, der Münchener Rück und der Deutschen Telekom dabei. Der Aufsichtsratspräsident von Thyssen Krupp, Heinz Kriwet, redet nicht nur bei Siemens mit, sondern auch gleich in München um die Ecke, bei der Allianz. Und Albrecht Schmidt, der Sprecher des Vorstands der Bayerischen Hypo- und Vereinsbank, sitzt neben Siemens im Aufsichtsrat von Allianz, Lufthansa Commercial Holding, Münchener Rückversicherungs-Gesellschaft, VIAG.

Die Beziehungen haben sich inzwischen aber gelockert und laufen weitaus geschäftsmäßiger ab als früher. Während Siemens bei Kapitalerhöhungen früher automatisch auf die Dienste der Deutschen Bank zurückgriff und sich in der Weltwirtschaftskrise sogar an ihr beteiligte, um sie zu stützen, wickelt der Konzern heute viele seiner Finanztransaktionen über Merrill Lynch oder Goldman Sachs ab. Das ist auch deutschen Analysten wie Adrian Hopkinson aufgefallen. Zwischen den großen US-Investmentbanken und den international tätigen Konzernen wie Siemens sei inzwischen nicht nur ein enges Beziehungsgeflecht entstanden, die Konzerne richteten sich auch stärker an ihnen aus. «Wenn ein Unternehmen in den USA Fuß fassen will, sei das bei Investoren oder auf dem Markt, ist es von Vorteil, wenn er sich mit einer US-Investmentbank liiert», sagt Hopkinson.

Auch die Zusammensetzung des Aufsichtsrats hat sich verändert. Lange Zeit war Senn der einzige Nicht-Deutsche im Aufsichtsrat. Das hatte durchaus seine innerdeutsche Bewandtnis. Nicht nur, dass Senn die deutschen Bankiers und Versicherer sehr gut kannte und die Schweizerische Bankgesellschaft lange Zeit der größte Aktiendepositär von Siemens außerhalb Deutschlands war, sondern die Schweiz war auch Sitz jener agilen Siemens-Finanzholding, in der die Auslandbeteiligungen seit 1921 zusammengefasst und verwaltet wurden. Senn war über Jahre hinweg Mitglied des dortigen Verwaltungsrates.

Inzwischen sind spezifische Erfahrungen und Internationalität zwingende Rekrutierungskriterien geworden. Für Senn rückte wieder ein Schweizer nach, dieses Mal aber kein Zugehöriger der Bankenkaste, sondern Daniel Vasella, Arzt und Chef des Pharmakonzerns Novartis. Mit im Klub sitzt neuerdings auch der ehemalige deutsche Botschafter der USA, Robert M. Kimmitt, genauso wie der Franzose Jean Gandois, Präsident von Cockerill Sambre, dem belgischen Stahlhersteller, der im Frühjahr 2001 von der französischen Usinor geschluckt wurde. Trotzdem ist im Aufsichtsrat nicht etwa englisch die gebräuchliche Sprache, sondern nach wie vor deutsch – der Arbeitnehmervertreter wegen, wie es in München heißt. Die von Siemens eingeleitete Internationalisierung ist nicht unbedingt selbstverständlich. Es gibt nach wie vor große deutsche Unternehmen, die weiterhin ohne Ausländer auskommen, so etwa Volkswagen oder SAP.

Die Analysten – Handlanger der Milliardenverschieber

Mit den verschiedenen Änderungen in der Unternehmenspolitik richtete sich Siemens stärker an den Investoren und ihren Handlangern, den Analysten, aus. Dies deshalb, weil ihnen die Aufgabe zukommt, Investoren die eine Frage zu beantworten: Wird der Kurs in Zukunft steigen und wenn ja, wie groß ist das Potential? «Im Fall von Siemens hängt vieles davon ab, ob der jeweilige Analyst die breite Aufstellung des Konzerns für sinnvoll hält oder nicht», sagt Adrian Hopkinson. Die Bandbreite der Ratschläge an die Adresse des Managements reicht dabei von der Konzentration auf ganz wenige, hochprofitable Bereiche wie Kommunikation sowie Industrie-Elektronik, die vor allem von den angelsächsischen Analysten vertreten wird, bis hin zum Festhalten an der bisherigen breiten Aufstellung. Je nachdem zu welchem Lager sich ein Analyst zählt, desto stärker wird er das Unternehmen mit einem Konglomeratsabschlag von 15 (Pictet) bis 25 Prozent (Goldman Sachs) strafen oder die möglichen Synergien in seine Kalkulation einbeziehen. Der Konglomeratsabschlag führte bisher dazu, dass Siemens an der Börse lange eines der am niedrigsten bewerteten Technologieunternehmen und deshalb auch immer ein vergleichsweise günstiges Übernahmeobjekt war.

Für eine stärkere Fokussierung wird eine Reihe von Gründen ins Feld geführt: Sie würde es dem Konzern erleichtern, eine führende Rolle in definierten Kernbereichen weltweit zu erlangen und zu behaupten. «Der Koordinationsaufwand für die Führung der Bereiche würde verringert, und das Management könnte auch schneller auf Marktveränderungen reagieren», sagt Hopkinson. Kollidierende Bereichsinteressen könnten vermieden werden, und für viele Investoren wäre es attraktiver, wenn sie gezielt in einzelne Bereiche ihrer Wahl investieren könnten. Die wichtigste Konsequenz aber wäre, dass die Kapitalrendite deutlich steigen würde.

Eine starke Fokussierung bringt aber auch Nachteile mit sich, wie Adrian Hopkinson festhält. «Bei einer sehr schlanken Aufstellung würden die Erträge und damit der Aktienkurs stärker schwanken, weil es bei Einbrüchen in einem Segment keinen Ausgleich mehr zwischen den Erträgen verschiedener Konzernbereiche gäbe.» Dieser Vorteil einer breiten Aufstellung kam im Jahr 2001 besonders zum Tragen, als die Technologiekonzerne weltweit in Bedrängnis gerieten. Für Finanzierungszwecke würde zudem kein Mix mehr aus reifen und Cashflow-starken Aktivitäten sowie neuen wachstumsstarken Aktivitäten mit einem hohen Finanzbedarf bestehen. Kritisch für das Unternehmen dürfte es auch dann werden, wenn sich die Wachstumsraten des Geschäfts deutlich verringern würden. Letztlich wird der Konzern dann wohl wieder zu einer Diversifikation gezwungen sein.

Hopkinson hält keines der beiden Extreme längerfristig für optimal. Er erwartet vielmehr, dass das Management einen Mittelweg einschlagen und damit das Portfolios schrittweise in Richtung einer höheren Rentabilität umbauen wird. Dies bedinge, dass das Portfolio gestrafft, Firmen punktuell zugekauft und die Expansion in Wachstumsmärkte wie die USA und Asien forciert werde. «Sollte es dem Konzern dagegen nicht gelingen, die Erträge der Bereiche auch in den kommenden Jahren weiter spürbar zu verbessern, so wird der Konzern seine bisherige Struktur nicht mehr aufrechterhalten können. Diese Situation könnte in einer längeren Rezessionsphase eintreten», glaubt Hopkinson.

Viele Siemens-Manager tun sich nach wie vor schwer mit derartigen, mehr oder weniger pointiert formulierten Ratschlägen der Analysten. Auch Heinrich von Pierer hält mit seiner Kritik nicht zurück. Die vor den Halbjahreszahlen im April 2002 veröffentlichten Analystenstudien variierten in ihren Schätzungen nicht nur enorm, Siemens schnitt auch weit besser als vorausgesagt ab. «Die Herren müssen etwas aufpassen, dass sie nicht zu sehr an Glaubwürdigkeit verlieren», meinte er vor versammelter Presse.

«Schlecht war unser Image schon immer», sagt Hopkinson. Zunächst waren sie als graue Zahlensammler verschrien, die nur die Daten wiederholten, die ihnen von Firmen aufgetischt wurden. Dann stellten sie die Zukunftsprognosen in den Mittelpunkt ihrer Ausführungen. «Es gab aber nicht viel vorauszusehen, weil es schon schwierig genug war herauszufinden, ob das Unternehmen überhaupt rentabel ist oder nicht.» Man gelangte zur Ansicht, dass die Ausbildung der Analysten zu regeln sei.

Siemens-Manager mockieren sich gern darüber, dass manche Analysten über zu wenig Erfahrung, dafür zu viel Arroganz verfügten. Die meisten der Analysten kommen heute direkt von den Hochschulen und sind im Schnitt viel jünger als früher. Mit 25 Jahren sitzen sie ein erstes Mal einem leibhaftigen Finanzvorstand oder Vorstandsvorsitzenden gegenüber, den man sonst nur aus dem «Manager Magazin» oder der «Financial Times» kennt. Zwei, drei Jahre später fühlen sie sich bereits fit genug, um ihn zu «grillen», also ins Kreuzverhör zu nehmen, und mit spätestens 35 Jahren geben die meisten die Analyse auf und werden Fondsmanager.

Die Methoden, nach denen Analysten arbeiten, wandelten sich in der Zwischenzeit fundamental. Als Hopkinson 1985 an einem Familientreffen seinem Vater und seinen Onkeln erklärte, dass er jetzt die ganze europäische Automobilindustrie analysiere, schüttelten diese ungläubig den Kopf. «Wie soll da eine sorgfältige Analyse möglich sein», hätten sie gemurrt. Die Investmentbank J.P. Morgan, für die Hopkinson damals arbeitete, war eine der ersten Banken überhaupt, die ihre europäischen Fonds nicht auf der Basis von Ländern, sondern Branchen zu steuern begannen. Hopkinson führte diese neue Vorgehensweise im Sommer 1997 bei der WestLB ein. «Die einzelnen Analysten beginnen mit der Branche und gehen dann auf die einzelnen Werte zu.» Das sei zentral für die Objektivität.

Heute wurzelt der schlechte Ruf weniger in den mangelnden Fähigkeiten der Analysten als in deren Befangenheit. Ihnen steht die Rolle zu, die Entscheidungen der Fondsmanager vorzubereiten, indem sie potentielle Anlageziele ausloten und Schwachstellen ausmerzen. Die großen Investmentbanken wie J.P. Morgan, Morgan Stanley Dean Witter, Goldman Sachs oder Merrill Lynch beschäftigen aber nicht nur Analysten und Fondsmanager. Das große Geld machen sie mit anderen Geschäften. Die Banker kaufen und verkaufen für ihre Kunden wie Siemens oder Deutsche Telekom Unternehmen, sie bringen Firmen oder Teile davon an die Börse und beraten sie bei der Finanzierung. «Kein Wunder, sprechen die Analysten doch immer wieder von Fokussierung oder notwendigen Akquisitionen», sagt ein Siemens-Manager. Dass bei derartigen Konstellationen Interessenkonflikte entstehen, liegt auf der Hand. Mit der Gründung des Neuen Marktes betrifft der Vorwurf immer weitere Kreise. Auch die WestLB geriet im Zusammenhang mit EM.TV und Infomatec in schiefes Licht, weil sie noch lange Kaufempfehlungen abgab, obwohl die Bank sehr gut über die Probleme der beiden Unternehmen informiert war.

Zwar weisen die Geldinstitute immer wieder auf die Feuerwände hin, so genannte Chinese Walls, die zwischen den einzelnen Finanzabteilungen ihrer Häuser bestehen und eine unzulässige Einflussnahme beim Aktienhandel und Kontakte etwa zwischen ihren Kredit- und Analyseabteilungen ausschließen. Dennoch macht die geringe Zahl von Verkaufsempfehlungen, welche die Researchabteilungen abgeben, stutzig. Noch Anfang der achtziger Jahre war das Verhältnis zwischen Kauf- und Verkaufsempfehlungen nahezu ausgewogen, wie Andreas Nölting in «Die neue Supermacht Börse» schreibt.

Heute wurzelt der schlechte Ruf der Analysten weniger in mangelnden Fähigkeiten als in deren Befangenheit.

Adrian Hopkinson sieht das Problem weniger in den Abhängigkeiten. «Dass es nur wenige Verkaufsempfehlungen gibt, liegt an der Auswahl. Wir beobachten nur interessante Firmen. Schließlich sind die Aktien im Besitz unserer Kunden. Wenn wir nur immer schlechte Nachrichten brächten, wären diese irritiert.» Die Qualität der Analyse habe vielmehr unter dem Zeitmangel gelitten. «Es ist einfach, Unternehmen gut auszuleuchten, wenn man zwei Monate an einer Studie arbeiten kann.» Das war zu Zeiten der «Neuen Markt»-Euphorie nicht mehr möglich. Viele Arbeitgeber hätten ihren Analysten gerade einmal drei Wochen Zeit für eine Studie eines Unternehmens gegeben, von dem man vielfach nicht einmal wusste, ob und welche Vergleichswerte es gibt. Die Banker hätten aus der Not eine Tugend gemacht und vor allem von amerikanischen Kollegen Vergleichswerte übernommen, von denen sie dachten, sie seien verlässlich. «Als wir hier in Europa realisierten, dass die Amerikaner auch nur mit Wasser kochten und unter dem gleichen Problem wie wir litten, war es schon zu spät», sagt Hopkinson. Analysten seien letztlich von der Qualität der Informationen abhängig, die sie von den jeweiligen Unternehmen bekämen.

Auch der Wirtschaftsjournalismus hat sich unter dem Einfluss der Finanzmärkte gewandelt. Die in den letzten Jahren ausgebauten Wirtschaftsteile der traditionellen Tageszeitungen, die neuen Anlegermagazine und die Börsensendungen sind heute ohne Analysten als Lieferanten und Kommentatoren von

Informationen nicht mehr denkbar. Aus Zeitmangel oder wegen fehlender Kompetenz verzichten heute Redakteurinnen und Redakteure oft auf die eigene Analyse und zitieren stattdessen Analysten. Verschiedene Banken wie die WestLB haben zu den Börsensendern eigene Leitungen aufgebaut und benutzen auch die Medien verstärkt dazu, ihre Studien zu vermarkten.

Die Mitarbeiter schlagen zurück

Das Regiment der Fondsmanager und Analysten wird bei Siemens nicht einfach hingenommen. Siemens bereinigte zwar sein Portfolio teilweise, verweigerte sich aber, wenn das Gespräch auf eine stärkere Fokussierung kam, etwa auf die Industrie- und Kommunikationsbereiche, wie das um 1998/99 der Fall war. Siemens hat wenig Verständnis für Konglomeratsabschläge bis zu 25 Prozent. General Electric habe bewiesen, wie man ein Konglomerat erfolgreich managt und jedes Quartal den Gewinn steigert. «Wir müssen halt erst noch beweisen, dass auch wir dazu in der Lage sind», sagt Posner.

Auch eine kleine Gruppe von Aktionären möchte den Einfluss der Shareholder Value-orientierten Kreise zumindest eindämmen. Etwa 1000 Siemens-Mitarbeiter, die gleichzeitig auch Aktionäre sind, haben sich im Verein «Belegschaftsaktionäre/Unsere Aktie» organisiert, um gemeinsam ihre Interessen zu vertreten. Der Vorsitzende, Manfred Meiler, machte im Vorfeld der Hauptversammlung 2001 darauf aufmerksam, dass der Fall Mannesmann zeige, dass Siemens den Aktienkurs gar nicht hoch genug treiben könne, um ein Aufkaufen des Traditionsunternehmens zu verhindern. Letztlich helfe aber nur eine Sperrminorität vor unliebsamen Überraschungen.

Meiler rechnete an einer Pressekonferenz vor, wie diese zu erreichen sei. Schätzungsweise acht bis zehn Prozent aller Siemens-Aktien gehörten Mitarbeitern. Hinzu zählt er den Aktien-Anteil der Siemens-Familie von 6,5 Prozent. Ob die Familie wirklich im Sinne des Mitarbeitervereins stimmen würde, ist umstritten. Aber auch wenn man ihn dazu rechnet, fehlen noch 8,5 Prozent, um auf eine Sperrminorität zu kommen. Dies sollte sich gemäß Meiler aber dennoch innerhalb von drei bis vier Jahren bewerkstelligen lassen, indem man die Ausgabe preisgünstiger Aktien an die Mitarbeiter auf 3,6 Millionen Stück verdoppeln würde. So weit die theoretische Zahlenschieberei.

Aus der Sicht des Unternehmens ist das Zustandekommen einer solchen Sperrminorität, die dann Entscheidungen des Managements blockieren könnte, alles andere als wünschenswert. Fonds und andere Anlegergruppen würden die Siemens-Aktie wohl wie heiße Kartoffeln fallen lassen. Der Kurs würde einbrechen und Siemens erst recht zu einer leichten Beute für Übernahmewillige werden. «Honorig, aber absolut utopisch und nicht finanzierbar», urteilte entsprechend eine Kapitalmarktexpertin im «Tagesspiegel».

Stattdessen trieb Siemens die «GWBisierung» des Unternehmens weiter mit dem Gang an die Börse in New York. Das beinhaltete zwingend die Umstellung auf US-GAAP, aber der Auslöser dafür war es nicht. Ein Konzern, der auf internationalen Märkten reüssieren will, kann sich mit den deutschen Bilanzierungsvorschriften (HGB) nicht mehr blicken lassen. Sonst hieße es, er entzöge sich der Vergleichbarkeit. Das bedingte auch das früher unvorstellbare Offenlegen der Bezüge im Geschäftsbericht.

Bezüge des Aufsichtsrats und des Vorstands

in Millionen Euro

Aufsichtsrat	2000	2001
Aufsichtsrat total	3,6	2,1
– davon feste Bezüge	0,1	0,1
– davon variable Bezüge	3,5	1,2*

in Millionen Euro

Vorstand (11 Personen)	2000	2001
Vorstand total	21,7	17,0
– davon feste Bezüge	4,0	5,1
– davon variable Bezüge	15,1**	6,3**

* Zusätzlich entfallen 800 000 Euro auf die Gewährung von Wertsteigerungsrechten (ausgegeben unter den Bedingungen des Siemens-Aktienoptionsplans 1999)

** Plus 4,1 (2000: 2,6) auf den Marktwert der Bezugsrechte aus dem Siemens-Aktienoptionsplan 1999, plus einen Betrag von 1,5 zum sofortigen Kauf von Aktien, unter der Voraussetzung, dass jedes Vorstandmitglied innerhalb eines Zeitraums von 18 Monaten eine gleich hohe Zahl von Aktien auf eigene Rechnung erwirbt.

GRAFIK STR / QUELLE: SIEMENS/GESCHÄFTSBER. 2001

Abbildung 9

Auch die Quartalsberichte, und zwar nicht nur mit operativen Eckwerten, sondern vollständiger Bilanz- und Ertragsrechnung, werden wegen dieses Trends gang und gäbe. Sie bedeuten nicht nur sehr viel Aufwand – bei Siemens müssen jedes Vierteljahr 700 Gesellschaften konsolidiert werden –, noch etwas anderes fällt unangenehm auf: Der Blickwinkel von Börsenbeobachtern und Anlegern verengt sich immer stärker auf die Vierteljahresberichte der Unternehmen. Quartalsschätzungen der Analysten, die jeweils ein paar Tage vor der Veröffentlichung der Firma erfolgen, dann Gerüchte, die sich auf so genannte Insider abstützen und zu guter Letzt noch die offiziellen Zahlen liefern laufend Stoff für Medienberichte und Analysen, die oft heftige kurzfristige Kursausschläge bewirken können. Langfristig orientierte Manager und Anleger können Börsenmoden, wie beispielsweise dem lange Zeit kurstreibenden Potential von Fusionen und Stellenabbau, davor der horizontalen wie vertikalen Integration oder der regionalen und divisionalen Diversifizierung, nicht viel abgewinnen. Das Unternehmen laufe damit Gefahr, sich bewusst Stimmungswellen auszusetzen, um dann von der nächsten überrollt zu werden. Bei Siemens glaubt man, sich dieser Gefahr durchaus bewusst zu sein, aber sich dem Trend nicht widersetzen zu können.

Mit umso größerer Sympathie verfolgte man den Kampf von Porsche-Chef Wendelin Wiedeking. Er weigerte sich im Jahr 2001 in ganzseitigen Anzeigen, die Forderung der Deutschen Börse nach regelmäßigen Quartalsberichten zu erfüllen, und flog dafür prompt aus dem M-Dax. Quartalsberichte dienten in erster Linie dazu, die Anleger zum ständigen Kaufen und Verkaufen zu bewegen. Diese «Kasino-Mentalität» dürfe sein Unternehmen nicht unterstützen. «Als Siemens kann man sich das heute schlicht nicht leisten», sagt Posner. Für gewisse Bereiche wie die Mobiltelefonie seien Quartalszahlen sehr wohl aussagekräftig, für andere aber, das Anlagebaugeschäft etwa, weniger.

«Unfinished Business»

Der Druck der Analysten ist nach dem Höhenflug der Aktie 1999/2000 nicht kleiner geworden. Schon bald einmal übertitelten die Goldman-Sachs-Analysten einen Kommentar mit «Unfinished Business» und die Experten von J.P. Morgan, dem früheren Arbeitgeber von Finanzchef Neubürger, schlugen in die gleiche Kerbe. «By aiming to play a major role in the global automation, global telecommunication equipment and global IT service markets, Siemens is spreading itself too thin.»

Der «Frankfurter Allgemeinen Zeitung» blieb das nicht verborgen. «Siemens verliert die Gunst der Analysten», titelte sie. Der Grund dafür: Im Ausblick auf das Jahr 2000/2001 hätte der Vorstandsvorsitzende keine Gewinnzuwachsraten wie im Geschäftsjahr 1999/2000 in Aussicht gestellt. Da nützte es auch nichts, dass von Pierer konkrete, ehrgeizige Renditeziele für 2003 vorgestellt hatte.

Die Belegschaftsaktionäre reagierten in einem Flugblatt auf die «Maßlosigkeit», gegen die sich die Firmenleitung und Belegschaft gleichermaßen zur Wehr setzen müssten. «Dies zeigt einmal mehr, dass unsere Interessen nicht identisch sind mit denen der Vertreter der Banken, der großen Fonds und schon gar nicht den Analysten. Diese wollen meist nur eine kurzfristige maximale Verzinsung ihres Anlagekapitals oder verfolgen eigene Interessen. Der langfristige Bestand und die Substanz des Unternehmens und schon gar nicht die Interessen der Belegschaft spielen für sie irgendeine Rolle», heißt es in dem im Januar 2001 verteilten Flugblatt. Siemens geriet wegen des sich im Laufe des Jahres verschlechternden Geschäftsgangs in Bedrängnis. Im November musste von Pierer einen Einbruch beim operativen Gewinn von 2,8 auf 1,3 Milliarden Euro vermelden, 22.000 Stellen sollten gestrichen werden. Ausgerechnet jene Kommunikationsbereiche, die im Jahr 2000 die Gewinne sprudeln ließen, mutierten jetzt zu Sorgenkindern, während die Old-Economy-Teile wie Verkehrs- und Medizintechnik sowie das Kraftwerkgeschäft florierten.

«Siemens verliert die Gunst der Analysten.»
«Frankfurter Allgemeine Zeitung»

Lange diskutierte die Siemens-Führung darüber, ob die unruhige Weltlage nach den Terroranschlägen in den USA und der Verlangsamung des Wirtschaftswachstums nicht dazu genutzt werden sollte, um reinen Tisch zu machen und dafür einen Verlust für den Gesamtkonzern zu melden, der sich in diesen Tagen in der Öffentlichkeit hätte leicht verkaufen lassen, wie ein Insider erzählt. Doch vor allem Aufsichtsratspräsident Karl-Hermann Baumann hatte sich dagegen gestemmt. Zu gewaltig wäre der Vertrauensverlust der Anleger gewesen. Stattdessen rettete Finanzchef Heinz-Joachim Neubürger die Bilanz mithilfe von außerordentlichen Gewinnen und dem Hin- und Herschieben von Geschäften quer durch den ganzen Konzern. Am meisten schenkte der Infineon-Schachzug ein: 15 Prozent der Aktien der Halbleiter-Tochter wurden in den hauseigenen Pensionsfonds verschoben. So entstand ein Buchwert, ohne die Kassenlage zu verschlechtern.

Angesichts der jüngsten Entwicklungen zuckt Adrian Hopkinson mit den Schultern. Vor drei Jahren hätte er wahrscheinlich auch geschrieben, Siemens solle sich noch stärker auf Technologie konzentrieren, gesteht er offen ein. «Wenn Siemens das getan hätte, wäre es ein Fehler gewesen.»

Buy, cooperate, sell or close

Tihomir Krpan, der Berliner Turbinenbauer

Berlin-Spandau: Es ist beißend kalt an jenem letzten Novembertag in Siemensstadt. Die wenigen Passanten eilen mit eingezogenen Köpfen zur U-Bahnstation. Selbst das Unkraut, das die stillgelegten Bahngleise überwuchert, verkriecht sich wegen der Kälte. Tihomir Krpan bleibt wortkarg, fährt sich kurz über die gerötete Gesichtshaut. Der Kraftwerksmitarbeiter schlägt fröstelnd den Kragen seiner Monteurskluft hoch und schreitet mit schnellen Schritten Richtung Dynamowerk. Vorbei an den roten Backsteinhäusern, hinter denen so viel Geschichte steckt. «Ich bin mit diesen Gebäuden großgeworden.» Hier werden die Gasturbinen von Westinghouse gefertigt – jenem traditionsreichen US-Unternehmen, das Siemens im November 1997 für 1,5 Milliarden Dollar geschluckt hat. Die Amerikaner verlangten im Winter 2001/2002 so gierig nach diesen silbern glänzenden Maschinen, dass sie gerne mehr bezahlten, wenn sie nur früher an die guten Stücke gelangten.

Abends, wenn Scheinwerfer die Dynamohalle mit ihrem weichen Licht umschmeicheln, schält sich das strenge architektonische Gleichmaß, die geometrische Schlichtheit der Anlage heraus. Das älteste Industriegebäude in Siemensstadt ist fast auf den Tag 59 Jahre älter als Tihomir Krpan. In diesem trutzigen Zeugen Deutscher Geschichte baute Siemens ab 1906 Dynamomaschinen, Generatoren, Antriebe für Förderanlagen, Walzstraßen, Lokomotiven und Schiffe.

Im November 1933 kletterte Adolf Hitler hier auf eine Kabeltrommel. Seine Rede wurde von allen deutschen Rundfunkanstalten live übertragen. Er peitschte Arbeiter und Bevölkerung auf die bevorstehende Volksabstimmung über Deutschlands Austritt aus dem Völkerbund und die Neuwahlen zum Reichstag ein. Zehn Jahre später ließ Wilhelm Furtwängler in der Halle seine Berliner Philharmoniker mit Beethoven erklingen, um den Wehrwillen der Arbeiterschaft zu stärken. 1969 sprach der damalige US-Präsident Richard Nixon in der Dynamohalle zu 6000 Beschäftigten. Das geschah kurz bevor Tihomir Krpans Eltern ihren Sohn aus der kroatischen Heimat zu sich nach Deutschland holten. Die Mutter lötete für Siemens in Berlin bereits ab 1967 Drähte zusammen, unkundig der deutschen Sprache, fern ihrer Familie – Siemens-Vertreter hatten sie in ihrem Dorf, 80 Kilometer nordöstlich von Zagreb, angeworben.

Ihr Mann folgte ihr ein Jahr später nach, zunächst um Zirkuszelte aufzubauen und dann ebenfalls in Siemensstadt bei der damaligen Kraftwerktochter KWU (Kraftwerkunion) eine Stelle als Tischler zu finden. Geplant waren ursprünglich zwei bis fünf Jahre in Berlin, bis sie genügend Geld verdient hätten, um in Kroatien ein Haus zu bauen. Seit der «Übergangslösung» sind jetzt mehr als dreißig Jahre verstrichen – «wie bei allen, die ich kenne», sagt Krpan.

Seit bald 20 Jahren steht Tihomir Krpan auf der Lohnliste der Kraftwerksparte. Am liebsten montiert er Turbinen bei Kunden in Finnland, Dänemark, Großbritannien oder den USA. Seit er verheiratet und Vater geworden ist, sind die Stippvisiten allerdings immer rarer geworden. Stufe um Stufe ist Krpan im Betrieb höher geklettert, vom Turbinenschlosser zum Maschinenführer bis hin zum Koordinator (Vorarbeiter) und Meister. Derzeit drückt er die Schulbank, um sich auf die Meisterprüfung vorzubereiten. Diejenigen Mitarbeiter, die sich beim Arbeiten die Hände noch schmutzig machen, Turbinen montieren, Kabel herstellen oder Spulen fertigen, sind in Berlin in den letzten Jahren zahlenmäßig dünner geworden.

Anfang des zwanzigsten Jahrhunderts wurde am damaligen Stadtrand von Berlin, an den Nonnenwiesen zwischen Spandau und Charlottenburg, mit Siemensstadt eine «Elektrometropole» errichtet. Eine Stadt in der Stadt, mit Werkhallen, Verwaltungsgebäuden, Arbeiterwohnungen, S-Bahnanschluss, Kirche, Kindergärten und Freizeitklubs sowie Fabrikschloten und Uhrtürmen. Sie recken sich mächtig und stolz in den Himmel, als ob sie signalisieren wollten, dass der Besitzer noch höher hinaus wollte. Siemens hatte in der Einöde eine komplette Siedlung aus dem Boden gestampft, die in Spitzenzeiten 30.000 Mitarbeiter beschäftigte.

Tempi passati: «Wir müssen jetzt die Halle von Siemens mieten», sagt Tihomir Krpan, als eine schwere Tür per Knopfdruck zur Dynamohalle aufschwingt, «obwohl wir ja nach wie vor bei Siemens arbeiten.» Und die Kollegen, die früher den unverwechselbaren Siemens-Schriftzug auf ihren Übergewändern trugen, verdienen jetzt ihr Geld bei andern Firmen, so ging etwa das Kabelwerk an Pirelli und die Messtechnik an Textronix. Start-Ups, die Software für Mobiltelefone entwickeln, haben die Funken sprühenden Lötkolben verdrängt. Portfoliopolitik nennt sich das. Einen großen Unterschied sieht Krpan nicht. Die Kraftwerkler pflegen kaum Kontakte zu den andern und bleiben auch in der Kantine unter sich. «Das ist halt so am Anfang. Mit der Zeit lernt man sich schon kennen.» Er fragt sich höchstens, ob es nicht sinnvoll wäre, wenn sie die eine oder andere Maschine, die in einer andern Halle steht, nutzen könnten.

In der Kantine sind in den letzten Jahren immer mehr Stühle verwaist. Nicht einmal die Hälfte der übriggebliebenen 16.000 Mitarbeiter arbeiten in der Fertigung. Ein Großteil beschäftigt sich jetzt mit Forschung oder Dienstleistungen. Bereits in den siebziger Jahren hatte Siemens damit begonnen, ältere Werkbauten stillzulegen oder abzureißen. Einige waren durch die beiden Weltkriege derart zerstört oder veraltet, dass sie lediglich noch zu Lagerzwecken dienten. Andern Unternehmen ging es ähnlich. Nach dem Fall der Berliner Mauer und der Rückgewinnung des Umlandes kamen die Investoren vorerst nicht zurück. Hatte die Berliner Industrie vor 1990 etwa 400.000 Beschäftigte (vor allem auch wegen den Staatsbetrieben der DDR), so waren es 1999 nur noch 130.000.

Als Tihomir eine Lehrstelle suchte, dachte er nicht an die Industrie und noch viel weniger an Siemens. Der Konzern verwirrte ihn in seiner Größe und war ihm zu unpersönlich. Statt eine Lehre als Radio- und TV-Elektriker im kleinen Kramsladen um die Ecke zu absolvieren, wie er sich das nach einem Praktikum gewünscht hatte, schickte ihn der Besitzer aber zum Vorsprechen zu Siemens. Er fand einen Platz bei der KWU, die aus einem Zusammenschluss der Kraftwerksparten von AEG und Siemens entstanden war.

Seither ist viel geschehen: Die Firma hat ihren Namen in «Siemens Power Generation» umgetauft, und Englisch ist selbst für Schlosser fast obligatorisch geworden. Der Schichtbetrieb wich den Gruppenarbeiten, der Koordinator ersetzte die Berufsbezeichnung Vorarbeiter und die neuste Generation von Turbinen floppte, weil Mängel erst bei den Kunden entdeckt und für sehr viel Geld ausgebügelt werden mussten. Krpan schluckt noch heute, wenn er sich zurück erinnert, wie die McKinsey-Truppe damals nach getaner Arbeit ihre Zelte abbrach. Nach deren Abschiedsgruß hieß es, sie müssten jetzt schauen, wie sie die Kosten um 45 Prozent senken. Mitarbeiter wurden zwar nicht einfach auf die Straße gestellt, aber sie erhielten finanzielle Anreize, um sich auf die Suche nach einem anderen Arbeitgeber zu machen. Schließlich kaufte Siemens das Gas- und Dampfturbinengeschäft von Westinghouse auf.

Für die Berliner Mitarbeiter kam die Ankündigung wie aus heiterem Himmel. Als dann regelmäßig kolonnenweise Delegationen aus dem Westinghouse-Werk im kanadischen Hamiliton durch die Berliner Hallen geschleust wurden, rechnete die Berliner Belegschaft mit dem Schlimmsten. Erst als sich einige Kraftwerkler von Siemens in Kanada selbst davon überzeugen konnten, dass die Auftragsbücher derart voll waren, dass sogar Arbeit für Berlin abfiel, beruhigten sich die Gemüter. Eine Gruppe von vier Mitarbeitern war drei Monate lang in Kanada vor Ort damit beschäftigt, Pläne und Zeichnungen zu kopieren und genau jeden Arbeitsschritt beim Bau der Westighouse-Turbine zu verfolgen.

Tihomir Krpan überlegt lange, ob bei der Übernahme wirklich kein Haar in der Suppe existiert, schüttelt dann aber bestimmt den Kopf. Er schwärmt von den neuen Freunden, mit denen er in regelmäßigem Kontakt steht und erzählt von seiner Überraschung, dass er unter den Westinghouse-Kollegen viele Kroaten, aber auch Deutsche kennen gelernt hätte, die vor Jahren ausgewandert seien. «Kanada ist ein Schmelztigel verschiedener Kulturen, und das macht eine Fusion schon mal viel leichter, vor allem wenn sich auch der geschäftliche Erfolg einstellt.»

Integration als Knochenarbeit

Der Deal mit Westinghouse ist Ausdruck eines bei Siemens seit jeher großen Appetits auf Firmenzukäufe. Schon Karlheinz Kaske hatte sich in seiner Amtszeit sehr gefräßig gezeigt, und in der Ära von Pierer wurden bisher mehr als 17 Milliarden Euro für Firmenkäufe ausgegeben. Über 1000 Gesellschaften verleibte sich Siemens in den letzten zehn Jahren ein. Mit einem Wert von 9,5 Milliarden Euro war Mannesmann Atecs die bisher größte Akquisition und, wie sich mittlerweile zeigt, auch eine der schwierigsten Integrationen in der Geschichte des Unternehmens.

Siemens kauft nicht nur zu, das Unternehmen sucht auch Partner, verkauft Arbeitsgebiete oder bringt sie an die Börse (siehe nächstes Kapitel) – zuerst zeigte sich Siemens sehr zaghaft, vor allem wenn es um Verkäufe ging, seit 1996/97 etwas bestimmter und heute spricht der Konzern im Rahmen seiner Portfoliopolitik davon, dass sämtliche Bereiche regelmäßig auf den Prüfstand gestellt würden. Das Prinzip ist simpel: Entweder man ist die Nummer eins oder zwei im Weltmarkt, höchstens noch Nummer drei, wenn nicht, dann bekommt der jeweilige Bereich ein Problem. «Buy, cooperate, sell or close», heißt neuerdings in Anlehnung an Jack Welch das Motto.

Ungeschriebene, aber lange gepflegte Dogmen hätten mit der neuen «Portfoliopolitik» an Gültigkeit verloren, heißt es bei Siemens. Die Spielchen, die bei der Definition des relevanten, zu vergleichenden Marktes gespielt wurden, werden durch die Consultig-Stoßtrupps mittlerweile unterbunden. Der Begriff des Kerngeschäfts ist aus dem internen Sprachgebrauch gestrichen worden, damit sich bestimmte Bereiche nicht in Sicherheit wiegen können. Die Halbleiter heißen heute nicht mehr HL, sondern Infineon und sind Beweis, dass

Beispiele für Portfolio-Politik 1996 bis 2000

Zukäufe
Industrieteil der Elektrowatt (SBT)
Westinghouse (PG)
Redstore Communications (ICN)
Castle Networks (ICN)
Argon Networks (ICN)
Accelerated Networks (ICN)
Omnipoint (ICN)
Bosch Handy-Sparte (ICM)
Entex (SBS)
Efficient Networks (ICN)
Millitronics (A&D)
Moore (A&D)
Vickers Electronic (A&D)
Gasanalytik v. Elsag Bailey (A&D)
Atecs (AT, PL)
Shared Medical Systems (Med)
Motorola Vorschaltgeräte (Osram)
Infineon Optosemiconductors (Osram)
White Oak Semiconductors (Infineon)
Ardent Technologies (Infineon)
Matra (VT)

Kooperationen
Fujitsu Siemens Computers
Yasakawa Siemens Automation and Drives (Antriebs- und Automatisierungstechnik)
Voith Siemens Hydro (Wasserkraft)
Framatome (Kernkraft)
Mobisphere (NEC)
Alstom (Hochgeschwindigkeitszüge)
Siemens und Shell Solar
Siemens/Yazaki (AT Bordnetze)
Siemens und Toshiba (UMTS Handys), inzwischen gescheitert

Verkäufe
SNI-Druckergeschäft
I-Center
Verteidigungselektronik SI
Med-Dentaltechnik
Starkstromkabel
Elektromechanische Komponenten
Epcos (Passive Komponenten)
SNI-Banktechnik
Vacuumschmelze
Nachrichtenkabel
Cablecom (33%-Anteil)
Infineon

GRAFIK STR / QUELLE: SIEMENS/OPPENHEIM FINANZANALYSE

Abbildung 10

die häufig zitierte Vorstellung von Siemens als einem lebenden Organismus keine Worthülse ist. Mit so genannten Wert-Matrixen, die Siemens bei der Boston Consulting Group entlehnte und weiterentwickelte, sollen Stärken und Schwächen eines jeden Bereichs identifiziert werden. Daraus leitet sich unmittelbarer Handlungsbedarf ab.

Im strategischen Planungsprozess, der jeweils im Frühjahr einsetzt, werden die systematisch von den Bereichen erhobenen Daten zum Markt oder Innovationen in der Zentrale kritisch überprüft und aus der Perspektive des Gesamtunternehmens beurteilt. Der Zentralvorstand erhält so ein Instrument, um den Bereich beispielsweise zu zwingen, konsequenter in neue Marktsegmente zu investieren, eine Akquisition zu tätigen oder deutlich mehr in Forschung und Entwicklung zu stecken, obwohl dies auf den ersten Blick der Steigerung des GWB abträglich ist. «Wir arbeiten quasi wie die Analysten eines hauseigenen, auf die Elektro- und Elektronikbranche spezialisierten Investmenthauses. Einerseits schaffen wir Transparenz, damit der Zentralvorstand weiß, wo die Geschäfte stehen und ob Handlungsbedarf besteht. Andererseits bringen wir auch Ideen und Vorschläge ein, wie die Lücken zu schließen sind», erläutert Michael Sieglin, Leiter der Abteilung.

Externe Beobachter beurteilen diesen Planungsprozess unspektakulärer. Zwar sei die Effizienz und die Rentabilität durch die Portfoliopolitik erheblich gesteigert und die Börsengänge von Epcos und Infineon erfolgreich eingefädelt worden, doch die Schritte seien zu wenig weit gegangen. Im Falle von Atecs, aber auch Westinghouse glauben etliche Analysten Belege für eine eher opportunistische Akquisitionspolitik aufgespürt zu haben, die sich weniger auf konsequenter Planungsarbeit im jeweiligen Bereich abstützt als auf Kaufgelegenheiten. Letztlich würde damit der Beschluss, ob man den Bereich weiterführen oder verkaufen wolle, nur vertagt. Das «Manager Magazin» warf von Pierer vor, er drücke sich vor der schwierigsten Entscheidung in seiner ganzen Karriere. «Einmal tönt er: Im Konzern haben nur Geschäfte eine Chance, die zur Weltspitze zählen. Dann wieder argumentiert der altgediente Siemens-Manager: Wegen der großen Synergieeffekte ist kein Bereich verzichtbar.» Eine überzeugende Vision sei er bisher schuldig geblieben.

Siemens hingegen pocht immer wieder darauf, dass zwischen den Bereichen Synergien vorhanden seien, und versucht den Wissensaustausch etwa durch die Kommunikationsplattform Sharenet zu fördern. Der Konzern sieht sich selber auf dem Weg zum «Premium Conglomerate», das an der Börse keinen Abschlag, sondern einen Bonus für die genutzten Synergien verdient hätte.

Wenn an den Pressekonferenzen, an denen die neusten Akquisitionen gelobt und die Synergien betont wurden, jeweils die letzte Frage gestellt war, begann erst die eigentliche Knochenarbeit: die Integration. Die Bilanz von Siemens – wie auch die anderer Unternehmen – ist in dieser Hinsicht gemischt; viel Wert wurde und wird nach wie vor vernichtet. Internen Schätzungen zufolge weiß man, dass 20 Prozent aller Zukäufe Problemfälle waren, die ein Vielfaches des Kaufpreises an Wert vernichteten. Die effektive Zahl dürfte einiges höher liegen. Internationale Studien belegen, dass zwischen 50 und 85 Prozent aller Fusionen scheitern, vor allem weil die Unternehmenskulturen zu verschieden sind und es nicht gelingt, sie zusammenzuführen beziehungsweise eine neue zu schaffen.

Bei Siemens stehen der positiven Erfahrung der Integration von Westinghouse die Negativerlebnisse von Plessey, Tel Plus Communications, vor allem aber auch von Nixdorf Computer gegenüber. Die Eingliederung der legendären Paderborner Computerfirma, deren Mitarbeiter gegenüber der Konkurrenz gerne Arroganz herauskehrten und die den plötzlichen Fall zur Pleitefirma nur schwer verdauten, scheiterte bereits im Ansatz und war einer der spektakulärsten Fälle in Deutschland. Zwischen vier und fünf Milliarden Mark wurden verbrannt, und Restbestände der verhängnisvollen Affäre sind auch heute noch unsichtbare Quelle gravierender Fehlentwicklungen. Besser klappte die Integration des Industrieteils der Schweizer Elektrowatt.

Siemens Nixdorf, der größte Schuldenmacher

Mit «Synergy at work» wurde eine der ersten Kampagnen der 1990 geschaffenen Siemens Nixdorf Informationssysteme eingeläutet. Heute klingt dies wie blanker Zynismus. Mit dem Zusammenschluss der Siemens Datenverarbeitungssparte und Nixdorf Computer zu Siemens-Nixdorf-Informationssystem (SNI) wurde nicht wie beabsichtigt der erfolgreichste Computerbauer Europas geboren, sondern der größte Schuldenmacher in der Siemens-Geschichte.

Das Bild von Heinz Nixdorf, dem verstorbenen Gründer von Nixdorf Computer, steht auch heute noch auf so manchem Schreibtisch gleich neben dem Familienfoto. Zum deutschen Computer-Pionier oder Wunderkind von Paderborn, genialen Tüfler und Erfinder sowie eigenwilligen Patriarchen wurde er verklärt. Nixdorf Computer galt jahrelang als Renommierstück deutscher Tüchtigkeit. Selbst unter der Vorherrschaft großer Industrieriesen gelang es ihm, sich einen Platz in der Computerbranche zu sichern. 1952 gründete Heinz Nixdorf das «Labor für Impulstechnik», nachdem er sich als Physik- und Werkstudent bei Remington Rand abgeschaut hatte, wie man Elektronenrechner zusammenbaut. Zu dieser Zeit benutzten die deutschen Buchhalter nach wie vor mechanische Lochkartenmaschinen. Sie machte Nixdorf zu seinen Kunden. Das Unternehmen wuchs stetig und beschäftigte Ende der achtziger Jahre 25.000 Mitarbeiter. Nixdorf hatte es verstanden, eine Legende um sich aufzubauen und zu kultivieren. Einwöchige Seminare dienten dazu, Neueintretende in die Erfolgsgeschichte einzuweihen. Im «NAP» (Nixdorf Aufbau-Programm) ließ er den Mythos vom «Senkrechtstart aus dem Keller zum Imperium» zementieren: die sagenhafte Geschichte von der Karriere des Physikstudenten Heinz Nixdorf, der seinen ersten Rechner eigenhändig lötete, mit einem Mofa die Firmen abklapperte und schließlich das einzige deutsche Computerunternehmen erschaffen sollte, das selbst vor dem Branchenriesen IBM nicht in die Knie ging. Deutsche Facharbeiter, so lautete sein Lieblingscredo, seien ohne weiteres in der Lage, die weltweit besten Computer zu bauen. Die Amerikaner produzierten zu viel Ausschuss, die Japaner besäßen keine Ideen, spöttelte er gern. Das größte Feindbild von Nixdorf war aber schon immer IBM gewesen. «Es gibt eine Firma, die jede Menge Mist machen kann, und auch jeder Mist wird Weltstandard», sagte er in einem Interview.

Noch vor seinem Tod 1986 – Nixdorf erlag im Alter von 60 Jahren einem Herzinfarkt auf der Computermesse Cebit in Hannover – zeichneten sich bereits erhebliche Probleme ab. Der sture, hartnäckig um seine Eigenständigkeit ringende Paderborner Unternehmer hatte Nixdorf Computer zwar 1984 zu 20 Prozent an die Börse gebracht, aber das Management gab das Geld mit beiden Händen wieder aus. Ende 1985 war der Umsatz auf knapp vier Milliarden Mark gestiegen, bei einem Gewinn von 173 Millionen. Überall – ob in Paderborn, Berlin, Irland oder Singapur – ließ Nixdorf die Werke ausbauen, um die Fünf-Milliarden-Umsatzgrenze möglichst bald zu durchbrechen. Die Geschäftsphilosophie, den Kunden nicht nur einen Computer zu verkaufen, sondern eine komplette Lösung, hatte den Aufbau eines möglichst engmaschigen Vertriebs- und Servicenetzes notwendig gemacht. Nixdorf errang damit vor allem bei den Banken und Versicherungen einen guten Ruf. Nur: Die Nachfrage nach Computern beruhigte sich, und Geld, um neue Lösungen zu entwickeln, war keines mehr vorhanden. Lösungen bezog der Kunde zunehmend von eigens auf bestimmte Datenbanken spezialisierten Unternehmen wie Oracle. Nixdorf hatte zudem den Markt falsch eingeschätzt, was die Verbreitung von Personal Computern betrifft. Für Nixdorf waren die Mini-Computer lediglich «Spielzeug». Sein Unternehmen reagierte erst, als Nixdorf-Kunden von teilweise veralteten Rechnern aus Paderborn auf die günstigeren und leistungsfähigeren PCs der Konkurrenz umsattelten. 1988 rutschte die Computerfirma erstmals in die roten Zahlen, was die Leitung als «einmaligen Betriebsunfall» zu vertuschen versuchte. In den Büros hingegen wurde aus Spargründen selbst das Klopapier in den Schrank eingeschlossen, und Spekulationen über einen Milliardenverlust machten die Runde.

Im Oktober 1989 eröffnete Nixdorf-Chef Horst Nasko den Spitzenmanagern des Unternehmens, dass Nixdorf alleine nicht mehr überlebensfähig sei, und schickte die Hausbank, die Deutsche Bank, auf Partnersuche. Hewlett-Packard, NCR und zwei bis drei andere Firmen, die Kassensysteme herstellten, kamen dafür in Frage, Einstiegspläne hegten Mannesmann, Bosch, der japanische Computer-Multi Hitachi und der US-Gigant AT & T. Die Liste der Interessenten begann sich in jenen entscheidenden November- und Dezembertagen zusehends zu lichten, als sich Nixdorf-Chef Horst Nasko auf Anraten der Bank exklusiv mit dem Siemens-Konzernstrategen Hermann Franz zu treffen begann. Stundenlang diskutierten sie zwischen München und Paderborn. Die beiden kannten sich seit vielen Jahren – Nasko hatte im Sold von Siemens-Partnerin und -Konkurrentin AEG gestanden. Franz sträubten sich offenbar die Nackenhaare bei dem Gedanken, dass Nixdorf ins Ausland verkauft werden und Siemens dabei schlecht aussehen könnte. Der Zentralvorstand hatte zuvor bereits die eigene Datentechnik zur Disposition gestellt. Der Versuch, den Bereich durch eine Kooperation zu stärken, war gescheitert, man hatte gerade einmal eine solide Position bei den Großrechnern und ein paar Anwendungen erlangt, die sich aber im Wesentlichen auf den deutschen Markt beschränkte. Franz erhoffte sich vom Kauf von Nixdorf sehr viel. Schließlich waren die Paderborner in ihren besten Zeiten genau dort stark gewesen, wo Siemens schwach war: Sie galten als wendig und besonders schlagkräftig im Verkauf und verfügten mit ihren mittelgroßen Computern bei den kleineren und mittleren Unternehmen über 100.000 Kunden. Ausgezeichnet war ihr Ruf bei Handel, Banken und Versicherungen. Siemens hingegen, stark bei den Großrechnern, dominierte den deutschen Markt in der Industrie und bei Aufträgen der öffentlichen Hand. Auf den Punkt gebracht schien dies die perfekte Ergänzung und den Preis von über einer halben Milliarde Mark für 51 Prozent der stimmberechtigten Stammaktien wert zu sein.

Hinter den Kulissen hatte sich offenbar auch Bundeskanzler und Siemens-Freund Helmut Kohl für eine innerdeutsche Lösung stark gemacht. Kurz vor den Bundestagswahlen wollte er einen Zusammenbruch und einen Ausverkauf der deutschen Wirtschaft ins Ausland nicht zulassen und versprach im Gegenzug, die neue Computerfirma beim Aufbau der neuen Bundesländer besonders zu berücksichtigen, wie kolportiert wird. Siemens erbte aber auch einen Verlustvortrag von Nixdorf, von dem der Konzern bei seiner Steuerrechnung jahrelang profitierte.

Unter einem schlechten Stern

Wie es tatsächlich um Nixdorf stand, hatten die Nixdorf-Topmanager hervorragend vertuscht. Siemens vertraute darauf, dass die Bücher mehr oder weniger stimmten, schließlich hatte eine Wirtschaftsprüfungsfirma ihre Unterschrift unter die Rechnung gesetzt. In Tat und Wahrheit waren die Bücher gefälscht und die Situation erheblich schlimmer, als es sich die Münchner Manager in ihren kühnsten Träumen ausgemalt hatten. In Spanien etwa war ein Fertiglager mit einem Wert von 200 Millionen Mark verbucht, das gar nie existierte, ganze Ländergesellschaften schrieben statt schwarz tiefrot, weil es die Buchhalter schafften, mit einer kreativen Zeitpunktpolitik gewisse Bestände hin und her zu schieben und so doppelt zu verbuchen, wie ein Insider sagt. Die bösen Überraschungen kamen erst nach und nach ans Tageslicht. Nixdorf war schon lange Pleite.

Der Deal stand aber auch aus anderen Gründen unter einem schlechten Stern: Die Siemens-Manager glaubten in einer Naivität, dass man aus beiden Unternehmen lediglich noch ein einziges machen müsste. Die Schwierigkeiten gingen jetzt erst richtig los. Die Geschäftszahlen kippten komplett ins Negative. Im ersten Jahr mussten 781 Millionen Mark, im zweiten noch 513 Millionen und im dritten noch 419 Millionen Verlust weggesteckt werden. Erst im letzten SNI-Jahr 1997/98 wurden positive Zahlen abgeliefert.

Es waren nicht nur die stotternde Konjunktur, der verschärfte Wettbewerb und der drastische Preiszerfall, die SNI zusetzten. Der vermeintlich segensreiche Auftragsboom in den neuen Bundesländern bedingte zusätzlich riesige Anfanginvestitionen, und den Trend vom Großrechner zu Netzen von Personalcomputern hatten sowohl Nixdorf als auch Siemens verschlafen. Vor allem aber verschärften eigene Versäumnisse und Fehler die Krise der Computerfirma. Am Anfang der Liste steht der wahrscheinlich größte Kommunikationsfehler, der Siemens in seiner Geschichte je unterlaufen ist. Hermann Franz hatte im Sommer 1990 angekündigt, dass SNI nach einem Jahr eine schwarze Null schreiben werde. «Wir rechnen im operativen Geschäft bereits im nächsten vollen Geschäftsjahr, also 1990/1991, mit schwarzen Zahlen», sagte er in einem «Spiegel»-Interview. Die Aussage wurde in der Öffentlichkeit zur alleinigen Messlatte des SNI-Erfolgs und fälschlicherweise deren Chef Hans-Dieter Wiedig zugeschrieben. Wiedig geriet mit jedem Jahr, in dem SNI Verlust machte, mehr unter Druck.

Siemens tat sich aber auch mit der ungewohnten Erfahrung schwer, ein Verlustunternehmen wie Nixdorf zu integrieren. Relativ rasch stellten die Manager fest, dass der Personalbestand mit 50.000 Mitarbeitern – je 25.000 von Siemens und 25.000 von Nixdorf – entschieden zu hoch war. Überall existierten Doubletten. Es gab zwei Kommunikationschefs, zwei Messeverantwortliche, zwei Länderverantwortliche. Eine schlankere Struktur war zwar angebracht, aber man scheute davor zurück, sie umzusetzen. Kostenfresser waren vor allem die Hand voll Fabriken, welche sich SNI leistete. Von Siemens etwa stammte das vollautomatisierte Werk in Augsburg, durch das Karawanen von neugierigen Experten geschleust wurden, Nixdorf hingegen fertigte in Berlin in einem älteren Werk. Allen war klar, dass der Entscheid, die Produktion in Berlin dicht zu machen, logisch wäre. Nur: Berlin drohte zum Politikum zu werden. Nach dem Fall der Berliner Mauer waren zum einen Tausende von industriellen Arbeitsplätzen vernichtet worden, und zum andern war der Aufschrei der Nixdörfler – «jetzt machen sie unsere Renommierfabrik kaputt» – so sicher wie das Amen in der Kirche. SNI-Chef Hans Dieter Wiedig schob den Entscheid zwei Jahre vor sich her und ließ so Geld wie Sand durch seine Finger rieseln, bevor er das Werk dann doch schloss. «Wir gingen allgemein viel zu zögerlich an die Arbeit und nahmen zu viel Rücksicht», sagt ein Siemens-Manager aus heutiger Sicht. SNI baute zwar Jahr für Jahr Tausende von Stellen ab, was auf dem Paderborner Rathausplatz zu einem Auflauf der Massen führte. Das war für die gebeutelte Region eine Katastrophe. Mit mehr als 10.000 Mitarbeitern zu besten Zeiten war die Computerfirma in Ostwestfalen, das in den Strudel der Stahl- und Bergbaukrise geraten war, der größte Arbeitgeber. Eine Möbel- und eine Marmeladenfabrik bildeten den Rest an Industrie am Standort Paderborn, ausgestattet mit einer Autobahnanbindung und einem Regionalflughafen – ein Teil der erpresserischen Forderungen Heinz Nixdorfs, denen die Politik schon früh erlegen war.

Die SNI-Zentrale blieb vorderhand in Paderborn. Die wichtigsten Manager besaßen aber auch in München ein Büro, jene in Ostwestfalen benutzten sie kaum noch. Als die Kommunikationsverantwortlichen vorschlugen, die Journalisten nach München zu einer Pressekonferenz einzuladen, damit sie sich den weiten Weg sparen könnten, sahen die Paderborner den Beweis dafür erbracht, dass auch die Zentrale früher oder später nach München verlegt würde.

Die Nixdorf-Mitarbeiter fühlten sich aber auch andernorts als die Verlierer der Fusion. Der Eindruck wurde noch verstärkt, da bei Nixdorf immer wieder neue «Leichen» im Keller zum Vorschein kamen, während die Siemens

Datentechnik boomte. Mit dem neuen Speichermodul für das Betriebssystem BS 2000 verdiente sie in den Jahren 1989 bis 1991 900 Millionen Mark. Diese Entwicklung verstärkte den Corpsgeist bei den Nixdorf-Mitarbeitern, der sich vor allem auch aus dem Mythos des Gründers und den gemeinsamen Feindbildern speiste. Nach IBM folgte Siemens gleich an zweiter Stelle. Sie betrachteten deshalb die Münchner nicht als die Retter ihrer maroden Firma, sondern als alte Feinde, welche die Gelegenheit nutzten, sie platt zu machen und zu demütigen. Den Siemensianern hingegen waren solche Feindbilder fremd. Wenn sie der Ansicht waren, dass es sinnvoll war, eine Partnerschaft abzuschließen, dann taten sie das, auch wenn der Partner IBM hieß und man sich in anderen Bereichen konkurrenzierte.

Unterschiede gab es auch beim Geschäftsverständnis. War ein Siemensianer in der Situation zu entscheiden, ob er ein Problem rasch oder gut lösen soll, sprach er sich immer für die Qualität aus. «Wenn das bedeutete, dass alles länger dauert, versuchte er, die Sache hinauszuzögern», sagt ein Siemens-Manager. Der Nixdorf-Mann hingegen begeisterte sich für die Geschwindigkeit, auch wenn darunter die Qualität litt. Das lag auch an den unterschiedlichen Kundensegmenten, welche die Unternehmen bedienten. Nixdorf fischte im Teich der Klein- und mittleren Unternehmen, Siemens lieferte an die Großen wie Allianz oder Deutsche Bank in riesigen Stückzahlen. Die Nixdorf-Leute stiegen sehr rasch – «manchmal allzu rasch», wie ein ehemaliger Manager selbstkritisch eingesteht – in Projekte ein. Bei Siemens hingegen wurden die Verkaufsleute mittels Vier-Augen-Prinzip an einer kurzen Leine geführt. Sämtliche größeren Projekte wurden zentral beurteilt, bevor das Okay gegeben wurde. Die Nixdorf-Leute waren es gewohnt, selber zu entscheiden. Jetzt mussten sie brav in München die Erlaubnis einholen, was sie nur als Misstrauensvotum auffassen konnten. Als besonders schwierig erwies sich, dass verschiedene Mitarbeiter vom einen zum andern Unternehmen gewechselt hatten, weil ihnen entweder Siemens zu lahm oder Nixdorf zu aggressiv war. Die zwei ersten Jahre nach dem Zusammenschluss verliefen turbulent, dann beschränkten sich die Zusammenstöße auf das mittlere Management. Die Heißsporne unter den Nixdorfern hatten das Unternehmen verlassen, die andern realisierten, dass man mehr verdienen und die Siemens-Visitenkarten Türen öffnen konnten, die vorher verschlossen waren.

Dafür waren die technischen Schwierigkeiten lange Zeit unterschätzt worden. SNI verfügte über zwei proprietäre Betriebssysteme, eines von Siemens und eines von Nixdorf, die auf dem Markt sehr gut eingeführt waren. Statt sich für das eine oder andere zu entscheiden, trieb man die Entwicklung beider Systeme konsequent weiter. Für die Siemens-Manager war es schlicht unvorstellbar, frühere Kunden im Stich zu lassen, auch wenn das Unsummen von Geld verschlang. Weiter geriet die Integration des Finanz- und Rechnungswesens von SNI zum Fiasko. Rechnungen in Millionenhöhe konnten nicht rechtzeitig verschickt und mussten von Hand geschrieben werden.

Die «Roadmap zum Erfolg»

Siemens-Chef Heinrich von Pierer wartete zu; Spekulationen über eine baldige Absetzung des Verantwortlichen Wiedig begegnete er mit stoischer Gelassenheit. Es war schließlich Hermann Franz, der sich an den quirligen Deutschen Gerhard Schulmeyer erinnerte, den er Anfang der achtziger Jahre bei dem US-Technologiekonzern ABB kennen gelernt hatte. Dort schlug sich Schulmeyer mittlerweile mit Kraftwerken, Filteranlagen und Boilern herum und wurde nicht so richtig glücklich. Der Ruf aus dem Hause Siemens kam gerade richtig. Der unbelastete Außenseiter, Deutscher zwar, aber aus dem fernen Amerika, sollte das Haus in Ordnung bringen.

Schulmeyer wollte nicht einfach rationalisieren, er wollte SNI in amerikanischer Manier eine Vision verpassen und die Mitarbeiter wieder in Gewinnerlaune bringen. Um sie zu mobilisieren, ließ er sich am Massachusetts Institute of Technology (MIT) in Boston ein «Cultur Change»-Programm schustern. Bewährtes Verhalten sollte im Rahmen einer «Roadmap zum Erfolg» auf Bedenklichkeiten abgeklopft, die Strukturen analysiert und eine Vision geschaffen werden, welche die Richtung vorgab. Mit den Schlüsselbegriffen Kundenfreundlichkeit, höhere Eigenverantwortung und Identifikation mit dem Unternehmen glaubte er SNI und die Verlustzahlen in den Griff zu bekommen. «Er hat ein zum damaligen Zeitpunkt bereits nahezu erledigtes Thema wieder aus der Mottenkiste geholt, um es vor seine Zielsetzung zu spannen», sagt ein Manager aus dem engeren Führungskreis.

Um den «Culture Change» auf allen Ebenen durchzusetzen, pickte Schulmeyer eine kleine Gruppe von jungen Leuten heraus, alles Hochschulabgänger und keiner über 30, die für ein ganzes Jahr freigestellt und zu «Change Agents» ausgebildet wurden. Dann ließ er ein großes Mitarbeitertreffen am Flughafen von Hannover organisieren: 300 Mitarbeiter aus der Firma, nach dem Zufallsprinzip ausgelesen, 75 Manager und 25 «Change Agents» diskutierten über verschiedene Themen und bildeten «Action Teams», welche die Ideen nach dem Motto «we make it happen» in ihre Abteilungen tragen sollten. Nach dem Schneeballprinzip wurden immer neue Mitarbeiter ins «Culture Change»-Programm einbezogen. An den so genannten Friday-Foren mussten sich die Führungskräfte alle zwei Wochen ihren Mitarbeitern und deren Fragen, Kritik und Verbesserungsvorschlägen stellen. In einer zweiten Phase sollte kontrolliert werden, ob die Ideen auch umgesetzt wurden, um sich in einer dritten um weitere Produktivitätssteigerungen und Prozessverbesserungen zu kümmern. Der Erfolg schien sich, gemessen an den oberflächlich gesehen positiver ausfallenden Zahlen, auch einzustellen.

Die Begeisterung war groß, aber auch die Kritik: Interne Umfragen belegten, dass sich nicht nur die Stimmung unter den Mitarbeitern markant verbesserte, sondern sich auch die Kunden vom neuen Elan anstecken ließen. Bei ehemaligen Nixdorf-Mitarbeitern kam die «Roadmap zum Erfolg» besonders gut an. «Wir waren überzeugt, auf dem Weg zu sein, wieder Gewinner zu werden», sagt ein Nixdorf-Manager. Siemens-Mitarbeiter hingegen begegneten den amerikanischen Methoden mit Zurückhaltung, Schulmeyers Sprüche wie «Wir wollen Platzhirsch in Europa werden» eckten an. Es war zu offensichtlich, dass das Programm auch dazu diente, unter dem Deckmantel des «Culture Change»

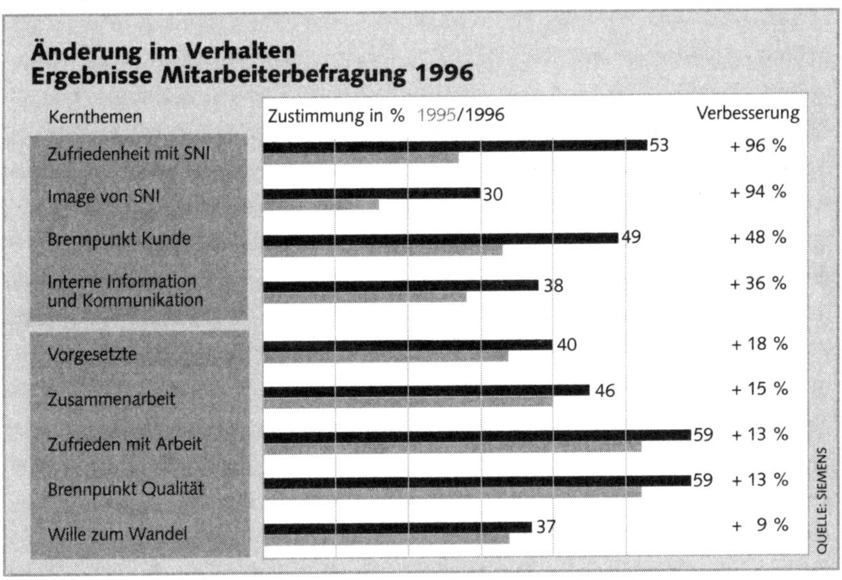

Abbildung 11

einige der älteren, teuren Mitarbeiter loszuwerden. In den «Hannoververanstaltungen» etwa mussten die «Change Agents» ihre Ideen den Managern, die über Budgetverantwortung verfügten, verkaufen. Aber nicht die Führungskräfte entschieden, welches Projekt sie unterstützen wollten, vielmehr suchten sich die Nachwuchskräfte ihre Paten aus. Der Effekt war derselbe wie bei Tanzveranstaltungen.

«Da ist sehr viel menschliches Kapital auf den Müll geworfen worden.»

Angsterfüllt brachen manche der 450 Führungskräfte nach Boston auf, wo sie ein fünfwöchiges Managementseminar absolvieren sollten. Die Wahl war dabei auch auf Manager gefallen, die noch nie an einer Universität Bücher gewälzt hatten, geschweige sich dieser Art Prüfungen gestellt hatten. «Da ist sehr viel menschliches Kapital auf den Müll geworfen worden», sagt ein Manager. Zwischen 1994 und 1997 wurden 12.000 Mitarbeiter entlassen, 8000 neu eingestellt.

Schulmeyer stellte sich in der Öffentlichkeit gern als charismatischer Visionär dar, intern verlor «Napoleon», wie er genannt wurde, an Akzeptanz, wie übereinstimmende Aussagen belegen. Zum einen überrannte er in amerikanischer Manier mit ungeheurem Tempo den Siemens-Vorstand, indem er ihn mit immer neuen Vorschlägen für Akquisitionen und Ideen bombardierte. Als der Vorstand nachfragen wollte, hatte Schulmeyer bereits seine Unterschrift darunter gesetzt. Das ging zwei bis drei Mal gut, doch dann scheiterte der erste vermeintliche «Super-Deal».

Zum andern haperte es bei den Bereichsleitern mit der Umsetzung des Gelernten. Sie stritten sich lieber mit Kollegen um ihre Pfründe. Konflikten zwischen den verschiedenen Abteilungen begegnete die Unternehmensleitung mit einem simplen «hammer it out», einmischen wollte sie sich nicht. Dann begann auch noch die Front der größten Schulmeyer-Fans zu bröckeln, jene der «High Potentials». Sie stellten fest, dass sie nicht gar so schnell die Karriereleiter erklimmen konnten, wie sie sich das vorgestellt hatten. Einige von ihnen wurden sogar zur Türe hinausgebeten, andere blieben frustriert in den Niederungen des mittleren Managements stecken. «Es hat viel Geld gekostet. Aber im Endeffekt hat es nichts gebracht», sagt ein Siemens-Manager. Die Zahlen wechselten zwar von rot auf schwarz, aber selbst die relativ bescheidenen 100 Millionen Gewinn bei 13 Milliarden Umsatz sind nur deshalb zustande gekommen, weil die Mutter der Tochter Kredite zu einem unverschämt tiefen Zinssatz gewährt hatte.

Fazit des ganzen Experiments war, dass SNI wieder in die Siemens AG zurückintegriert und schließlich zerstückelt wurde. Von Pierer versuchte die

Mitarbeitersorgen noch damit zu zerstreuen, indem er regelmäßig öffentlich betonte, dass das Computergeschäft zu den Kernbereichen von Siemens gehöre. Schließlich sickerte durch, dass man begonnen hatte, für das PC-Geschäft einen Partner zu suchen, der dabei behilflich sein sollte, größere Stückzahlen herzustellen. Einen Tag nachdem Siemens im April 1998 die bislang besten Zahlen für SNI veröffentlicht hatte, gab der Konzern schließlich die Zerschlagung seiner einst so hoffnungsvollen Tochter bekannt.

Die moderne PC-Fabik in Augsburg sollte an den taiwanesischen Konkurrenten Acer gehen. Vorgesehen war, dass Acer PC nach Siemens-Spezifikationen fertigt – der Zusatz Nixdorf war bereits getilgt worden – und damit 2000 Arbeitsplätze garantiert. Die Tinte auf dem Vertrag war noch frisch, als Acer einen Rückzieher machte, weil er den Deal nicht mehr finanzieren konnte. SNI-intern hat Siemens damit viel Spott geerntet. «Die waren froh, dass sie endlich jemanden gefunden hatten und haben deshalb ihre Hausaufgaben nicht gemacht.»

Die Zerschlagung von SNI mündete in eine Auslegeordnung der restlichen Geschäfte. Das Hochleistungsdruckergeschäft war bereits verkauft worden, die Kassen- und Geldausgabesysteme, die als Spezialanwendung betrachtet wurden, flogen raus, dafür wollte man die IT-Dienstleistungen verstärken. Zum 1. Oktober 1998 legte Siemens die Netzwerkbereiche ÖN (öffentliche Netze) und PN (private Netze) mit der Not leidenden SNI zusammen. Hintergrund für die «Neuaufstellung» war der absehbare Trend, dass Informations- und Kommunikationstechnologien immer mehr verschmelzen würden. Das neue Arbeitsgebiet Information und Kommunikation wurde in die Sparten Netze, Produkte sowie den IT-Dienstleister Siemens Business Services (SBS) aufgeteilt – eine von Vorstandsmitglied Volker Jung geschusterte Lösung, die sich nicht als sehr glücklich erwies.

«Die Zusammenlegung war einer der katastrophalsten Fehler der letzten Jahre.»

Netze-Chef Roland Koch etwa war zugleich für öffentliche Netzbetreiber und private Firmenkunden verantwortlich. Nicht nur die Kunden und ihre Bedürfnisse, sondern auch das Tempo unterscheidet sich in diesen beiden Bereichen markant. «Die Zusammenlegung war einer der katastrophalsten Fehler der letzten Jahre», sagt ein Siemens-Manager.

Ex-SNI-Manager Lamprecht, der die Produkte übernahm, sollte Hardware vom Großrechner bis zum Mobiltelefon verkaufen. Im Sommer 1999 fand man dann mit Fujitsu doch noch einen Partner fürs Computergeschäft, sodass Lamprecht diesen Bereich los wurde. SBS-Lenker Friedrich Fröschl stand vor der schwierigen Aufgabe, die vorhandenen Siemens- und Nixdorf-Netze zusammenzuführen. Die anvisierte Verstärkung durch den Kauf des IT-Dienstleisters und DaimlerChrysler-Tochter Debis vereitelte die Deutsche Telekom, die bereit war, für die Mehrheit fast 12 Milliarden Mark zu bezahlen.

Im Krisenjahr der IT-Industrie 2001 zeigte sich, dass die Zusammenlegung der Netzwerkbereiche trotz Rekordergebnis im Vorjahr nicht gut gehen konnte. Neben den konjunkturellen Schwierigkeiten machten dem größten Umsatzträger des Konzerns auch die strukturellen zu schaffen. Im Herbst 2001 ließ der für die Neuorganisation von 1998 verantwortliche Zentralvorstand prüfen, ob eine Trennung der beiden Bereiche und stattdessen die Zusammenlegung der privaten Netze mit SBS nicht doch sinnvoller wäre. Paul Stodden wurde nach erfolgreicher Sanierungsarbeit bei Fujitsu-Siemens wieder abgezogen, um den Bereich SBS neu auszurichten.

Elektrowatt, ein Schnäppchen

Eine etwas glücklichere Hand bewies Siemens bei der Übernahme des Industrieteils der Schweizer Elektrowatt. Der 23. Dezember 1996, 17 Uhr 30, war einer der Zeitpunkte, von dem Journalistinnen und Journalisten noch jahrelang sprechen sollten. In den Redaktionen traf ein Fax ein. Die meisten waren bereits beim zweiten Glas Weißwein, als bekannt wurde, dass Siemens den Industrieteil der Schweizer Elektrowatt übernehmen wird. Ein Raunen ging durch die Schweizer Büros, plötzlich liefen die Telefone heiß. Da wurde nicht irgendeine Firma nach Deutschland verkauft, sondern zwei Schweizer Traditionsfirmen. Nur gerade ein Jahr war es her, seit die 100 Jahre alte Elektrowatt die ebenso alte Zuger Landis & Gyr geschluckt hattet. In einer noch nie da gewesenen Rekordzeit wurde eine der letzten Bastionen der Schweizer Industrie an einen ausländischen Konzern verkauft.

Die Vorläuferin der Elektrowatt, die Elektrobank, war 1895 von AEG-Gründer Emil Rathenau ins Leben gerufen worden, um Großinvestitionen zu finanzieren (siehe «Ein Weltunternehmen à la Fugger»). Auch Brown, Boveri & Cie. (heute ABB) folgte mit der «Motor» Aktiengesellschaft für angewandte Elektrizität (heute Motor-Columbus) dem Beispiel der AEG. Mitte der siebziger

Jahre begann sich die Elektrowatt, die nach dem Zweiten Weltkrieg wahllos kleinere Industrieunternehmen übernommen hatte, neben dem Energiegeschäft im Großen und Ganzen auf das Gebiet der angewandten Elektrotechnik zu beschränken. Das Unternehmen fabrizierte schon damals Komponenten, Regelgeräte und Steuerungen für die Heizungs-, Lüftungs- und Klimabranche. Seit 1988 war die Industriesparte der umsatzstärkste Bereich der Elektrowatt; ertragsmäßig hinkte sie aber immer noch der Energiesparte hinterher.

Elektrowatt-Chef Oskar Ronner, heutiger Bereichsvorstand von Siemens Building Technologies, setzte schließlich ab 1993 in aller Stille alles auf die Karte Industrie, weil das Stromgeschäft ihm zu klein und zu zersplittert schien, um in einem liberalisierten Markt bestehen zu können. Zwei Jahre später bot sich die Gelegenheit, einen ersten großen Schritt in diese Richtung zu wagen: Der bekannte Financier Stephan Schmidheiny wollte aus dem traditionsreichen Zuger Industriekonzern Landis & Gyr aussteigen. Sein Engagement als «Industriearchitekt», als den er sich gern feiern ließ, hatte in unzählige Restrukturierungen gemündet. Der Umsatz pro Mitarbeiter konnte dadurch zwar um ein Drittel gesteigert werden, aber die Aufsehen erregenden Innovationen wie Kineagramm und Hologramm auf den Banknoten, Payphones mit Paycards, elektronische Stromzähler und die integrierte Gebäudeleittechnik datierten alle aus vor seiner Zeit. Stattdessen vernichtete er rund 2000 Arbeitsplätze. Zu allem Überdruss stand ihm auch noch der größte Pensionskassenskandal der Schweizer Geschichte ins Haus: Wegen gewagter Finanzspielereien und miserabler Kontrolle klaffte ein Loch von 170 Millionen Franken in der Altersvorsorge der Mitarbeiter. Die Kaufavancen von Ronner fielen bei Schmidheiny entsprechend auf fruchtbaren Boden.

Zehn Jahre zuvor hatte der damalige Landis & Gyr-Chef und Vertreter der Familienaktionäre, Andreas C. Brunner, ein solches Szenario noch kategorisch ausgeschlossen. «Ich verkaufe die Landis & Gyr sicher nie an eine Bank», soll er einem engeren Kreis anvertraut haben. Das befürchtete Hüst und Hott der Banken bewahrheitete sich nur allzu rasch. Nach einem Jahr bot die Mehrheitsaktionärin der Elektrowatt, die Credit Suisse (CS), den Industrieteil der Elektrowatt bereits zum Verkauf an. Die Pläne des Elektrowatt-Managements, einen gebäudetechnischen Industriekomplex zu bilden, der alleine – allenfalls unter einem andern Namen als Elektrowatt – an der Börse bestehen könnte, wurde durch den Verkaufsentscheid der CS jäh durchkreuzt. «Das Management ist kalt erwischt worden und hatte keine Ahnung», sagt ein Insider.

Nutznießer war Siemens. «Die Münchner haben ein Schnäppchen gemacht», urteilt ein früherer Elektrowatt-Manager. Das zeigt eine simple Rechnung: Knapp 2,5 Milliarden Franken löste die Eigentümerin, die CS Holding, für den gesamten Industrieteil. Die Elektrowatt hatte ein Jahr zuvor für die Zuger Landis & Gyr 1,8 Milliarden Franken gezahlt, und zwischenzeitlich hatte Elektrowatt durch den Verkauf von Beteiligungen zusätzliche 700 Millionen Franken eingenommen. Das macht unter dem Strich bereits 2,5 Milliarden Franken. Die übrigen Gesellschaften – Cerberus, Staefa Control, Göhner Merkur und der 22-Prozent-Anteil an Siemens Schweiz – bekam Siemens also geschenkt. Allein ihr Wert wurde damals auf über eine Milliarde Franken geschätzt. «Hätten wir damals mehr Zeit gehabt, hätten wir bestimmt mehr für den Industrieteil bekommen», ist der Insider überzeugt.

«Der Elektrowatt-Deal ist das schönste Beispiel dafür, dass wir allen Unkenrufen zum Trotz sehr wohl in der Lage sind, rasch zu entscheiden.»

Eberhard Posner

Dabei war Siemens ein von den Elektrowatt-Managern nicht sonderlich gern gesehener Kandidat. Besonders die Landis & Gyr-Mitarbeiter fürchteten Doppelspurigkeiten zwischen Siemens und Elektrowatt. Spekulationen über erneute Rationalisierungen machten die Runde. Entsprechend spät wurde dem Münchner Konzern angezeigt, dass der Industrieteil der Elektrowatt zum Verkauf steht. Die Elektrowatt sollte zunächst als Ganzes veräußert werden, Ende November aber machte die Credit Suisse die Teilung der Gruppe publik.

«Der Elektrowatt-Deal ist das schönste Beispiel dafür, dass wir allen Unkenrufen zum Trotz sehr wohl in der Lage sind, rasch zu entscheiden», sagt Kommunikationschef Eberhard Posner. Erst Mitte Dezember habe die Zentrale in München gemäß Posner Wind davon bekommen, dass die CS sofort verkaufen wolle. In Zürich zumindest dürfte die Nachricht schon früher durchgesickert sein; schließlich saß der frühere Elektrowatt-Chef und damalige Verwaltungsratspräsident Adolf Gugler im Verwaltungsrat von Siemens Schweiz, und speziell übers Militär bestanden verschiedene Berührungspunkte.

Innerhalb einer Woche ging der Deal über die Bühne. Während zwei bis drei Tagen wurde die Konstellation geprüft, die juristischen Fragen abgeklärt und die Finanzierung sichergestellt. Übers Wochenende traf sich der Zentralvorstand zu einer außerordentlichen Sitzung, und am Montag setzte Siemens-Chef von Pierer seine Unterschrift unter den 2,5-Milliarden-Franken-Kaufvertrag. Über Nacht stieß Siemens damit in der Gebäudeleittechnik auf den dritten Rang weltweit vor; in Europa hatte der Münchner Konzern die Nase klar vorn. Das Geschäft war bisher auf Deutschland beschränkt gewesen, und selbst dort hatte es bisher lediglich für den vierten oder fünften Platz gereicht. Dank des Elektrowatt-Deals schaffte Siemens so nicht nur den Sprung in die USA, Landis & Staefa profitierte umgekehrt in Asien vom engmaschigen Vertriebsnetz der Deutschen. «Einmalig», so heißt es bei SBT, sei die Kombination mit Cerberus.

Die Profiteure des Bankenstreits

Siemens profitierte in mehrerlei Hinsicht vom Elektrowatt-Deal: Erstens kam ihm der Umstand zugute, dass die Credit Suisse Kasse machen musste, um die Bilanz per Ende Jahr aufzupolieren. Anfang 1996 hatte Rainer E. Gut noch keinen unmittelbaren Handlungsbedarf gesehen. Der Bankchef sagte zwar schon damals an der Bilanzpressekonferenz, dass die Elektrowatt-Beteiligung von knapp unter 50 Prozent keine strategische Bedeutung habe und sie bei Gelegenheit abgestoßen werden sollte. Doch es eilte vorerst nicht. Bereits im Sommer änderte sich die Tonalität. Die CS brauchte Geld, um die anstehenden Restrukturierungskosten von zwei Milliarden Franken zu decken und wollte die Beteiligung innerhalb der nächsten zwei Jahre veräußern. Doch der Zeitrahmen verkürzte sich in den nächsten Monaten dramatisch. Die Bank hatte zum einen die Übernahme der Schweizerischen Volksbank und der Neuen Aargauer Bank nicht verdaut, die Credit Suisse sah sich zum andern auch enormen Problemen im Kreditmanagement gegenüber. Sie war damit in guter Gesellschaft. Die damals drei großen Schweizer Banken, SBG, Bankverein und CS, hatten seit 1991 gut und gern je 10 Milliarden Franken im Kreditgeschäft verbraten und damit im großen Stil Eigenkapital vernichtet. Entsprechend riesig war der Abschreibungsbedarf. Als nach den beiden andern Großbanken auch die Credit Suisse am 21. Dezember nachzog, war niemand mehr überrascht: Erstaunlich war nur die Radikalität, mit der sie rekordhohe 3,9 Milliarden Franken zurückstellte; hinzu kamen Restrukturierungskosten von einer Milliarde Franken. Deshalb musste der Verkauf des Industrieteils der Elektrowatt noch vor Ende des Jahres über die Bühne, damit die per 31. Dezember 1996 abzuschließende Jahresrechnung nicht ganz und gar zu einem Debakel werden würde.

Dieser Zeitdruck nützte Siemens. Ernsthafte Interessenten beendeten das Auktionsverfahren, ohne jemals ein Angebot abgegeben zu haben. Für Firmen wie ABB, Honeywell oder Johnson Control war die Zeit zu knapp, um etwa kartellrechtliche Fragen zu klären. Siemens hingegen kannte das zum Verkauf stehende Objekt sehr gut, schließlich war der deutsche Konzern 40 Jahre lang Generalvertreter der Cerberus-Brandmeldeanlagen gewesen. Außerdem besaß die Elektrowatt noch 22 Prozent an der Siemens Schweiz, und auch die Finanzierung war mühelos in kürzester Zeit zu bewerkstelligen, da Siemens in jenem Winter 1996 mit 8 Milliarden Mark über genügend Mittel verfügte. In den entscheidenden Verhandlungen stach Siemens schließlich Preussag aus.

Der Elektrowatt-Deal ist aber auch Ausdruck des Streits zwischen den beiden obersten Bankenchefs, Rainer E. Gut und Nikolaus Senn. Seit jenem Telefonat vor Ostern 1996, als Gut die Fusion der beiden größten Schweizer Banken vorschlug, herrschte frostiges Schweigen. Diese Konstellation verhinderte den von verschiedenen Seiten anvisierten Schulterschluss in der Schweizer Stromwirtschaft. Die Stromer der Elektrowatt, dessen Energieteil (Watt) praktisch gleichzeitig wie der Industrieteil verkauft wurde, favorisierten Motor-Columbus, an der die SBG maßgeblich beteiligt war. Die Manager dieser Gesellschaft wiederum liebäugelten mit der Watt. «Die beiden Stromgeschäfte hätten wunderbar zusammengepasst», sagt ein damaliger Stromer. Entstanden wäre nicht nur einer der größten Stromhändler Europas, sondern ein eigentliches Schweizer Monopol unter Atel- beziehungsweise Motor-Columbus-Führung. Mit dem Verkauf der Watt an ein Konsortium, bestehend aus Bayernwerk, Energie Baden-Würtenberg und den Nordostschweizerischen Kraftwerken, standen sich stattdessen zwei Blöcke mit in- und ausländischen Aktionären gegenüber, welche die Schweizer Stromwirtschaft in den letzten Jahren prägten und deren Auseinandersetzungen so manche kreative Energie banden.

Cerberus – der dreiköpfige Höllenhund macht Probleme

So rasch wie Siemens seine Unterschrift unter den Kaufvertrag gesetzt hatte, so lang dauerte es, bis er das Regiment übernehmen konnte. Erst knapp zwei Jahre nach Bekanntgabe des Deals, am 1. Oktober 1998, nahm Siemens Building Technologies (SBT) seine Tätigkeit auf. Die Abwicklung barg vor allem steuerliche Knacknüsse, bedingt durch die Aufspaltung der Elektrowatt. Ein subalterner Mitarbeiter der Münchner Steuerabteilung fand schließlich den Dreh. In Zürich war nicht nur der Sitz von Siemens Schweiz beheimatet, sondern auch jener der 1921 gegründeten Siemens Beteiligungen AG (Siebag). In ihr fasste Siemens fortan verschiedenste Auslandbeteiligungen zusammen, um sie vor dem Zugriff anderer zu schützen. Der Mutterkonzern in Deutschland fühlte sich wohl beim Gedanken, die Auslandbeteiligungen im sicheren Hafen der Schweiz zu wähnen, und auch die Steuerbedingungen waren äußerst günstig. Das Portfeuille wurde sukzessive erweitert: Zu den Beteiligungen in Argentinien kamen diejenigen aus Europa, von Lissabon bis Athen, anfang der siebziger Jahre jene von Teheran bis Tokio und schließlich von Sao Paolo bis Johannesburg hinzu. Die Zürcher Gesellschaft hatte einerseits den Zweck, die Beteiligungen zu verwalten, andererseits auch bei der Finanzierung von Kraftwerkbauten und Leasinggeschäften mitzuhelfen. Die Siebag war lange die außerdeutsche Finanzdrehscheibe des Konzerns, mit den Schweizer Banken als wichtigsten Geldgebern. Der Verwaltungsrat der Siebag präsentierte sich denn auch wie das Who is Who der Schweizer Finanzszene, und auch die früheren Siemens-Vorstandsvorsitzenden und ihre Kaufmänner – von Tacke bis Kaske und von Närger bis Baumann – hatten Einsitz. Dieses Beziehungsnetz ist auch der Grund, weshalb das erste ausländische Mitglied des Siemens-Aufsichtsrates, Nikolaus Senn, ausgerechnet ein Schweizer Banker war. Ende der achtziger Jahre wies die Siebag ein Aktienkapital von 722,5 Millionen Franken aus.

Doch dann lief ihre Zeit ab. Die Finanzabteilung begann nach der Gründung der «Siemens-Bank», der Kapitalanlagengesellschaft, das Geschäft zu zentralisieren. Der Elektrowatt-Deal kam wie gerufen, um den «alten Zopf» abzuschneiden, der auch steuerlich keinen Sinn mehr machte. Die Siemens AG besaß nach diesem Geschäft viele Elektrowatt-Aktien, und die Siebag ihrerseits verfügte über eine Reihe von Beteiligungen, die der Mutterkonzern mit so wenig steuerlichen Belastungen verbunden wie möglich längst einverleiben wollte. Die verbliebenen Werte der Siebag wurden schließlich der Siemens AG übertragen und die Elektrowatt-Titel wechselten ins Portefeuille der Siebag, die noch immer die Beteiligung an der Siemens Schweiz enthielt. Die Siebag bildet heute den formalen Mantel von Siemens Building Technologies, die als einziger Siemensbereich als Aktiengesellschaft organisiert ist.

Durch die Übernahme von Siemens entstanden aber auch Integrationsprobleme. Das größte rührte aus dem früheren Entscheid der Elektrowatt, Landis & Gyr zu erwerben. Mit Landis & Gyr und Staefa Control verfügte die Elektrowatt nun über zwei erbittert konkurrierende Unternehmen. In einem ersten Schritt waren die beiden verfeindeten Firmen zu Landis & Staefa zusammengelegt worden. Ein erheblicher Stellenabbau war die Folge, wobei das

Management der ersten und zweiten Reihe fast ausschließlich mit Staefa-Leuten besetzt wurde. Dies sorgte für böses Blut, weil Landis & Gyr mit einem Umsatz von 1,5 Milliarden Franken zu dieser Zeit drei Mal größer als Staefa war. In den Landesorganisationen aber blieben die Landis & Gyr-Leute am Drücker, weil sie als die globaler denkenden Manager galten. Die Staefa-Leute hingegen, in der Mehrzahl ETH-Ingenieure und stark schweizorientiert, waren knallharte Rechner. Das Aufeinanderprallen der beiden Kulturen schuf eine Vielzahl von Konflikten, die das Unternehmen während mehr als zwei Jahren belasteten.

Noch zu Elektrowatt-Zeiten war man diese Probleme mit der Bildung von Teams angegangen, mit dem Ziel, eine neue Kultur zu etablieren. Die Mitarbeiter sollten sich künftig stärker daran ausrichten, effizient Komponenten herzustellen und zu verkaufen sowie das Engineering größerer Anlagen auszurichten. Das bedeutete beispielsweise, dass frühere Bemühungen von Landis & Gyr und das persönliche Steckenpferd Schmidheinys, Ökoeffizienz auch im politischen und gesellschaftlichen Leben zum Thema zu machen, fallen gelassen wurden. Dafür wurde im Vertrieb und Sales-Bereich die weniger reglementierte Kultur von Landis & Gyr weiter gepflegt. Entscheidend aber waren gemäß dem damaligen Landis & Gyr- und heutigen SBT-Pressesprecher Urs Boller zwei Dinge: Zum einen stopfte der neue Hausherr das Loch in der Pensionskasse und heimste dafür viel Goodwill ein. Zum andern blieb das Unternehmen auch nach der Fusion erfolgreich.

Als nach einem Jahr bereits ein neuer Eigentümer einzog, ging dieser sachte und behutsam vor, beließ vieles erstmals beim Alten. Erst im Sommer 2001, drei Jahre nach dem Vollzug der Übernahme, platzierten die Münchner mit Hubert Ovenhausen einen der ihrigen im Bereichsvorstand. Einige Entscheidungen duldeten aber keinen Aufschub: Der Sitz wurde in der Schweiz belassen, was ein absolutes Novum innerhalb des Konzerns darstellte. Dies hat mehrere Gründe: Von Pierer und seine Crew erkannten, dass die Kompetenz für dieses Geschäft nicht in Deutschland lag, sondern in der Schweiz, besonders in Zug und Männedorf. SBT ist der klasssische Fall eines Reversed Takeovers: der Gebäudetechnikteil, den Siemens einbrachte, war nicht nur wesentlich kleiner als derjenige der Elektrowatt, er war auch auf Deutschland und das Projektmanagement beschränkt, während die Elektrowatt einen Großteil ihres Umsatzes außerhalb der Schweiz machte und im Konzern englisch gesprochen wurde. Zudem war die Industriesparte der Elektrowatt deutlich rentabler als das deutsche Projektmanagement.

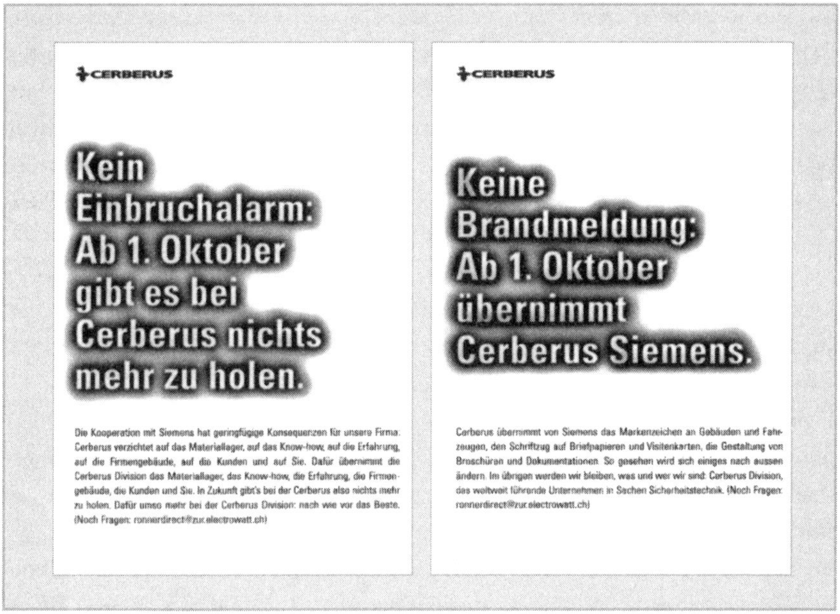

Abbildung 12: **Mitarbeiter-Kampagne zum Start von SBT**

Schließlich tastete man auch die frühere Organisationsstruktur nicht an, sondern beließ die vertikale Struktur. Ansonsten ist es üblich, sofort alle Siemens-Aktivitäten nicht nur einem Bereich, sondern auch der jeweiligen Ländergesellschaft (Matrix) zuzuordnen. Das bedeutet, dass der Umsatz, den SBT etwa in Belgien erzielt, nicht in die Kasse der Ländergesellschaft fließt, sondern dass SBT überall ihre eigenen Gesellschaften gegründet hat. Das führte zwar zu Konflikten mit den entsprechenden Länderverantwortlichen. Auf Seiten der alten Elektrowatt-Mitarbeiter verstärkte es aber das Gefühl, nach wie vor in einer selbständigen Gesellschaft zu arbeiten. Nach und nach wird derzeit die Zusammenarbeit mit den jeweiligen Ländergesellschaften – etwa indem man zusammen Liegenschaften bezieht oder Stelleninserate im gleichen Design publiziert – intensiviert. Dass die Organisation nicht angetastet wurde, hatte nicht zuletzt auch steuerliche Gründe.

In der Schweiz ging zunächst die Angst um, vom großen deutschen Bruder überfahren zu werden. Besonders die Cerberus-Mitarbeiter hatten ihre Schwierigkeiten mit dem Gedanken, als Siemens-Division zu enden. Schließlich hatten sie den Konzern 40 Jahre lang mit ihren Brandmeldeanlagen beliefert, da die Deutschen über nichts Vergleichbares verfügten. Entsprechend stark identifizierten sie sich mit ihrem Logo, dem dreiköpfigen Höllenhund, und kämpften erbittert, dass der Cerberus wenigstens noch als kleines Piktogrämmlein im Logo erscheint. Das ließ die Corporate-Identity-Philosophie von Siemens aber nicht zu. Zudem beklagten sich verschiedene Cerberus-Mitarbeiter über eine gewisse Lethargie, weil man auf Entscheide wartete, wo man in Zukunft entwickeln und produzieren will.

Auch auf deutscher Seite entstanden Probleme. Die Deutschen zeigten kein Verständnis dafür, dass sie jetzt plötzlich von der kleinen Schweiz aus gesteuert wurden. Formalien bedingen beispielsweise, dass für eine Reise von Erlangen nach Hamburg keine Genehmigung nötig ist, aber die viel kürzere von Erlangen nach Zürich vom Chef abgesegnet werden muss. Frust über die Übernahme kam aber auch auf, weil verschiedene Siemens-Mitarbeiter im Projektgeschäft Lohneinbußen in Kauf nehmen mussten. Dafür war nicht der Zukauf als solches verantwortlich, sondern die Umteilung vom Industrieflächentarif zum lokalen Handwerkertarif. Doch die Mitarbeiter führten dies automatisch auf die Fusion zurück. Außerdem hegte Siemens die Absicht, sich aus dem unrentablen Projektgeschäft zurückziehen. Die daraus resultierenden Restrukturierungen führten die Mitarbeiter ebenfalls auf die Übernahme zurück.

Die Erfahrungen aus dem Nixdorf-Debakel waren der Ausgangspunkt bei Siemens, sich mit Problemen bei der Integration intensiver auseinanderzusetzen, um einen weiteren Reinfall zu verhindern. Seither werden Übernahmen gezielt geplant und dabei bewusst die Erfahrungen gescheiterter und geglückter Zusammenführungen einbezogen und genutzt. Durch Fusionen zwangsläufig entstehende Zusammenstöße lassen sich so eher auffangen. 2001 wurde das Know-how im neu gegründeten «Competence Center für M & A-Integration» gebündelt. Inzwischen wurde eine umfangreiche Dokumentation des gesammelten Projektwissens sowie ein unternehmensweites Netz von Integrationsexperten aufgebaut. «Es gibt keine Entschuldigung dafür, sich die Finger zu verbrennen und eine Menge Geld zu verlieren, wenn das für den Erfolg nötige Know-how im Unternehmen vorhanden ist», sagte Konzernchef von Pierer an einer internen Veranstaltung. «Wir müssen aufhören, es immer auf eigene Faust zu versuchen.»

Im Fall von Westinghouse stützte sich Siemens auf die Erfahrungen der Integration von Sylvania in Osram von 1993 ab. Was Mitarbeiter wie Tihomir Krpan damals nicht wussten: Siemens hatte bereits fünf Jahre vor dem Westinghouse-Deal damit begonnen, verschiedene Möglichkeiten zu prüfen. Im Geheimen entstand zusammen mit Westinghouse ein «Explanatory Team», in dem eine gemeinsame Vision entwickelt und bereits das fusionierte Unternehmen mittels Computerprogramm simuliert wurde, einschließlich zukünftiger Produktpalette, Standortkonzept und Ergebnisplanung. Kritischer Punkt war von Anfang an, ob die Wettbewerbsbehörden diesem Deal zustimmen würden.

Für den eigentlichen Zusammenschluss wurde ein «Post Closing Integrationsteam» mit rund 20 Mitarbeitern geschaffen, die den gesamten Integrationsprozess begleiteten und mit paritätisch besetzten Sub-Teams mit zeitweise bis zu 200 Mitarbeitern ein Fünf-Jahres-Programm entwickelten. Die Reisen von Tihomir Krpan und seinen Gasturbinenbauern haben ebenfalls Eingang in diese Knowledge Base gefunden. Als sie aus Kanada zurückkamen, traten die Berliner auf internen Veranstaltungen auf, ausgerüstet mit zahlreichen Folien. Sie zeigten darauf nicht nur die Turbinen, die Unterschiede in Technik und Bauweise, sondern schilderten auch, wo das Werk überhaupt liegt, wie das Umfeld aussieht und vor allem auch wie Kanadier leben und ihre Freizeit verbringen. Bei einer Schilderung beginnen Krpans Augen besonders zu leuchten: Als das Schulbus-Modell, das er seinem Sohn aus Kanada mitgebracht hatte, kaputt gegangen war, klebte Tihomir Krpan es notdürftig zusammen, fotografierte es und schickte den Abzug nach Kanada mit der Bitte, ihm ein neues zu besorgen. Die kanadischen Kollegen klapperten daraufhin sämtliche Spielwarenabteilungen von Hamilton ab, bis sie den gleichen Bus gefunden hatten.

Die Demontage des deutschen Aktienwunders

Ulrich Schumacher, der Unbequeme

Statt am Bürotisch in Strickpulli und Hemd zu sitzen, würde Hobbyrennfahrer Ulrich Schumacher seine zwei Meter jetzt wohl lieber in die Schalensitze eines Porsche 911 GT3 quetschen und die im Heck lauernden 360 PS in wenigen Sekunden auf 100 Stundenkilometer hochjagen. In acht Minuten wieder einmal mit fauchendem Boxermotor die Nordschleife des Nürburgrings umrunden; Emotionen pur statt Nadelstreifen. Der Chef der Siemens-Chiptochter Infineon trägt in der Branche wegen seines Porsche-Ticks die Spitznamen «Schumi» oder «the maniac». «Kaum eine Sportart verlangt so viel Besonnenheit und Disziplin wie der Rennsport», sagt er.

Viel Zeit bleibt dem ehemaligen Leistungssportler nicht mehr für solche Hobbys. Die Sammlung der Sportwagenflitzer ruht hinter einem speziell gesicherten Garagentor. Ab und zu steigt er in die Tiefgarage der Infineon-Zentrale, hebt verträumt die Abdeckplanen und streicht mit der Hand sanft über das polierte Blech seiner neun Kultboliden. Das muss genügen. Die Pokale, Zeugen rennfahrerischer Triumphe, sind von der Ablage seines Büros verschwunden. Ihre Stelle besetzen jetzt Clausewitz und dicke Elaborate amerikanischer Managementgurus.

Ulrich Schumacher schüttelt den Kopf, und die Mundwinkel verziehen sich zu einem ironischen Lächeln. Nein, keines der Bücher hat er verschlungen, aber auch über den Verbleib der Pokale mag er nicht mehr sprechen. Der PR-Berater im Hintergrund bewegt sichtbar freudig den Kopf auf und ab. Keine unnötigen Provokationen mehr, lautet die Devise im Januar 2002.

Der unbequeme Ulrich Schumacher, einstiger Zögling von Pierers, hat auf Züchtigung eigentlich wenig Lust. Er wurde in einer wohlhabenden, mittelständischen Unternehmerfamilie im Rheinland geboren. Wenn Vater und Sohn aufeinander prallten, sprühten die Funken. «Es ist nicht immer leicht, Sohn zu sein», fügt er hinzu. Im Schnellzugtempo absolvierte er die Schulzeit und hakte sein Studium der Elektrotechnik an der Universität Aachen als 22-Jähriger ebenfalls in Rekordzeit ab.

Den Unibetrieb fand er schnell einmal öde und das Umfeld «höchst unnatürlich» – auf 500 Männer kamen zwei Frauen –, aber trotzdem zog er auch das betriebswirtschaftliche Aufbaustudium kompromisslos durch. Statt wie andere Kommilitonen in der Freizeit Radios und Transistoren zusammen zu löteten, genoss er scheinbar das Dasein eines selbstbewussten Sonnyboy, spielte Tennis und röhrte mit seinem

Porsche durch die Straßen. Vom verwöhnten Sprössling will er allerdings nichts wissen: «Ich habe immer alles selber verdient.» Der erste Porsche war das Entgelt für die Mitarbeit im väterlichen Unternehmen. Das Transformatorenwerk des Vaters konnte jetzt aber warten. Er wollte sich erst einmal in der Industrie umschauen.

Einen Wulst von 25 Bewerbungen zwängte er durch den nächsten Briefkastenschlitz – «weil in so einem Pack 25 Umschläge drin sind» – und erhielt 24 Zu- und eine Absage. Er wählte diejenige von Siemens. Dieser Konzern zahlte zwar am wenigsten, schien sich aber mit seinem Schreiben am gewissenhaftesten auseinandergesetzt zu haben. «Mal ehrlich, was ist das Gegenteil eines kleinen Mittelständlers in Deutschland», sagt er, «das ist doch Siemens.» Aus der geplanten dreijährigen Explorationsphase sind 15 Jahre geworden, alle davon in der Halbleiterei.

In seinem ersten Job setzte sich der agile Manager innerhalb von zweieinhalb Jahren gegen die Dienststellenleiter durch, die über die Anschaffung von Testgeräten entschieden. Die neun verschiedenen Abteilungen hatten auf die Testsysteme von neun verschiedenen Herstellern gesetzt. Jeder wollte den andern mit dem neuesten und schicksten Gerät übertreffen. Schumacher verordnete ihnen einen einzigen Hersteller und drückte so die Anschaffungs-, Unterhalts- und Abstimmungskosten um die Hälfte. Danach stieß er als persönlicher Assistent des damaligen Halbleiterchefs Jürgen Knorr in den Machtkreis des Chipimperiums vor, und schließlich krempelte er das Speichermarketing um. Dieses hatte bisher wenig zu sagen und bestand aus drei Mitarbeitern, die Kunden nur vom Hörensagen kannten. Als erstes legte sich Schumacher mit der Schweizer Vertriebsgesellschaft an, weil sie bei nur einem Kunden eine Vertriebsmarge von 16 Prozent für sich abzweigte und er das für inakzeptabel hielt.

Dann weigerte er sich, die Produkte der Entwickler als unveränderbar hinzunehmen, sondern meldete die Kundenwünsche ins Unternehmen zurück – in einem Unternehmen voller Entwickler ein ungewöhnlicher Schritt. Als die Gewinne im Speichergeschäft in den Jahren 1994 und 1995 ihren Höhepunkt erreichten und der Großteil des Profits der Siemens AG aus eben diesem Geschäft floss, wurde der ehrgeizige Hüne mit Sieger-Image bereits als der kommende Mann bei Siemens gehandelt, gar als heißer Anwärter auf den Chefsessel des Konzerns. Als Youngster mit 38 Jahren wurde er 1998 Mitglied des Siemens-Zentralvorstandes. Zusammen mit Finanzchef Heinz-Joachim Neubürger bildete er die Fraktion der «jungen Wilden» in der obersten Führungsetage. Die beiden auch privat Befreundeten hatten vom ehemaligen Aufsichtsratsvorsitzenden Hermann Franz den Auftrag gefasst, im Vorstand auf Veränderungen zu drängen und ihre unbequemen Meinungen zu äußern.

Schumacher besitzt die Eigenschaft, Entscheidungen sehr rasch zu fällen. Vor Langeweile erstarrende Sitzungen sind ihm ein Gräuel, da packt er demonstrativ den Laptop aus. «Schumi kann nichts schnell genug gehen», erinnert sich ein ehemaliger Kollege. Früh schon drängte er intern auf die Loslösung des Halbleiterbereichs. Weil von Pierer nicht tatenlos zusehen wollte, wie ihm das Auf und Ab in der Chipbranche die Bilanz verhagelte, beschloss er im Herbst 1998, sich von der ungeliebten, weil volatilen Tochter zu trennen.

Am meisten waren wohl die Siemens-Manager über den Erfolg des Börsengangs überrascht. Das Sorgenkind mutierte zum Highflyer, der sogar das Image und den Börsenkurs der stets etwas spröden Konzernmutter beflügelte. Die Papiere lösten in Deutschland eine Massenhysterie aus; alle waren vom Infineon-Fieber infiziert. Kleine Chips, große Zukunft.

Schumacher pfiff auf den sittsamen Zweireiher, posierte stattdessen, umwölkt vom Blitzlichtgewitter der Fotografen, verwegen im silbernen Rennfahrerdress wie der Hauptdarsteller in einem James-Bond-Film. Auf das artige Bild im Büro mit Familienfoto auf dem Schreibtisch wurde verzichtet. Stattdessen drapierte er sich demonstrativ mit US-Rennfahrerhaudegen Mario Andretti vor einem Rennwagen und steckte Journalisten und Anleger mit seiner überschäumenden Siegerlaune gleichermaßen an. Es gab keinen Zweifel: Die erfolgreiche Sanierung und Börseneinführung von Infineon sollte zum edlen Meisterstück des ehemaligen Unternehmersohns werden.

Diesmal wollte er es allen zeigen und scherte sich keinen Deut um wichtige Rituale der deutschen Wirtschaft. So weigerte er sich vehement Wörter wie «Quatsch», «Shit» oder «Blödheit» aus seinem Wortschatz zu streichen. Konkurrenten überzog er öffentlich mit schweren Vorwürfen, die einem Heinrich von Pierer nie über die Lippen rutschen würden. Kleiderordnung kümmerte ihn schon zu Siemens-Zeiten nicht. «Ich habe nie verstanden, was denn so großartig daran ist, dass ich auch bei der Arbeit einen Rollkragenpulli trage», schüttelt er den Kopf.

Doch dann war es plötzlich vorbei mit dem Chipboom: 2001 krachten Umsatz und Gewinn zusammen, der Börsenkurs ging auf Talfahrt. Der Schuldige war schnell gefunden: Ulrich Schumacher. Heute verfolgen ihn die Bilder aus der Vergangenheit: die Fotos vor seinem Porsche, die Tafel mit dem Börsenkurs, die er im Eingangsbereich des Hauptsitzes anbringen ließ. «Wir haben das Ausmaß der Kursschwankungen unterschätzt», gesteht er rückblickend ein. Er betrachtete den Kurs als Leistungsausdruck des Unternehmens. «Die spekulativen Einflüsse haben wir völlig unterbewertet.»

Noch heute kommt kaum ein Zeitungsartikel ohne Reminiszenz an seine Autoleidenschaft aus. Als «Geisterfahrer» wurde er verhöhnt, als Mann, der lieber über Rallyepisten rast, als sich um sein krisengeschütteltes Unternehmen zu kümmern, und als einer, der 5000 Stellen auf dem Gewissen hat, weil sein notorischer Gasfuß nicht rechtzeitig aufs Bremspedal wechselte. «Das nervt, das können sie mir glauben», erklärt Schumacher.

Er weiß nur zu gut, dass sein Image nicht mehr länger seine Privatangelegenheit ist, sondern sich unerbittlich auch im Aktienkurs niederschlagen kann. «Sich nicht verbiegen lassen», diktierte er einst einem Journalisten als Lebensziel auf den Notizblock. Mittlerweile ist «Verbiegen» für ihn ein relativer Begriff geworden. «Früher wäre ich erst recht mit dem Porsche vorgefahren. Jetzt überlege ich mir vorher genau, wie sich eine solche Handlung auf das Unternehmen auswirkt.»

Die unterschiedlichsten Erwartungen verschiedener Gruppen prasseln auf ihn ein. Der deutsche Kleinanleger will in Schumacher einen pflichtbewussten, konservativen Manager sehen. Der amerikanische und angelsächsische Investor giert nach einem visionären, aufgeschlossenen Unternehmensführer, und den 30.000 Mitarbeitern möchte der Infineon-Chef Unternehmertum und Risikofreude vermitteln, muss aber gleichzeitig auf deren Sicherheitsbedürfnis eingehen. «Wenn ich den angepassten Politiker spiele, sende ich meinen Mitarbeitern die falschen Signale», sagt Schumacher.

Infineon wird als ein Dax-Unternehmen nach wie vor durch die deutsche Brille betrachtet. Genau diese etwas einseitig nationale Sichtweise ärgert ihn: Deutsche Journalisten kritisieren das Management, befragen deutsche Analysten, die Infineon viel kritischer gegenüberstehen als beispielsweise angelsächsische Kollegen. «Wo außer in Deutschland ist man gegenüber der eigenen Industrie oft so kritisch eingestellt?» Er wünschte sich, dass Infineon endlich mit seinen Konkurrenten verglichen wird und nicht länger mit deutschen Unternehmen und ihren Werthaltungen. Hausintern diskutiert er nun, wie denn eine unnötige Provokation aussieht, die er in Zukunft zu unterlassen habe. Dabei weiß er genau, was das Salz in der Suppe ausmacht: «Provokation ist das A und O, wenn man etwas verändern will.»

Die Halbleiterindustrie – mörderische Branche

Mit dem Entscheid, sich ein und für alle Mal vom Komponentengeschäft zu trennen, verabschiedete sich Siemens im Herbst 1998 von rund 60.000

seiner Mitarbeiter und einem Viertel des Umsatzes. Das Röhren- und das Halbleitergeschäft wurden an den Kapitalmarkt (als Epcos bzw. Infineon) gebracht, und der amerikanische Mischkonzern Tyco kaufte die elektromechanischen Komponenten.

Auf den ersten Blick schien die Abspaltung der Chipsparte in einer mittelfristigen Perspektive unverständlich. Der Halbleiterbranche wurde eine goldene Zukunft vorausgesagt, weil die Anwendungsbereiche der Halbleiter immer zahlreicher wurden – vom Personalcomputer über Handys bis zu Autos, Videokameras und Kühlschränken. Experten prophezeiten jährliche Wachstumsraten von 20 Prozent und schöne Gewinne. Die Siemens-Erfahrung der Vergangenheit sah allerdings ganz anders aus. Trotz riesiger Investitionen verdiente der Konzern nur kurze Zeit, dafür aber prächtig. In den Jahren 1994 bis 1996 steuerte der Halbleiterbereich mit 793 Millionen beziehungsweise 603 Millionen Mark am stärksten zum Konzerngewinn bei. Nur zwei Jahre später ramponierte er mit einem Rekordverlust von 1,2 Milliarden Mark und der Schließung eines nigelnagelneuen Werkes in Nordengland das Image von Siemens arg und kostete beinahe von Pierers Kopf.

Das Geschäft mit den kleinen Siliziumscheiben kennt einige mörderische Gesetze. Fast keine Branche auf dieser Welt wird derart rasch von technologischen Innovationen und Weiterentwicklungen gehetzt wie diejenige der Halbleiter: Immer schneller, immer kleiner, immer billiger müssen die Chips werden. Auch in Zukunft soll sich deren Leistungsfähigkeit alle 18 bis 24 Monate verdoppeln und damit dem Moore'schen Gesetz folgen. Gordon Moore, Mitbegründer und von 1975 bis 1987 Chef des Halbleitergiganten Intel, hatte die rasante Entwicklung bereits 1965 vorhergesagt. «Wäre die Entwicklung in der Automobilindustrie so schnell wie in der Halbleiterindustrie vorangeschritten, würde ein Rolls-Royce mit fünf Liter Benzin eine Million Kilometer weit fahren. Und es wäre billiger, ihn wegzuwerfen, als ihn zu parken», stellte Moore fest. Die Branche interpretiert seine Feststellung noch immer als Naturgesetz und Handlungsanleitung.

«Wäre die Entwicklung in der Automobilindustrie so schnell wie in der Halbleiterindustrie vorangeschritten, würde ein Rolls-Royce mit fünf Liter Benzin eine Million Kilometer weit fahren. Und es wäre billiger, ihn wegzuwerfen, als ihn zu parken.»
Gordon Moore

In den vergangenen Jahrzehnten haben kleine technologische Revolutionen in der Produktion immer wieder die Nachfrage angeheizt. Die Dichte der

Transistoren auf einem Chip, die Feinheit der Leiterbahnen, die Materialien und die Zahl der Chips, die aus einer Siliziumscheibe (Wafer) gewonnen werden können, treiben die Entwicklung rasant vorwärts. Handys, die vor einem halben Jahr noch «state of the art» waren, werden über Nacht zu Ramschware und Computer zu Ladenhütern. Mit der Komplexität und der immer rascheren Abfolge von neuen Chips explodieren aber auch die Investitionen für Forschung und Fertigungsanlagen. Eine Milliarde Dollar kostet mittlerweile die Entwicklung einer neuen Chipgeneration. Für die Errichtung neuer Fabriken rechnen die Hersteller mittlerweile mit Ausgaben von 1,2 Milliarden Dollar.

Die Halbleiterindustrie war in den letzten Jahren, verschärft noch durch konjunkturelle Schwankungen, durch ein dramatisches Auf und Ab gekennzeichnet. Einmal wurde das Ergebnis vergoldet, einmal schlingerten die Unternehmen und rasselten in Liquiditätsengpässe. Angebot und Nachfrage nach Halbleiterprodukten im Allgemeinen und nach Speicherchips im Speziellen folgen einem Phänomen, das man in Anlehnung an die Erfahrungen aus der

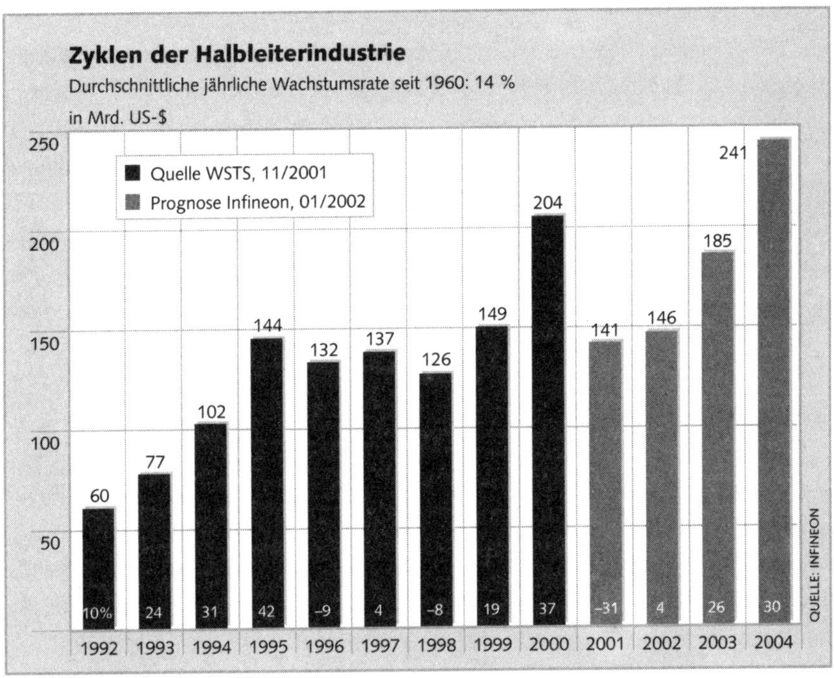

Abbildung 13

Landwirtschaft auch «Schweinezyklen» nennt: Zu Beginn jedes Zyklus bauen die Hersteller große Fertigungskapazitäten der aktuellen Chipgeneration auf, was zu einem Überangebot und sinkenden Preisen führt. Fallende Preise sind Vorboten eines Abschwungs, der regelmäßig in der Schließung von Fabriken und dem Abbau von Überkapazitäten mündet, was sich aber erst verzögert auswirkt. Die Krux dabei ist, dass die harte Konkurrenzsituation die Unternehmen zwingt, zur gleichen Zeit in neue Technologien zu investieren. Wer bei diesem Teufelskreis nicht mitmacht oder aussteigt, droht in der nächsten Aufschwungphase Marktanteile zu verlieren oder ganz zu verschwinden.

Sämtliche Experten erwiesen sich in der Vergangenheit als unfähig, diese Einbrüche zu prognostizieren. Entsprechend schießen die Unternehmen regelmäßig mit ihren Planungen übers Ziel. Die Erfahrungen von Siemens im Jahr 1998 sind symptomatisch. Das Marktforschungsinstitut VLSI sagte für jenes Jahr eine Wachstumsrate von 22,3 Prozent voraus. Siemens plante entsprechend, seine Kapazitäten in den nächsten Jahren zu verdreifachen. Der Konzern erzielte dann zwar mit 12,4 Prozent das größte Umsatzwachstum der Branche – bei allerdings rapide einbrechenden Preisen. Das Resultat war ein Rekordverlust.

Siemens verstand deshalb nur zu gut, was der frühere Intel-Chef Andy Grove mit seinem Buchtitel «Nur Paranoide überleben» gemeint hatte. Als das Ausmaß des Debakels im Herbst 1998 ersichtlich war, entschied sich von Pierer: Er wollte nicht länger zu diesen Paranoiden gehören. Die Wette auf die Siemens-Aktie war in den neunziger Jahren immer mehr zur Wette auf das extrem schwankungsanfällige Halbleitergeschäft geworden. Das passte aber nicht zu Siemens.

Im Elfenbeinturm

Für Karlheinz Kaske wäre es undenkbar gewesen, das Halbleitergeschäft zu veräußern. Siemens hatte seit Mitte der achtziger Jahre massiv investiert, für ihn waren die kleinen Siliziumteile die Schlüsseltechnologie schlechthin, von der nicht nur die Konkurrenzfähigkeit von Siemens, sondern die der gesamten deutschen Wirtschaft abhing.

Die winzigen Siliziumscheiben, das elektronische Gehirn jedes Computers, waren Ende der sechziger Jahre in den USA von Firmen wie Texas Instruments und Intel entwickelt worden. Vom Transistor über den Mikrochip bis hin zum Mikroprozessor stammten die Basisinnovationen aus ihren Labors. Erst Anfang der achtziger Jahre bekamen sie Konkurrenz von den Japanern, die, staatlich massiv unterstützt, rasch aufholten.

Es entwickelte sich ein verbissener Wettbewerb, der in einen Kampf zwischen den großen Wirtschaftsblöcken ausartete. Entnervt von dem Wettrüsten gegen die Japaner stellten immer mehr US-Firmen die Herstellung von einfachen Speicherchips ein. Sie spezialisierten sich ganz auf Elektronikbausteine, die auf einen ganz bestimmten Zweck zugeschnitten waren, so genannte Asics. Europäische Unternehmen waren nicht in der Lage, hier einzugreifen. Keiner der damaligen drei europäischen Chiphersteller – Philipps, SGS-Thomson und Siemens – war in der Weltrangliste unter den ersten zehn platziert. Ihnen dämmerte aber, dass die Lieferanten aus Fernost sie im Würgegriff hielten und gefährliche Abhängigkeiten entstanden waren, weil die Chips in immer mehr Produkten Verwendung fanden. Die Asiaten diktierten nicht nur die Preise, sondern sie konnten entscheiden, wer wann und mit welchen Mengen beliefert wurde.

Unter Kaske startete Siemens 1984 eine verzweifelte Aufholjagd, ausgerechnet zu einer Zeit, als es auf dem Chipmarkt drunter und drüber ging. Er stellte dazu mehr als 100 Entwickler, Ingenieure und Physiker ein, die kaum mikroelektronische Vorbildung mitbrachten, weil es nur ganz wenige solcher Ausbildungsgänge in Europa gab. In Zusammenarbeit mit Philips setzte sich der deutsche Konzern das Ziel, den Vorsprung der Japaner in dieser Technologie mit einem Fünf-Jahres-Crashprogramm wettzumachen: das «Megaprojekt».

In den nächsten vier Jahren ließ sich Siemens das Projekt rund drei Milliarden Mark kosten: 2,5 Milliarden für die Entwicklung und eine halbe Milliarde für die Fertigung. Die Konkurrenz staunte, weil die Deutschen den Japanern um mindestens drei Jahre hinterherhinkten. Kaske hatte vor allem die Logikchips im Visier, die bestimmte Abläufe steuern, weniger standardisierbar und deshalb auch teurer sind und sich als weniger zyklisch erwiesen hatten als Speicherchips. Letztere betrachtete er lediglich als notwendiges Übungsfeld. «Auf die Speicherbausteine kommt es uns dabei erst in zweiter Linie an, sie dienen mehr als ‹Technologielokomotive›, das heißt der Beherrschung feinster Strukturen in der Fertigung», schrieb er in einem Fachartikel. Das Argument würde heute beim Plausibilitätstest durchfallen.

Der Halbleiterbereich entwickelte, bedingt durch diesen Sonderstatus, im Zuge des Megaprojektes eine noch nie gekannte Aufbruchsstimmung und

Freigeistkultur. Alles, was gut und teuer war, beschaffte man sich, unbesehen der Kosten und des effektiven Nutzens. Das weckte den Argwohn der übrigen Bereiche. Vor allem in Erlangen wuchs das Unverständnis, dass mit der Herstellung von Teilen, die derart winzig waren, derart viel Geld verbrannt werden konnte. Kaske, obwohl Erlanger, blockte jede Kritik ab.

Ausgerechnet der japanische High-Tech-Konzern Toshiba musste Siemens aber unter die Arme greifen, damit die erste Hürde, die Herstellung des 1-Megabit-Speichers, genommen werden konnte. Dann ereilte die Münchner auch noch dicke Post aus Eindhoven: Philips befand, dass er das Interesse am Speichergeschäft verloren hätte und verabschiedete sich aus dem Megaprojekt. «Dem Unternehmen ist schlicht das Geld ausgegangen», sagt ein damals beteiligtes Kadermitglied. Siemens war aber bereits früher klar geworden, dass ein weiteres, viel breiter angelegtes Programm nötig sein würde, um den Rückstand wettzumachen. Die ersten Arbeiten, an denen sich verschiedene europäische Regierungen, Forschungseinrichtungen und Unternehmen beteiligten, hatten 1986 begonnen, 1989 erklärten die Forschungsminister verschiedener europäischer Staaten «Jessi» (Joint European Submicron Silicon), woran Siemens wesentlich beteiligt war, zu einem Eureka-Projekt.

Gemäß Insidern verhandelte Siemens 1989 außerdem mit der französisch-italienischen STMicroelectronics über eine Fusion ihrer Aktivitäten. Der gradlinige, charismatische Deutsche Jürgen Knorr und der gewitzte, mit allen Wassern gewaschene Italiener Pasquale Pistorio konnten sich aber im Wettbewerb der Eitelkeiten nicht darauf einigen, wem welche Rolle im neuen Unternehmen zukommen sollte.

In den USA meldeten sich mittlerweile auch Stimmen, dass man das Speichergeschäft nicht kampflos den Japanern überlassen solle. Im Juni 1989 gründeten IBM und sechs weitere US-Branchenriesen ein Konsortium, das den Wiedereinstieg der US-Industrie in den Markt der dynamischen Speicherchips vorbereiten wollte. Doch das Gemeinschaftsunternehmen scheiterte noch vor dem Start. Die Japaner überschwemmten vorsorglich den Markt mit Chips und hatten so die Preise einbrechen lassen.

In der IBM-Zentrale in Armonk/New York setzte sich deshalb die Erkenntnis durch, dass die Zeit für die Suche nach neuen Allianzpartnern reif war. Siemens drängte sich geradezu auf. Die Deutschen lieferten seit Jahren elektronische Bauteile und hatten 1989 deren Telefonanlagenhersteller Rolm übernommen. Doch im Chipbereich war Siemens immer belächelt worden, bis schließlich die Serienfertigung des 1-Megabit-Speichers gelang. Ende 1989 nahm Siemens die Produktion der nächsten Chipgeneration, des Vier-Megabit-Chips, ohne fremde Hilfe im Werk München-Perlach auf. «Wir haben es erreicht, den Anschluss an die internationale Spitzengruppe der Chiphersteller zu gewinnen», triumphierte Kaske an der Bilanzpressekonferenz.

Die Bayern gaben vor, in den exklusiven Club von nun einem halben Dutzend Unternehmen aufgestiegen zu sein, darunter IBM und vier japanische Konzerne, die diese Technologie beherrschten. «Ohne dieses Standing in der Spitzengruppe wäre es sicherlich nicht möglich gewesen, mit IBM eine Vereinbarung zu treffen», sagte er stolz. In den Medien war von einem «Deutsch-amerikanischen Bündnis gegen Japan» die Rede. Doch schon bald setzte sich Pragmatismus in der Allianzpolitik durch – die immer höheren Entwicklungskosten für eine nächste Chipgeneration ließen keinen Spielraum mehr zu. Toshiba und später auch Motorola schlossen sich der Allianz an. «Die Kooperation ist ein Beispiel dafür, dass sich die Welt in dieser Branche verändert und die lang bestehende Konfrontation, speziell mit Japan, einer Zusammenarbeit weicht», sagte Siemens-Halbleiterchef Jürgen Knorr.

Gemeinsam wurde die kostspielige Entwicklung der 64-Megabit- und 256-Megabit-Speicherbausteine vorangetrieben. In Zusammenarbeit mit Motorola begann Siemens auch Chips auf der Basis größerer, 300-Milimeter-Siliziumscheiben zu entwickeln, die seit Ende 2001 von Infineon kommerziell hergestellt werden. Die Kosten pro Chip konnten dadurch erheblich gesenkt werden.

Griff nach dem Subventionstopf

Die Herstellung von Chips war ein politisches Geschäft wie kaum ein anderes, das strategische Bedeutung für Volkswirtschaften reklamierte und entsprechend auch Vergünstigungen beziehungsweise Unterstützungsgelder beanspruchte. Siemens entwickelte ebenfalls Begehrlichkeiten – obwohl die Verhandlungen und die Zusammenarbeit von Unternehmen und Verwaltung, die unterschiedlichen Gesetzen unterworfen sind, sich sehr schwierig gestalteten, wie ein Siemens-Manager festhält.

Schon das «Megaprojekt» war der Öffentlichkeit als ein nationales, im Grunde ein europäisches Projekt, verkauft worden. Der Bund griff dafür bereitwillig in die Kasse. Mit fünf Mark war jeder Bundesbürger daran beteiligt: Zwischen 1984 und 1989, der Dauer von Mega, überwies das Bundesministerium für Forschung und Technologie 240 Millionen Mark, 170 Millionen Gulden steuerte das niederländische Wirtschaftsministerium bei. Das provozierte Reaktionen: Graf Lambsdorff etwa fragte, «ob Siemens denn ein Sozialfall sei», andere nannten Siemens ein «besonders treffliches Beispiel für die Sinnlosigkeit der staatlichen Forschungsförderung». Als schließlich bei der ersten Projektstufe, dem 1-Megabit-Speicherchip, japanisches Fertigungswissens eingesetzt wurde, statt eigenes Know-how zu entwickeln, blieb kein gutes Haar mehr am Projekt.

Kaske rechtfertigte sich in einem «Spiegel»-Interview: «Die ganze Welt ist sich einig, dass die Mikroelektronik eine Schlüsseltechnologie darstellt, auf deren Beherrschung keine Industrienation verzichten kann. Es ist deshalb durchaus sinnvoll, diese Technologie auch in Europa und speziell in der Bundesrepublik zu fördern. Bedauerlich scheint mir eher, dass sich in Europa nur noch die zwei Firmen Philips und Siemens bereit gefunden haben, die – trotz Förderung – erheblichen Risiken bei der Megachip-Entwicklung auf sich zu nehmen.»

Es gab keinen Chipkonzern weltweit, der seine Investitionen in Fabriken und Entwicklung alleine getragen hätte. Kaske verwies jeweils auf amerikanische und japanische Konkurrenten, die viel massiver unterstützt würden. Aber auch europäische Staaten zeigten sich großzügig. In Italien wurde die Hälfte des Baus einer neuen Chipfabrik von Texas Instruments in den Abruzzen mit öffentlichen Mitteln bezahlt. In Grenoble ließen sich die europäischen Chipbauer SGS-Thompson und Philips vom französischen Staat ein neues Werk bis zur letzten Maschine finanzieren. Der Siemens-Vorstandschef betrachtete die staatlichen Gelder für Mega als «einen begrenzten Ausgleich» für die Wettbewerbsverzerrungen, die sich auf Grund der wesentlich höheren Forschungsförderung im Ausland ergaben.

Es gab keinen Chipkonzern weltweit, der seine Investitionen in Fabriken und Entwicklung alleine getragen hätte.

Als Siemens 1993 gemeinsam mit IBM wegen der Unterstützung für ein neues Werk vorsprach, stellte sich Bonn zunächst taub. Die Beamten befanden, für gezielte Subventionen an die Chipindustrie gebe es keinen Bedarf. Anders sah dies Sachsens damaliger Ministerpräsident Kurt Biedenkopf, der das in Arbeitslosigkeit versunkene Dresden in ein Mikroelektronik-Zentrum verwandeln wollte. Von der Bevölkerung aber wurde Siemens nicht mit offenen Armen empfangen, wie der damalige Oberbürgermeister Herbert Wagner sich erinnert.

Vor allem Umweltschützer wollten von einer Chipproduktion, bei der viele gefährliche Chemikalien eingesetzt werden, nichts wissen. Ausgerechnet am 1. Mai lud Wagner die Bevölkerung zum geplanten Standort – ein trostloses, von Unkraut überwuchertes Gelände, das seit dem 19. Jahrhundert als Truppenübungsplatz genutzt worden war. Die Rote Armee hatte nach ihrem Abzug nur Ruinen und verseuchten Boden hinterlassen. Die Rechnung Wagners ging voll auf. 12.000 Besucher, die sich um Arbeit sorgten, rückten gegenüber einer Hand voll Demonstranten die Relationen wieder richtig. Ein halbes Jahr später fand bereits die Grundsteinlegung statt. Bundeskanzler Helmut Kohl und der sächsische Ministerpräsident Biedenkopf griffen gleich selber zum Spaten, und im Jahr darauf konnte das Werk eröffnet werden.

Dresden ist das Vorzeigewerk geblieben. Journalisten aus aller Welt machen sich ein Bild davon, was aus dem ehemaligen Exerzierplatz geworden ist. Heute fertigen hier mehr als 2000 Mitarbeiter winzige Chips. Die Produktionsräume gleichen Operationssälen – nur ist alles noch viel klinischer. Damit im Innern die Luft nicht mit Staubpartikeln durchmischt wird, zwängen sich die «Operators» in Schutzanzüge, und die Frauen verzichten auf fettende Lidschatten und Lippenstift. Besucher haben blaue Plastiktüten über ihre Schuhe zu streifen und der Blick wird ihnen in den meisten Räumen nur durch dicke Glasscheiben gewährt, damit weder Staub eingeschleust wird noch unbedachtes Getrampel Erschütterungen auslöst. Um sich die 300-Milimeter-Testanlage anschauen zu können, musste man auf außerhalb des Gebäudes angebrachten Gittertreppen hochklettern und durch die Fensterscheiben schauen.

In Dresden konnten die Investoren auf qualifizierte Fachkräfte zurückgreifen. Bereits zu DDR-Zeiten war die Region mit der staatlichen Elektronikgruppe Robotron das östliche Zentrum für Mikroelektronik gewesen. Mit großem Aufwand hatte die SED-Führung versucht, eine eigene High-Tech-Industrie aufzubauen. Nach Siemens ließen sich schließlich auch der US-Konzern Advanced Micro Devices (AMD) und zahlreiche mittelständische Zulieferfirmen aus aller Welt in Dresden nieder. Neben der technischen Universität finden sich hier auch zahlreiche Wissenschaftsinstitute von Rang und Namen. «Silicon Saxony» gilt mittlerweile mit etwa 20.000 neu geschaffenen Arbeitsplätzen als gutes Beispiel für erfolgreichen Strukturwandel.

Von der Schlüsseltechnologie zum Spielverderber

Intern bröckelte der Sonderstatus der Halbleitersparte bereits Anfang der neunziger Jahre zusehends ab. Hinter den Kulissen hatte sich Finanzchef Hermann Franz als der starke Mann installiert. Angesichts der auch intern unter dem Mantel der Verschwiegenheit gehaltenen Zahlen – 1990/91 machte die Halbleitersparte dem Vernehmen nach bei einem Umsatz von 1,6 Milliarden Mark 1,022 Milliarden Verlust – hatte er genug. «Der Vorstand hielt Knorr vor, dass das direkte Verbrennen des Geldes sinnvoller gewesen wäre», erinnert sich ein Siemens-Manager. Die Halbleiterei entwickelte sich zu einem Fass ohne Boden, was sich Siemens wegen der Probleme, die sich in anderen Bereichen wie der Telefonie und dem Kraftwerksbau abzeichneten, nicht mehr leisten konnte. Franz schickte den Freigeistern einen McKinsey-Trupp ins Haus und rückte von der Vorstellung der bedingungslosen strategischen Absicherung zu einem beliebigen Preis ab. Das Wort Schließung nahm er zwar nicht in den Mund, aber die Einstellung gewisser Teile stand zur Diskussion. 1991 entschied man im Geheimen, den als ärgsten Geldvernichter identifizierten Speicher einzustellen. Schumacher kannte die Pläne des Managements und nahm den Job des entsprechenden Marketingleiters trotzdem an. «Hätte man den Speicher aufgegeben, wären wir tot gewesen», sagt Schumacher. Er beziffert den damaligen Technologierückstand bei den Logikchips auf «locker drei oder vier Jahre». Doch dann drehte der Wind auf dem Markt der Speicherchips. Statt sich nun bei den Logikchips die Prozesse genauer anzuschauen, genoss man aber den Erfolg und kalkulierte weiter mit steigenden Umsätzen. Die Halbleitermanager wollten nicht wahrhaben, dass der Abstand zwischen den Weltbesten und Siemens nach wie vor groß war.

Die Zahlen waren beste Propaganda und schienen neue Investitionen zu rechtfertigen. Nach einer Phase von neun Jahren, in denen kein einziges Werk gebaut worden war, entstanden 1994/95 gleich drei neue Fabriken – in Dresden, den USA sowie in Taiwan. Eine vierte kam in Nordengland hinzu. Vizepremierminister Michael Heseltine persönlich hatte für Siemens ein attraktives Paket geschnürt und so die andern Standortbewerber in Schottland, Irland, Österreich und Ostdeutschland ausgestochen. Zum einen flossen 30 Millionen Pfund an Subventionen, hinzu gesellten sich Infrastrukturhilfen und Steuervergünstigungen, die ein Vielfaches des ersten Betrages ausmachen dürften. Siemens spielte deren Bedeutung beim Entscheid letztlich herunter und betonte, dass die «Internationalisierung der Wertschöpfung und die Absicherung des Wachstums im britischen Markt im Vordergrund gestanden habe». Ulrich Schumacher will sich auch heute noch nicht über die Hintergründe äußern. Ein Siemens-Manager glaubt den Grund in der Wette auf einen günstigen Pfundkurs gefunden zu haben. Andere Quellen sprechen von einer Gefälligkeit gegenüber der britischen Regierung.

Königin Elisabeth II. jedenfalls dankte Siemens den Entscheid und durchschnitt das Band zur Eröffnung des neuen Chipwerks. Ohne Murren streifte sie sich die Plastiktüten über ihre Schuhe und ließ sich die Fabrik vom Vorstandsvorsitzenden von Pierer zeigen. Das Werk in North Tyneside galt als eine der bisher größten Investitionen eines ausländischen Unternehmens in Großbritannien. Es war in der Nähe einer kürzlich geschlossenen Werft – Symbol für den Untergang der nordenglischen Wirtschaft – entstanden. Das Halbleiterwerk, mit dem 1100 neue Arbeitsplätze geschaffen wurden, sollte nur der Anfang sein. Bereits rechnete die britische Regierung mit einem Ausbau. «From ships to chips» sollte das Motto einer gebeutelten Region sein, die dank den Halbleitern wieder Mut schöpfte.

Die Freude währte nicht lange. Fünfzehn Monate nach dem Besuch der Queen machte Siemens das Werk bereits wieder dicht. Von Pierer erläuterte Premierminister Blair die Situation am Telefon: Innerhalb von drei Jahren war der Preis für die dort produzierten Chips von 60 auf 1,50 Dollar gefallen. Ein großer Kunde aus Asien, der die Abnahme der Hälfte aller in den nächsten zehn Jahren in North Tyneside produzierten Chips garantiert hätte, hatte wegen wirtschaftlicher Schwierigkeiten seinen Vertrag gekündigt. Die Analysten beklatschten die Schließung, denn die Ausmerzung solcher Verlustquellen rechnet sich schnell. Der «Economist» hingegen sah am Horizont die nächste britische Rezession herauf ziehen.

Auch bei Siemens kehrte sich die Stimmung. Die hochtrabenden Prognosen waren schon bald nichts als Makulatur. Die Konjunktur für die Speicherchips war eingebrochen, weltweite Überkapazitäten drückten die Preise. Im Geschäftsjahr 1996/97 blieben nur noch gut 100 Millionen Mark Ertrag vor Steuern übrig, und im Folgejahr schrieb die Siemens-Halbleitersparte gar einen Rekordverlust von 1,2 Milliarden Mark. Über 400 Millionen Mark gingen auf die Rechnung von North Tyneside. Die Kosten waren in diesem Werk besonders hoch, weil die Produktion sich erst in der Anlaufphase befunden hatte und die Vollauslastung zum Zeitpunkt der Schließung noch nicht erreicht war.

Der Rekordverlust verhagelte von Pierer die gesamte Konzernbilanz zum unglücklichsten Zeitpunkt. Der Abschied vom Halbleitergeschäft, einer der Dreh- und Angelpunkte des 10-Punkte-Programms, geriet zum Befreiungsschlag. «Wäre damals der Druck nicht derart massiv gewesen, hätte sich Siemens wahrscheinlich nicht von diesem Geschäft getrennt», glaubt Schumacher heute. Gegenüber der Öffentlichkeit vermarkteten die Münchner die Loslösung als bewussten Entscheid. Das zyklische, stark konjunkturabhängige Geschäft, so von Pierer damals, «wollen wir unseren Aktionären nicht mehr zumuten». Diese Sparte brauche anders als die Siemens AG risikobereitere Aktionäre, die «einmal einen hohen, das andere mal aber keinen Gewinn in Kauf nehmen». Von «Schlüsseltechnologie», die für Siemens «unverzichtbar» sei, sprach im Konzern niemand mehr. «Wir haben dem Geschäft keine Träne nachgeweint», sagt ein Manager aus dem Industriebereich.

Der Börsenhype

Der verjüngte Vorstand des Halbleiterbereichs unter der Führung von Ulrich Schumacher hatte selber vehement auf Selbständigkeit gedrängt. 1997 machte Schumacher sein Ansinnen auf einer Konferenz in Cannes erstmals öffentlich. «Das war unsere einzige Chance», sagt er. Das Halbleitergeschäft passte einfach nicht zu Siemens. In einem Konglomerat, das sich über alle Unterschiede hinweg doch als ein Unternehmen versteht, wie das bei Siemens der Fall ist, kommt einem derart volatilen Geschäft eine unglückliche Rolle zu. «Wenn es gut läuft, erntet man Neid und Missgunst, wenn der Wind dreht, hört man Schadenfreude», sagt Schumacher. Zudem stieß er sich an der Gleichbehandlung der Bereiche, wenn es um Investitionsentscheide ging.

«Wenn es gut läuft, erntet man Neid und Missgunst, wenn der Wind dreht, hört man Schadenfreude.»
Ulrich Schumacher

Bei der Namensgebung des neuen Unternehmens bewiesen die Siemens-Leute viel Phantasie. «Infineon» leitet sich aus dem englischen Infinity (Unendlichkeit) und dem altgriechischen «eon» (Zeitraum, Leben, Ewigkeit) ab. Dies sollte Assoziationen wecken mit Begriffen wie unbegrenzte Möglichkeiten, Ausdauer, Innovation und Verlässlichkeit. Das Logo, ein Dreiviertel-Oval, erinnert etwas an den Haken des Sportartikelherstellers Nike und soll Bewegung und Dynamik ausdrücken. Auch von der Siemens-Konzernfarbe Petrol setzte sich Infineon ab, es dominieren Blau («unterstützt die Assoziation der Technologiekompetenz») und Rot («strahlt Wärme, Sympathie und Kundennähe aus»).

Mit einer dreistufigen Kampagne sollte der Name Infineon zunächst in der breiten Öffentlichkeit verankert werden, um dann Appetit zu wecken auf die Aktien eines «Senkrechtstarters mit hervorragenden Zukunftsaussichten». Die Produkte waren nicht abgehobenes High-Tech, sondern fanden sich in Alltagsgegenständen wieder, die künftig das Leben eines jeden noch sicherer und komfortabler machen würden, lautete die Botschaft. Der Anspruch auf Dynamik und Innovationsfähigkeit wurde im Claim «Never Stop Thinking» gebündelt.

Die Publikumsresonanz war vorerst verhalten. Wenigstens zeigten die Zahlen wieder nach oben. 1998/99 machte Infineon nach der Vorjahreskatastrophe wieder 30,5 Millionen Euro Gewinn. Aus dem ursprünglich schon für Oktober 1999 anvisierten Börsengang wurde aber vorerst nichts. Die Emission – im Volumen die zweithöchste nach der Deutschen Telekom – schien den Siemens-Strategen noch zu riskant. Die deutlich kleinere Schwestersparte Epcos, vormals «Passive Bauelemente und Röhren», wurde vorgeschickt. Die Generalprobe für Infineon war überraschend erfolgreich. Der Aktienkurs verdoppelte sich in wenigen Wochen.

Die Verantwortlichen schöpften Mut, zumal die Börse und vor allem die Technologiewerte boomten, was Siemens auch an seinem eigenen Börsenkurs ablesen konnte. Infineon war unter den weltweit umsatzstärksten Halbleiterlieferanten seit 1995 vom fünfzehnten auf den neunten Platz vorgestoßen. 174 Millionen Infineon-Aktien, 29 Prozent des gesamten Kapitals, warteten auf neue Besitzer. Siemens hatte einiges dafür getan, um ihre Tochter schick aussehen zu lassen. Die ersten Interessenten wurden ähnlich wie beim Börsengang der Deutschen Telekom mit einem Frühzeichner-Rabatt bedacht, und pünktlich zum Börsengang glänzte auch die Bilanz wieder. Im ersten Quartal des Geschäftsjahres 1999/2000 hatte Infineon bereits 500 Millionen Euro Gewinn in ihre Kassen gespült. In einer gewaltigen Werbekampagne wurde die I-Aktie als neue Volksaktie gepriesen («Raten Sie anderen von Infineon ab, das erhöht Ihre Chancen»), und Schumacher klopfte die Redaktionen ab.

Das wäre nicht einmal nötig gewesen. In Familienrunden, an den Stammtischen, in den Büros, im Fußballklub und in der «Harald Schmidt Show» gab es in jenen Februar- und Märzwochen des Jahres 2000 kein anderes

Thema als die Börseneinführung des Chipherstellers. Die Startauflage von 40.000 Informationsbroschüren für Privatanleger war schon bald vergriffen. 200.000 warteten auf den Nachdruck. Berauscht vom Technologie-Hype legten viele Deutsche sich extra für Infineon erstmals ein Aktiendepot an. Die Banken verstärkten ihre Kundenberatungsstellen und Call-Centers, um den Ansturm bewältigen zu können. In Anlehnung an die T-Aktie der Deutschen Telekom sprachen nun alle von der I-Aktie und dem I-Day, dem ersten Handelstag und den erhofften Supergewinnen.

Alle rechneten mit großen Gewinnen beim Börsenstart und wollten von schnellen Zeichnungsgewinnen profitieren. Auch in Deutschland hatte sich mittlerweile herumgesprochen, dass sich mit Technologiewerten sehr rasch und viel höhere Renditen erzielen lassen, als wenn man sein Geld auf dem Sparbuch lässt oder es in Obligationen anlegt. Einige Kommentatoren sahen dies als Ausdruck einer entstehenden deutschen Aktienkultur, andere erkannten darin mehr die Gier nach kurzfristigen Spekulationsgewinnen, die durch die Ereignisse am Neuen Markt geweckt worden waren. Im Grunde genommen gab es aber kein Schlüsselereignis, an dem sich das Interesse an Aktien entzündet hätte. Die Zahl der Haushalte mit direktem Aktienbesitz ist in Deutschland in den letzen Jahren nahezu stetig gewachsen. Cornelia Bürger macht das Aufkommen des Internets, die gesellschaftliche Aufwertung des finanziellen Erfolges, die Altersvorsorge-Diskussion, das Aufkommen von Investmentfonds und die Ausweitung der Wirtschaftsberichte in den Medien dafür verantwortlich. Keiner, der in den letzten Jahren mit Aktien in Berührung kam, wollte oder konnte sich an schlechte Zeiten erinnern. Die Börse glich in den Augen vor allem auch jüngerer Leute einem Karussell, das sich immer nur in Richtung nach oben dreht. Man konnte sich zwar mal in dem einen oder andern Papier irren, aber dafür gab es genügend Gelegenheiten, um das Verlorene mit andern Titeln wieder einzuspielen.

Infineon-Papiere – die «Mauschelaktien»

Die Aktien des Siemens-Halbleiterbereichs, der 1998 noch einen Milliardenverlust erzielt hatte, wurden 33fach überzeichnet. Nur jeder Sechste gelangte an eines der begehrten Papiere zu einem Ausgabepreis von 35 Euro. Siemens verdiente so 6,1 Milliarden Euro. Wäre die ganze Nachfrage befriedigt worden, hätte der Konzern 5,7 Milliarden Aktien zum Preis von insgesamt 200 Milliarden Euro verkaufen können. Die Infineon-Papiere stiegen kurzzeitig auf knapp 85 Euro. Der Kurs blieb damit zwar deutlich hinter den erwarteten Preisen von bis zu 100 Euro zurück, dennoch trauerten die Nichtberücksichtigten der entgangenen Gelegenheit nach und kritisierten die Banken, allen voran die Konsortialführerin Goldman Sachs.

Ihr Frust entlud sich in den Zeitungsspalten und den Chats im Internet. «Die Mauschel-Aktie», höhnte «Bild». Kritik über Serverprobleme und dauerbesetzte Hotlines bei den Online-Banken, Warteschleifen bei den Hausbanken und Verzögerungen bei den Anbietern von Real-time-Kursen, die dem enormen Ansturm nur schwer standhielten, schütteten die Anleger über den Banken aus. «Meine Bank war schon am ersten Tag der Zeichnungsfrist total überfordert. Online war drei Tage stundenlanges Warten nötig, um dann doch keine Kontoinformationen zu erhalten», berichtete ein enttäuschter Anleger. Andere ließen ihrem Ärger freien Lauf: «Will für 75 Euro noch kaufen, komme aber nicht durch, weder telefonisch noch via Internet. Muss ich etwa persönlich dahin? Wer kommt mit? Vielleicht einen Leopard II Panzer klauen und da vorbeischauen!» Analysten rieten nicht berücksichtigten Anlegern, die I-Aktie in den nächsten Tagen nachzukaufen. Die voraussichtliche Aufnahme von Infineon in den Dax mache den Wert mittel- und langfristig attraktiv.

Umstritten war vor allem das Zuteilungsverfahren via Los. «Wer gute Beziehungen hat», so die Meinung frustrierter Kaufwilliger, «bekommt mehr.» Anneliese Hieke von der Vereinigung Aktionärinnen e. V. nannte die Infineon-Zuteilung «katastrophal». Das Verfahren müsse so gestaltet werden, dass es für den Kleinanleger transparent werde. Die Deutsche Schutzvereinigung für Wertpapierbesitz (DSW) bezeichnete die Zuteilung bei der Infineon-Emission als «nicht optimal». Besser wäre gewesen, ein Modell wie bei dem Telekom-Börsengang zu wählen, bei dem jeder berücksichtigt wurde, dafür aber weniger Aktien bekam. «Gibt es ein Bürgerrecht auf Infineon?», fragte die «Zeit». Die Konsortialbanken verwahrten sich gegen etwaige «Mauscheleien» bei der Zuteilung. 40 Prozent der Aktien seien an Privatanleger gegangen, obwohl diese lediglich 25 Prozent der georderten Aktien stellten. Ursprünglich hatte man nur ein Drittel der Aktien in kleinere Depots geben wollen.

Die Öffentlichkeit stieß sich aber auch am Verhalten des Vorstands, der rund 250.000 Aktien gezeichnet hatte. Die Zeichnung war nicht im Rahmen des Mitarbeiterprogramms erfolgt, sie tauchte im Börsenprospekt unter der Überschrift «bevorrechtigte Zuteilung an Geschäftsfreunde» auf. Insgesamt drei Prozent der zum Verkauf stehenden Aktien wanderten an diesen Kreis von «einigen wichtigen Kunden, Lieferanten und weiteren Personen», die dazu dienen, Geschäftspartner durch eine bevorrechtigte Zuteilung an sich zu binden. Deutsche Aktienschützer betrachteten das Vorgehen zwar als legal, aber nicht als legitim, weil sich die Chancen der Kleinanleger, sich ein Infineon-Papier zu sichern, noch einmal drastisch verminderten. Viel anstößiger war, dass es dem Vorstand durch diesen Trick möglich war, die Papiere bereits vier Monate nach dem Börsengang in Bares umzumünzen. Schumacher kassierte in jenem kurzen Sommer 2000, Gehalt und Boni inklusive, schätzungsweise 8,6 Millionen Euro.

Das Wissen um die Zyklizität schien wie von Geisterhand weggezaubert. Die Beweggründe der Siemens-Führung für den Infineon-Börsengang waren vergessen. Die Halbleiterchefs dieser Welt schwärmten davon, dass die Nachfrage nach Chips während der nächsten zwei bis drei Jahren nicht befriedigt werden könnte.

«Ein Verhältnis wie zwischen Mutter und Tochter»

Im Laufe des Jahres 2001 hellten sich die Gesichter derjenigen wieder auf, die bei der Infineon-Emission leer ausgegangen waren. Die Infineon-Aktionäre hingegen verfolgten neuerdings die Prognosen der Hersteller und Branchenexperten wie Fußballfans die neusten Resultate ihres Lieblingsvereins. Das Jahr sollte sich zum ärgsten Absturz in der Geschichte der Halbleiterhersteller überhaupt auswachsen. Alle wurden auf dem linken Fuss erwischt: Der Branchenverband der Halbleiterundustrie, die Semiconductor Industry Association, hatte für 2001 einen Zuwachs von 22 Prozent prognostiziert und das Marktforschungsinstitut Dataquest hatte die Delle Ende 2000 als ein kurzfristiges Ereignis bezeichnet. Heinrich von Pierer hatte so seine Ahnungen. Anlässlich des Börsengangs in New York im März 2001 erklärte er, Siemens werde das geplante Gewinnwachstum nur schaffen, wenn er Infineon ausklammere.

Schumacher reagierte verschnupft. «Wir haben keinen Grund, von unseren Zahlen abzuweichen», konterte er. Anfang April sprach er erstmals vorsichtig von «Wachstumsdellen», um die Anleger auf der Hauptversammlung Mitte des Monats wieder zu beruhigen, dass er mit einer Erholung der extrem zyklischen Speicherchips im zweiten Halbjahr 2001 rechne. Auf der Aufsichtsratssitzung Ende April präsentierten er und sein Finanzchef aufschlussreiche Wachstums- und Gewinnprognosen. Selbst für das Szenario eines extrem schlechten Geschäftsverlaufes (worst case) erwarteten sie noch einen Gewinn vor Steuern und Zinsen um die 70 Millionen Euro für das im September endende Geschäftsjahr. Tatsächlich endete das Jahr tiefrot mit einem operativen Verlust von 1,02 Milliarden Euro. Die Krise, welche die Chipbranche im Jahr 2001 ereilte, hatte eine neue Dimension erlangt. «So drastisch und schnell war die Nachfrage noch nie eingebrochen», rechtfertigte sich Schumacher.

Von Pierer und Neubürger verbannten schließlich die Tochter, wie bereits im Herbst 1998 angekündigt, «zügig, aber nicht hastig» schrittweise aus der Siemens-Bilanz. Nach dem Börsengang besaß der Mutterkonzern noch die Mehrheit, dann verringerte er den Anteil ein erstes Mal mit einer unkonventionellen Methode: Er verschob ein Paket der Aktien zum hauseigenen Pensionsfonds – dieser hält nun 13,5 Prozent der volatilen Infineon-Aktien, ohne dass die Versicherten vorgängig gefragt werden mussten. Bei der Kapitalerhöhung im Sommer 2001 zog Siemens nicht mit und senkte damit die Beteiligung bereits auf 51 Prozent. Im Dezember 2001 reduzierte Siemens den Anteil unter die magische 50-Prozent-Marke – Infineon gehört seither nicht mehr zum konsolidierten Konzern.

Das Verhältnis zwischen Siemens und Infineon hatte sich zusehends verschlechtert. «Siemens verhält sich so, als ob Infineon noch immer ihm gehören würde», sagte Schumacher im Sommer 2001 in einem Interview mit der «Financial Times». Er sprach von Konflikten in Bezug auf Managementstil und Strategie und verglich das Verhältnis mit demjenigen zwischen Mutter und Tochter, zwischen denen große kulturelle Unterschiede bestünden. Siemens tat sich in der Tat schwer mit der Emanzipation des Halbleiterbereichs. Jedes Mal, wenn Infineon ein Thema wie etwa die Ausgestaltung seiner Stock-Options-Pläne anders anpackte, stellte der Siemens-Vorstand Fragen nach der Zweckmäßigkeit. Wenn Infineon dafür öffentlich noch Lob erhielt, weil Schumacher die Optionen nicht von oben nach unten in absteigender Zahl ausschüttete, sondern nach der effektiven Wichtigkeit für das Unternehmen, konnten sich die Siemens-Verantwortlichen nicht mitfreuen. «Die Außenwelt liebt solche Situationen, vergleicht und polarisiert dadurch. Erst so entsteht das interne Problem überhaupt», seufzt Schumacher. Andere Themen wie die des Firmenautos oder -handys, die bei Siemens an den Status innerhalb des Unternehmens und weniger an die effektive Aufgabe geknüpft sind, tastete Schumacher in einer ersten Phase bewusst nicht an, um weitere Spannungen zu vermeiden.

In der Liste der möglichen von Pierer-Nachfolger war Schumacher früher ganz oben gestanden. Sein Name tauchte immer weniger auf, ab Mitte 2001 überhaupt nicht mehr. Von Pierer widerspricht zwar, dass das Verhältnis beider Vorstandschefs gespannt sei: «Es gibt keine Meinungsverschiedenheiten.» Sie telefonieren und treffen sich regelmäßig zum Abendessen. Symptomatisch ist aber, dass sich etwa das Verhältnis zwischen Schumacher und Siemens-Finanzchef Neubürger, die früher auch privat befreundet waren, zusehends abkühlte. Bei der Abspaltung und dem Börsengang wurde Schumacher von Neubürger noch tatkräftig unterstützt, und das Power-Duo machte den Börsengang mit vereinten Kräften zum Erfolg. Inzwischen haben sich die Interessenlagen der beiden Unternehmen auseinander bewegt. Schumacher war nicht besonders glücklich darüber, dass sich der Mutterkonzern ausgerechnet in der größten Krise von der Infineon-Mehrheit trennte, auch wenn er diesen Schritt grundsätzlich begrüßte. Da Siemens, abgesehen von steuerlichen Änderungen, ohne ersichtlichen Grund zu verkaufen schien, schürte Neubürger damit das Misstrauen der Kapitalmärkte. Die Beziehung zwischen Neubürger und Schumacher hätte sich seither deutlich «versachlicht», heißt es aus dem Umfeld Schumachers.

Das Jahr 2001 wurde zum Schreckensjahr für die Chiphersteller. Die Umsätze brachen um einen Drittel im Schnitt ein, billige Chips überschwemm-

Weltmarktanteile am Halbleitermarkt 2001

	Umsatz in Mio. Dollar 2001	Marktanteil in Prozent 2001	Umsatzveränderung (in Prozent) 2000/2001
Intel	24,9	16,0	-17,7
Toschiba	6,8	4,4	-37,6
STMicroelectrinics	6,4	4,1	-19,4
Samsung	6,3	4,0	-40,4
Texas Instruments	6,1	3,9	-34,2
NEC	5,4	3,5	-49,4
Motorola	4,8	3,1	-37,1
Hitachi	4,7	3,0	-35,2
Infineon	4,5	2,9	-33,0
Philips Semiconductor	4,4	2,8	-29,9
Andere	81,1	52,2	-31,4
Total	**155,4**	**100**	**-31,2**

GRAFIK STR / QUELLE: SIEMENS/GESCHÄFTSBERICHT 2001

Abbildung 14

ten den Markt und ließen in manchen Unternehmen die flüssigen Mittel bedrohlich knapp werden. Ein Speicherchip mit einer Leistung von 128 Megabit kostete im Herbst 2001 weniger als einen Dollar. Ein Jahr zuvor hatte man noch 15 Dollar berappen müssen. Damit Infineon auch nur seine Ausgaben decken konnte, hätte sie gemäß eigenen Angaben pro Chip 6 Dollar verlangen müssen. Die effektiven Kosten dürften etwa bei 4 Dollar liegen, wie unter Experten vermutet wird, aber diese Zahlen werden geheim gehalten, weil man der Konkurrenz höchst ungern Einblick in die eigene Kostenstruktur gewährt.

Die Verluste häuften sich. Gleichzeitig waren die Firmen gezwungen, Moores Gesetz folgend in neue Technologie zu investieren, um beim Aufschwung wieder fit zu sein. Der enorme Finanzbedarf schüttelte jeden Halbleiterhersteller durch. Einige drohten aus der Bahn zu kippen. Der südkoreanische Hersteller Hynix etwa stand kurz vor dem Konkurs. In letzter Minute einigten sich die Gläubigerbanken auf ein Rettungspaket. Der Konkurrenz passte dies ganz und gar nicht. Infineon und die Nummer zwei der Speicherbranche, Micron, fütterten ihre Regierungen mit Informationen zu den wettbewerbsverzerrenden Praktiken. US- und EU-Funktionäre intervenierten bei der Welthandelsorganisation (WTO), die Südkorea aufforderte, keine weiteren Hilfen mehr an Hynix zu leisten.

Ulrich Schumachers Nerventest

Die Nerven der Halbleiter-CEOs flatterten. Schumacher benötigte ebenfalls Geld, um in die gemeinsam mit Motorola entwickelte 300-Milimeter-Technologie zu investieren. Trotz denkbar schlechtem Umfeld war Schumacher bereits im Juli gezwungen, eine Kapitalerhöhung zu platzieren. Zu aller Überraschung wurde das Papier überverkauft – dieses Mal hatte sich aber kaum ein Kleinanleger mehr dafür interessiert – und löste zu einem Preis von 25 Euro pro Aktie immerhin 1,5 Milliarden Euro. Geld brachte schließlich der Verkauf des Anteils am Leuchtdioden-Gemeinschaftsunternehmen mit der Siemens-Tochter Osram an Siemens ein. Experten kritisierten den Verkauf allerdings als kurzsichtig.

Die Situation spitzte sich weiter zu. Die zusätzlichen Mittel drohten innerhalb weniger Monate aufgebraucht zu sein, wenn sich der Markt für Speicherchips nicht rasch besserte. Um die Kosten in den Griff zu bekommen, kappte Infineon im September 2001 die Investitionen um die Hälfte auf 750 Millionen Euro, baute Tausende von Stellen ab und erweiterte die Kreditlinien. Infineon verfügte jetzt immerhin über ein Polster von über 2 Milliarden Euro. Im November dachte das Management laut über den Verkauf von Randbereichen nach für den Fall, dass sich die Krise hinziehe. Die Industrieelektronik, der Bereich mit den geringsten Wachtsumsaussichten, stand intern ganz oben auf der Verkaufsliste. Im Januar ging Infineon mit einer Wandelanleihe mit einer Laufzeit von fünf Jahren zu einem für das Halbleiterunternehmen attraktiven Zinssatz von 4,25 Prozent auf den Kapitalmarkt.

Infineons Verluste beliefen sich im Geschäftsjahr 2000/2001 auf rekordhohe 1,02 Milliarden Euro. Allein die Speicherchips trugen 931 Millionen Euro zum ernüchternden Resultat bei. Die Stimmung war gereizt und drohte zu eskalieren: Schumacher legte sich selbst mit dem Marktführer Samsung an und beschimpfte ihn, Dumping zu betreiben. Die Koreaner hätten so die Konkurrenz ruinieren wollen. Mit einem Milliardenkonzern im Rücken, wie das Schumacher aus der Zeit bei Siemens nur zu gut kannte, könne Samsung sich das leisten, giftelte er.

Schumacher verspielte auch intern viel Goodwill. Ende November gestand er an einer Betriebsversammlung Fehler ein: «Aus heutiger Sicht hätte Infineon mindestens zwei Monate früher auf die Bremse treten müssen.» Die Marktsituation sei falsch eingeschätzt worden. Anlass des Ärgers war die Ankündigung, dass 5000 Stellen abgebaut werden müssten. Die Betriebsräte hielten Schumacher seinen eigenen Claim «Never Stop Thinking» vor, empfahlen ihm in einem Flugblatt das IG Metall-Seminar «Wege aus der Krise, Alternativen zur Massenentlassung», da «der Infineon-Vorstand Umsatzzuwächse als normal betrachtet, jedoch Umsatzeinbrüche seine Vorstellungskraft übersteigen». In einer massiven Werbe- und Abwerbeaktion waren noch bis März 2001 qualifizierte Mitarbeiter angeworben worden. Wer den Umgarnungsversuchen nachgegeben hatte, lief Gefahr, schon bald wieder auf der Straße zu stehen. Manche wurden während der Probezeit gekündigt, andern wurde beschieden, sie müssten gar nicht erst an ihrem neuen Arbeitsplatz erscheinen, weil oft bis zu sechs Monate zwischen dem ersten Bewerbungsgespräch und dem Eintritt ins Unternehmen lagen. Gemäß Schumacher war etwas weniger als jeder Vierte der Neueingestellten betroffen, bei den restlichen Mitarbeitern jeder Siebte. 70 Prozent der Einsparungen seien sachbezogen gewesen. Die Gewerkschaften aber trommelten lauter und lauter, ließen den Eindruck entstehen, dass jeder und jeder der Neuen ausgemustert wurde und prophezeiten Langzeitschäden, weil es jetzt um den Ruf von Infineon bei qualifiziertem Personal geschehen sei. An der Hauptversammlung im Januar 2002 war die Reihe an den Aktionären, Schumacher heftig zu kritisieren.

Auch die geplatzten Gespräche mit Toshiba über eine Zusammenarbeit im Speichergeschäft wurden ihm als persönliches Scheitern ausgelegt. Dabei hatten sämtliche Hersteller miteinander über Kooperationen verhandelt, um so die Kapazitäten abzubauen und Entwicklungskosten zu teilen. Schumacher hatte seine Gespräche mit Toshiba bereits in einer frühen Phase im Sommer 2001 öffentlich gemacht. Knackpunkt waren aber die Restrukturierungskosten, die Toshiba Infineon hatte aufbürden wollen. Der US-Konzern Micron funkte dazwischen und überzeugte Toshiba stattdessen vom schrittweisen Ausstieg aus diesem Geschäft, indem er den Japanern ein Werk in den USA für viel Geld abkaufte. Das Geschäft mit Toshiba hatte zwar Micron gemacht, dank dem schrittweisen Ausstieg der Japaner reduzierten sich aber immerhin die Produktionskapazitäten. Anfang 2002 verdichteten sich die Hinweise, dass die Halbleiterbranche vor einer Auferstehung stehen könnte. Schumacher wartete ab. Er war in den letzten Monaten vorsichtig geworden in der Wahl seiner Worte. Das Schreckensjahr hat ihn nachhaltig geprägt. «Die letzten drei Monate des Jahres 2001 haben die Kultur des Unternehmens mehr geändert als die Erfolgsjahre zuvor.»

«Die letzten drei Monate des Jahres 2001 haben die Kultur des Unternehmens mehr geändert als die Erfolgsjahre zuvor.»

Ulrich Schumacher

Der Realist Schumacher zieht aus seiner Erfahrung als Vorstandsvorsitzender nüchterne Konsequenzen. Jedem sollte bewusst geworden sein, dass es bei dem herrschenden knallharten Verdrängungswettbewerb keinen Platz mehr für Sentimentalitäten gebe. «Die schöne alte Welt der Gefälligkeiten und Abhängigkeiten existiert nicht mehr.» In der Halbleiterindustrie sei dies lediglich bereits jetzt deutlicher zu spüren als in anderen Branchen, da das Geschäft derart schnell und international sei. «Unsere Konkurrenten sitzen nicht in Deutschland, sondern den USA und Asien.» Dieses Selbstverständnis soll den Kern der neuen Unternehmenskultur von Infineon ausmachen. «Corporate Identity gibt sowohl nach innen als nach außen ein klares, eigenständiges Unternehmensprofil ab und bewirkt somit eine deutliche Abhebung vom Wettbewerb», sagt Corporate Culture-Verantwortliche Simone Angress.

Ende 1999 wurden die Infineon-Werte, die Angress als «Orientierungsrahmen für das tägliche Handeln» umschreibt, verabschiedet. Sie wurden unter anderem abgeleitet aus Interviews, die Vorstandschef Schumacher gegeben hatte, einer Mitarbeiterbefragung, der Branding-Kampagne und Ideen der Personalabteilung. In weltweiten Workshops wurden die Werte danach diskutiert sowie in Einzelinterviews vertieft. Vier zentrale Werte machen den Kern der Unternehmenskultur aus: «We never stop thinking», «We act entrepreneurially for the sake of our customers», «We strive for excellence in people and leadership» und «We win together» (siehe Anhang). Die Krise des Jahres 2001 habe ein neues Bewusstsein für den Inhalt dieser Werte geschaffen, das nun in die nächste Aufschwungphase hinüber gerettet werden müsse, sagt Schumacher. Er hofft etwa, dass mit den finanziellen Mitteln sparsamer umgegangen würde als noch im Jahre 2000 und dass in Leute investiert wird. «Gutes Management zeichnet sich dadurch aus, dass man Fehler zulässt, ohne sofort zu intervenieren. Das ist Teil des Lernprozesses.» Nur so könne eine Unternehmenskultur entstehen, in der die einzelnen Mitarbeiter eigenständig zu denken und Verantwortung übernehmen lernen. Schumacher hält inne, zuckt mit den Schultern. «Das Unternehmen muss flexibler und besser werden und vor allem schneller auf Veränderungen im Markt reagieren. Das ist unsere einzige Chance für die Zukunft.»

Das Handybusiness – der graue Planet wird farbiger

Wolfgang Dötz, der Werbe-Dinosaurier

Seit drei Jahren verzichtet Wolfgang Dötz auf Krawatten. In dieser Angelegenheit ist er ziemlich konsequent, sagt seine Sekretärin. Das ist im Siemens-Hauptquartier am Wittelsbacherplatz ungewöhnlich. Wer in der Zentrale vorwärts kommen will, sollte Jeans und T-Shirt zu Hause lassen und in tadelloser Hose, Hemd und Krawatte zur Arbeit erscheinen. Ein Blick in die Kantine bestätigt die interne Regel: Zwischen Tagesmenüs und Desserts wimmelt es von Graureihern und Schlipsträgern.

Wolfgang Dötz will mit seinem Outfit den Wandel des Unternehmens bewusst nach außen signalisieren. «Siemens ist heute ein ganz anderer Konzern als noch vor zehn Jahren.» Der 55-Jährige bezeichnet sich selbst als «Dinosaurer der Siemens-Werbung». Seit seinem Studium an der Werbeakademie in München hat er kein anderes Unternehmen als den Elektrokonzern von innen erlebt. Die verschiedensten Kommunikationsaufgaben hat er hier wahrgenommen. Bevor er Ende 1999 in die Abteilung Brand und Design wechselte, wo er heute für die Markenführung verantwortlich ist, leitete Dötz zehn Jahre lang die Werbung für das Telefongeschäft, darunter auch die Mobiltelefone.

Seit dieser Zeit hat sich das Werbebudget für die Mobiltelefonie verhundertfacht – und Siemens engagiert sich mit Millionenbeträgen im Formel-Eins-Zirkus, sponsert den Fußball-Spitzenklub Lazio Roma oder die Vierschanzentournee im Skispringen. Die Summen, die dabei in die Hand genommen werden müssen, lösen intern noch immer Kopfschütteln aus, aber damit kann er gut leben. Schließlich habe Siemens dank dem Handygeschäft ein neues Markenbewusstsein entwickelt. «Eine starke Marke steigert den Vermögenswert. Das ist jetzt wohl jedem klar», sagt er verschmitzt.

Wolfgang Dötz ist einer, der die Städte voll klebt mit Riesengesichtern und knalligen Slogans, der uns im Radio keine drei Songs hintereinander hören lässt und immer wieder überlegt, wie die Marke Siemens im täglichen Getöse von über 6000 gesendeten TV-Spots auffallen kann. Kein einfacher Job, nimmt doch ein Deutscher bis zu seinem 20. Lebensjahr ungefähr 200.000 Werbebotschaften auf. Dötz liebt die Verführung und weiß, dass kein Mensch es mag, sich mit Produkten und deren Vorzügen zu beschäftigen, wenn die «Sportschau» ausgestrahlt wird. Er weiß auch, dass sich im Hirn des Konsumenten beim Stichwort Werbung eine hohe Mauer aus Desinteresse und Abwehr auftürmt, und wer diese durchstoßen will, amüsieren, begeistern und überraschen muss. Er ist durch und durch ein Werbemensch, fasziniert vom Beruf und seinen Möglichkeiten: «Ein gut gemachter TV-Spot kann in einigen Tagen die ganze Welt verändern.» Hunderttausende geben wie auf Kommando ihr Geld aus, kaufen ein Siemens-Handy, das sie vorher gar nicht gekannt haben. Auch seine Frau führt zusammen mit ihrer Schwester ein Atelier für Grafikdesign. Väterlicher Stolz schimmert auf, wenn er von seiner Tochter erzählt, die als «International Account Manager» in einer bekannten Londoner Werbeagentur arbeitet.

Auf seinem Pult stapeln sich die Bücher zum Thema Marke, vierzehntäglich erscheint ein neues. Alles Versuche, neue Wege zu gehen, weil die klassische Werbung nicht mehr klassisch funktioniert. Das Konsumverhalten ist total individualisiert. Die Welt ist unübersichtlich geworden und verändert sich sehr schnell. Heute muss man die Zielgruppe mit Unerwartetem umgarnen, damit die Doppelseite nicht überblättert oder vor dem TV weggezappt wird. Durch List oder Provokation in die Hirne gelangen und dort die Markenbotschaft verankern. Die Praktikanden, die ihre Diplomarbeit über Markenwert und Markenpflege bei Siemens schreiben wollen, stehen bei ihm Schlange. «Das Thema ist offensichtlich in», lächelt Dötz und lässt genüsslich ein Räuchlein aus seinem Zigarillo gegen die Decke steigen.

Dabei hat er gar keinen Grund, sich zurückzulehnen, denn über Siemens haben sich schon Dutzende von Markentechnikern und Agenturen den Kopf zerbrochen. BMW steht für Freude am Fahren, IBM für E-Business, Cisco Systems für die Veränderung der Welt durchs Internet und Coca Cola für Enjoy. Wofür steht eigentlich Siemens? Wenn man die Liste an unterschiedlichen Slogans der letzten Jahre Revue passieren lässt, dann bleibt dies höchst schwammig. Zu viele waren es, in höchst unterschiedlicher Qualität.

Entsprechend abgeschlagen dümpelt Siemens in der Rangliste der hundert wertvollsten Markennamen auf einem der hintersten Plätze. Der Markenwert liegt irgendwo zwischen 1,03 Milliarden Dollar (Interbrand/Business Week 2001) und 10,6 Milliarden Euro (Semion/Horizont 2001). Dieser Unterschied mit Faktor 10 ist ein anderes Problem, das dem Markenprofi Sorgen bereitet; er ist auf der Suche nach neuen Messmethoden. Doch welchen Wert man auch immer heranzieht, es ist ein Klacks verglichen mit Coca-Cola (69 Milliarden/Interbrand) oder Nokia (35 Milliarden). Auch der große Konkurrent General Electric hat für solche Imageschwierigkeiten nur ein müdes Lächeln übrig. Die Marke des Mischkonzerns rangiert in der jährlichen Studie von Interbrand auf Platz vier, Markenwert 42 Milliarden Dollar. Ein Schlag ins Gesicht für Dötz? «Im Gegenteil. Sie belegt, dass wir Nachholbedarf haben.»

So hausiert er am Wittelsbacherplatz mit dieser im US-Magazin «Business Week» veröffentlichten Tabelle, jongliert mit imposanten Zahlen, welche die großen Firmen investieren, um ihren Brand zu pflegen. 200 Millionen Dollar lassen sich IBM, Hewlett Packard oder Coca Cola jährlich den Krieg um die Marken-Aufmerksamkeit kosten. Das war für Siemens-Manager bisher unvorstellbar. «Wir befinden uns aber auf der Lernkurve steil nach oben.»

Mittlerweile ist alles «Zentralvorstand-proved», wie Dötz nicht ganz ohne Stolz sagt, abgesegnet durch die mächtigen Herren in der Teppichetage. Als die Corporate Branding-Crew im Frühjahr 2000 – zwischen Abendessen und Schlummertrunk am ersten Abend der Quartalsgespräche – ihr neustes Konzept präsentierte, sei vielen der 30 wichtigsten Männer des Unternehmens ein Licht aufgegangen. Dötz will gar «Betroffenheit» registriert haben. Von der «Steigerung des Unternehmenswertes» war die Rede, vom quantifizierbaren Erfolg einer aktiven Markenpolitik.

In den letzten vier Jahren sammelte das Team systematisch Daten, führte Umfragen bei Kunden und Mitarbeitern durch und brachte die entsprechenden Werte in einen Zusammenhang. «Wir haben die besten Leute dafür eingekauft.» Das erweckt den Eindruck von Genauigkeit und Wissenschaftlichkeit, «zwei Substantive, die in der Siemens-Welt enorm helfen». Fazit der Marktforschung: Siemens wird zwar mit Qualität, technischer Innovation und hochwertigen Produkten gleichgestellt. «Was uns aber fehlt, ist die Nähe zum Menschen. Man respektiert uns zwar, aber man liebt uns nicht», hat Dötz herausgefunden.

Zusammen mit seinem achtköpfigen Team und einem Netzwerk von weltweit tätigen Agenturen stellte Dötz im Jahr 2001 die neue Brandingstrategie auf die Beine. Logo, Schrift, Farben und Layout, kurz, der ganze Markenauftritt wurde überarbeitet. Siemens soll künftig für «innovativ», «emotional», «schnell», «menschlich», «weitsichtig», «zuverlässig», «neugierig», «kompetent», «flexibel» und «global» stehen. Dazu müssen die Siemens-Mitarbeiter auf der ganzen Welt «evangelisiert» werden, wie Dötz es nennt.

Dafür jettet der Brand-Manager um den Erdball oder betreibt seine Missionierung von München aus, wo die Mitarbeiter aus der ganzen Welt zu Blitzkursen antreten müssen. Er will das nicht als Befehlsausgabe verstanden wissen. «Das würde bei uns schlicht nicht funktionieren.» Vielmehr sieht er sich als jemanden, der im Unternehmen eine «Revolution» angestoßen hat. «Statt dicke Handbücher zu wälzen, die eh niemand liest und morgen wieder überholt und vergessen sind, haben wir die sakrosankte Regel, dass das Firmenlogo immer links oben steht, als erstes gekippt.»

«Klinisch praktisch tot»

Im Handybusiness, in dem die Marke schon bald eine zentrale Rolle spielte, kam Siemens lange Zeit nicht zurecht. Der Konzern behandelte die Thematik zunächst stiefmütterlich und setzte 1994/95 nur eine Million Geräte ab, bei einem weltweiten Verkauf von 43 Millionen Stück. Im Jahr darauf waren es 2,5 Millionen Stück. Das reichte, um sich in Deutschland einen Marktanteil von gut 40 Prozent zu sichern und Marktführer nennen zu können. Außerhalb der deutschen Grenzen kam das Geschäft aber nicht auf Touren; die Konkurrenten Nokia, Ericsson und Motorola machten unangefochten Kasse. Statt der erhofften dreistelligen Millionengewinne erwirtschaftete der Siemens-Bereich im Geschäftsjahr 1997/98 deshalb gerade einmal eine schwarze Null.

Woran lag das? Die Handy-Ingenieure entwickelten sündhaft teure, mit allerlei Schnickschnack voll gestopfte Geräte. Sie waren eckig, klobig und schwer; ihre Besitzer nannten sie auch «Brikett». Sie erweckten den Eindruck, im Notfall auch zum Einschlagen eines Nagels oder als Wagenheber zu taugen, erinnert sich ein Siemens-Manager. Der Markt aber verlangte nach billigen, trendigen Geräten. Entsprechend blieb Siemens außerhalb Deutschlands auf seinen Geräten sitzen. In der Schweiz wurde außerdem das Geschäft bis 1999 «hobbymäßig» neben dem Telefonanlagengeschäft betrieben. Die Zahlen wurden nicht separat konsolidiert; Geld für Werbung war keins vorhanden. «Wenn wir mehr als 50 Geräte aus Deutschland orderten, waren wir versucht, um Mengenrabatt nachzufragen», sagt Beat Brändle, damaliger Verkaufsleiter in der Schweiz.

Während Nokia es in dieser Zeit gelang, das Handy in ein Kultobjekt zu verwandeln, wurde in Finanzkreisen über die Geräte von Siemens gewitzelt: «Die Einzigen, die Siemens-Handys benutzen, sind die Mitarbeiter der Dresdner Bank. Sie haben keine andere Wahl, schließlich kommt das Gerät von Siemens», frotzelten die Analysten. «Siemens war in diesem Bereich praktisch tot, zumindest klinisch tot», sagte der I & C-Vorstand Volker Jung gegenüber dem «Wall Street Journal». «Wir waren bereit zu verkaufen.»

Die Erfahrung, dass Technologie und Qualität ein Geschäft allein noch nicht ins Rollen bringt, war für Siemens schmerzlich. Schließlich hatte man diese Eigenschaften bisher als die wichtigsten Erfolgsfaktoren schlechthin angesehen. Stattdessen musste man sich jetzt belehren lassen, dass Mobiltelefone mehr mit Gucci-Handtaschen oder Ferraris gemeinsam haben als mit Kraftwerken, Eisenbahnwagen oder Glühbirnen.

Rudi Lamprecht, der frühere Hewlett-Packard-Mann, den Gerhard Schulmeyer zu Siemens Nixdorf gelotst hatte, nahm die Zügel in die Hand. Schwerstarbeit wartete auf ihn. Er schickte eine kleine Armee von Markt- und Trendforschern los, um in acht Städten auf drei Kontinenten auszukundschaften, was für Gefühle die Konsumenten mit dem Namen Siemens assoziieren. Das Resultat war ernüchternd: Verlässlich zwar, gute Qualität, deutsch eben, aber langweilig. «Siemens ist ein grauer Planet», fasst Wolfgang Dötz, der damals für die Marketingkommunikation bei den Handys verantwortlich war, die Resultate zusammen. Das Ziel war klar: Aus dem «grauen Planeten» musste ein «farbiger», attraktiver entstehen.

Lamprecht wusste: Mit den bisherigen Leuten und ihrem Verständnis, wie man Produkte verkauft, war der Turnaround nicht zu schaffen. 70 Prozent der oberen Mobiltelefoniemanager mussten ihr Büro räumen. Der frühere Leiter Dietrich Botsch, ein Ingenieur der alten Schule, wurde in Frührente geschickt. Peter Zapf, der 1980 bei Siemens den ersten Personal Computer entwickelt hatte, brachte neuen Wind. Zunächst stattete er die Verkaufsleute mit Profit- und Loss-Verantwortung aus und übertrug sie dann später dem Produktmarketing, um den Druck von der Marketingseite auf die Entwickler zu verstärken. Der Franzose George Boulloy sollte als neuer Produktmanager die Märkte außerhalb Deutschlands erschließen. Der Philips-Mann verfügte über eine Siemens-untypische Eigenschaft: Er sprach kein einziges Wort deutsch. Zapf soll ihm eingebläut haben, er solle sich unterstehen, die Sprache auch nur ansatzweise zu lernen. Von diesem Zeitpunkt an wurden alle Sitzungen auf Englisch geführt; in derselben Sprache wurden auch die Präsentationen und internen Informationen, sogar für die Entwickler, verfasst. Ein Psychologe verfolgte während eines ganzen Jahres die Kadersitzungen und analysierte das Verhalten der Einzelnen. Er sollte ein weiteres Problem beseitigen helfen: Die internen Hierarchien mussten möglichst rasch abgebaut werden, um schneller zu Entscheiden zu gelangen. Noch viel wichtiger: Siemens Handys mussten trendiger werden.

«Früher hätte man uns für Ellipsen die Hände abgeschlagen.»

Jörn Ludwig

Lamprecht stellte die internen Abläufe als erstes auf den Kopf und beschnitt vor allem die Macht der Entwickler. Früher wurden etwa die Designer und die Margenkalkulatoren erst dann beigezogen, wenn die Technik komplett fertig war. Heute zählen sie von Anfang an zum «Definition Team», das die Vorgaben für ein neues Modell entwickelt. «Früher hätte man uns für Ellipsen die Hände abgeschlagen», sagt der Designer Jörn Ludwig, der das im Sommer 2001 auf den Markt gelangte S45 «schon sehr weiblich» findet.

Siemens ließ es sich zudem eine hübsche Summe kosten, als 1998 die weltweit tätige Agentur J. Walter Thompson engagiert wurde, um einen einheitlichen Auftritt zu schaffen. Diese fragte sich zunächst, weshalb der Konsument im Geschäft nach einem bestimmten Handy greift. Der Befund: In einer ersten Phase hätte der Handybesitzer eine Art «Pionier-Status» inne gehabt. Dann spielten Leistungsmerkmale eine Rolle. Als immer mehr Leute ein Handy besaßen, drehten sich die Diskussionen vor allem darum, welcher Akku länger durchhält. Im nächsten Schritt, demjenigen zum Massenmarkt, sei das Design ausschlaggebend: Wer hat ein kleines, schönes Gerät, wer ein protziges, hässliches? Die zentrale Frage: Wie schafft man Verlangen nach einem bestimmten Gerät, wenn dies einem Produkt an sich nicht gelingt?

Im Herbst 1998 wurde die «Be Inspired»-Kampagne geboren, die für Siemens ein absolutes Novum war. Nicht die Eigenschaften der Produkte standen im Vordergrund, sondern ein bestimmtes Lebensgefühl. Siemens engagierte verschiedene prominente Künstler, die man zur «Avantgarde» zählte. Die Violonistin Vanessa Mae etwa komponierte ein Stück, das auf den Siemens-Handys nunmehr als Klingelton gewählt werden kann, der Modezar Jean-Paul Gaultier schuf eine Lederweste für Frauen mit einer Außentasche für das Siemens SL10. Die Siemens-Manager selber sprachen in der Öffentlichkeit weniger über das Innenleben, sondern mehr von der Außenhülle der Geräte. «Es hat ein wunderschönes, wenn nicht erotisches Design. Es ist etwas, was sie berühren und fühlen wollen», tönte etwa ein damaliger Marketingmanager gegenüber dem «Wall Street Journal».

Der Übergang ins neue Kommunikationszeitalter verlief aber nicht derart schwungvoll, wie das auf den ersten Blick scheint. «Es war eine schwierige Zeit», sagt Dötz. Einerseits für die Agentur, weil sie es mit einem Unternehmen zu tun bekam, das sich bislang mehr um den Verkauf von Kraftwerken oder Eisenbahnzügen gekümmert hatte und über wenig Erfahrungen im Massengeschäft verfügte. Siemens hatte seine Schwierigkeiten mit dem Thema Emotionalität und auch damit, plötzlich in derart großen Dimensionen zu denken, was Marketingbudgets anbelangt. Auch die Zusammenarbeit mit einem Netzwerk von Agenturen bereitete Mühe, weil der Konzern eher projektbezogen mit Externen zusammengearbeitet hatte. «Wir brauchten etwa zwei Jahre, um einander zu verstehen und zu lernen, wie die andere Seite arbeitet», sagt Dötz.

Abbildung 15: **Be inspired – ein Werbebeispiel**

Mit der großen Kelle anrichten musste Siemens bei den Sponsoringaktivitäten. Der Sport, speziell die Formel-1 und Fußball, schienen am besten dafür geeignet, Siemens vor allem im Ausland bei den Zielgruppen bekannt zu machen oder auch das Image aufzupolieren. Das ging intern nicht ohne Nebengeräusche vonstatten. Nicht nur der Summen wegen, die gemäß offiziellen Angaben insgesamt «deutlich unter 100 Millionen Euro pro Jahr» liegen sollen. Als das Stammhaus entschied, sich als Trikotsponsor von Lazio Roma zu verpflichten, tat sie das über die Köpfe der Länderverantwortlichen in Italien hinweg. Diese hatten keinen Schimmer, dass auch nur Gespräche zwischen ihrer Firma und den Römern geführt wurden. Und auch der Einstieg beim britischdeutschen Formel-1-Rennstall McLarenMercedes 1998 sorgte für heftige Diskussionen. Das Geschäft musste vor den Vorstand. Die Manager diskutierten hin und her, äußerten Bedenken und stellten angesichts der dafür notwendigen Riesensumme die Nützlichkeit in Frage. «Stellen Sie sich vor, Sie sitzen vor dem Fernseher und sehen einen brennenden Boliden, auf dem Siemens steht. Ich will nie groß den Schriftzug Siemens auf einem der Autos sehen», wehrte angeblich ein Vorstandsmitglied ab. Dann ging das Geschäft doch noch über die Bühne. Es lief wohl nur deshalb so reibungslos ab, weil man spitz gekriegt hatte, dass Nokia ebenfalls an einem Einstieg interessiert war. Das Engagement kostete bereits 1998 eine zweistellige Millionensumme, die Zahl ist mittlerweile gestiegen, und weitere Aktivitäten – etwa Einblendungen des Siemens-Schriftzuges bei Fernsehbeiträgen – sind dazugekommen. Ein Teil des Engagements fließt nicht in Cash, sondern in Form von Technik. «Der Mitteleinsatz hat sich von Anfang an bezahlt gemacht», sagt Dötz. «Unsere Marke wurde zum Beispiel in Ländern wie Italien, Großbritannien oder Frankreich rasch bekannter.» Deshalb spiele es gar nicht so eine große Rolle, wenn jetzt auch Mitbewerber die Formel-1 entdeckt hätten. «Wichtig ist allein die Präsenz.»

Auch andere Siemens verbundene Unternehmen wie Fujitsu Siemens oder Infineon haben sich mittlerweile einen Platz auf einem der Boliden ergattert. Zahlen über die Höhe der Engagements werden nicht veröffentlicht, obwohl mittlerweile bekannt ist, dass ein Einstieg bei einem Top-Rennstall mindestens 15 Millionen Euro kostet. In dieser Summe sind die Aufwendungen für begleitende Maßnahmen wie Kundenanlässe im Paddock-Club, wo Champagner bereits morgens in Strömen fließt und Hummer in Riesenmengen verspeist wird, nicht eingeschlossen. Infineon-Chef Ulrich Schumacher ließ an einer Mitarbeiter-Gala den gelben Wagen von Jordan auf der Bühne vorfahren und arrangierte ein Interview mit dem damaligen Fahrer Heinz Harald Frenzen. «Es geht weniger um unsere Produkte selbst, sondern um das Image und den Bekanntheitsgrad als Börsenwert», sagte Schumacher vor versammelter Mitarbeiterschaft. Kurspflege auf dem heißen Asphalt statt an langweiligen Analystenkonferenzen. Schließlich nutzt Konzernchef von Pierer öffentliche Auftritte fast schon penetrant, um Design und Funktionen neuer Siemens-Handys herauszustreichen.

Testfall 25er-Reihe

Die Kampagnen, vorerst in Europa, liefen ab 1998/1999 auf Hochtouren. Die neuste Serie von Handys, die 25er-Linie, wurde zum Testfall. «Man sagte uns intern, entweder wird diese Offensive ein Erfolg oder wir geben das Geschäft auf», erinnert sich Brändle. An der Front ergaben sich zusätzliche Probleme, die gelöst werden mussten. Wer überhaupt bei Siemens war in der Lage, solche Geräte zu verkaufen? Den Telefonverantwortlichen traute man das etwa in der Schweiz nicht zu, weil sie bedingt durch die Regelungen zu Monopolzeiten nie mit den Kunden direkt in Kontakt getreten waren, sondern nur mit der Telecom PTT, dem Schweizer Pendant zur Deutschen Post. Man hoffte, dass die Verkäufer der Haushaltsgeräteabteilung den richtigen Ton treffen würden. «Das funktionierte. Danach lief das Geschäft», sagt Brändle. Siemens setzte im Geschäftsjahr 1998/99 bereits 11 Millionen Geräte um, im nächsten sogar 24 Millionen.

«Man sagte uns intern, entweder wird diese Offensive ein Erfolg oder wir geben das Geschäft auf.»
Beat Brändle

Damit war Siemens noch einmal mit einem blauen Auge davon gekommen. Die Umstände waren denkbar schlecht gewesen, weil eine Kampagne der Deutschen Telekom das Gerät zunächst unbeabsichtigt in Verruf gebracht hatte. Wochenlang warb T-D1 im Herbst 1999 mit Formel-1-Weltmeister Mika Häkkinen für das Mobilfunknetz, das jetzt auch WAP-fähig sei. Sämtliche Informationen, schwärmte der Finne im Spot, könne man sich auf das Handy holen: Wetter, Börsenkurse und natürlich die neusten Formel-1-Resultate. Nur: Das in den Anzeigen abgebildete S25 von Siemens war überhaupt nicht WAP-fähig.

Schuld waren zwei technische Entscheidungen, die Siemens im Vorfeld getroffen hatte. Zum einen arbeitete der im S25 eingebaute WAP-Browser nach der in der Zwischenzeit veralteten WAP-Spezifikation 1.0. In Deutschland gab es aber keinen Netzbetreiber, der auf diesen frühen Zug aufgesprungen war. Der zweite Fehlgriff bestand darin, die WAP-Inhalte in Form von vielen Einzelmeldungen über den «Short Message Service» (SMS) zu transportieren. Die Konkurrenz kam stattdessen überein, für WAP-Verbindungen den Datenfunkmodus des GSM-Netzes zu nutzen. Dieser war schneller und preiswerter. Erst das an der Cebit 2000 präsentierte Nachfolgemodell des S25 war wirklich WAP-fähig. «Unser Fehler war es, dass wir nicht frühzeitig die intensive Zusammenarbeit mit den Netzbetreibern gesucht haben», sagte Norbert Metzner, der Siemens-Produktverantwortliche für das S25, gegenüber dem Nachrichtenmagazin «Der Spiegel». Die entsprechende Werbekampagne war zwischen Deutscher Telekom und Siemens schlicht nicht abgesprochen gewesen. Das Geschäft hob dennoch ab. Das lag wohl daran, dass mit der 25er-Reihe ein qualitativ hoch stehendes Handy zu einem äußerst attraktiven Preis auf den Markt gelangt war. Siemens nahm bewusst tiefere Margen in Kauf.

Das Hierarchiegefüge in der Branche war zwischen 1998 und Ende 2000 kräftig durchgeschüttelt worden. Der US-Konzern Motorola und die schwedische Traditionsfirma Ericsson verloren an Boden, weil sie den Trend zum Handy als Modeartikel verschlafen hatten. Genauso wie Siemens hatten sie sich freimütig dem Diktat der Entwickler unterworfen und die warnenden Stimmen der Designer und Vertriebsleute ignoriert. Ericsson-Chef Kurt Hellström gestand dies auch ein. «Unsere Ingenieure hatten zu viel Einfluss», realisierte er, als es schon zu spät war. Ericsson versuchte sich zu retten, indem er im Januar 2001 die gesamte Produktion an Flextronics verkaufte.

Siemens hatte schon früher seine Strategie hin zum Handy als Lifestyleprodukt geändert und profitierte von der Schwäche der einstigen Marktführer. Mit der Offensive in Europa gelang es den Deutschen sogar Ericsson zeitweise vom dritten Platz zu verdrängen. Auf den Plätzen drei bis fünf herrschte im Jahr 2001 ein Kopf-an-Kopf-Rennen.

Unangefochtene Nummer eins blieb Nokia. Noch 1992 hatte es der schwedische Telekommunikationskonzern Ericsson abgelehnt, Nokia zu übernehmen, weil die Mitgift zu wenig interessant schien. Die Finnen, die bis vor wenigen

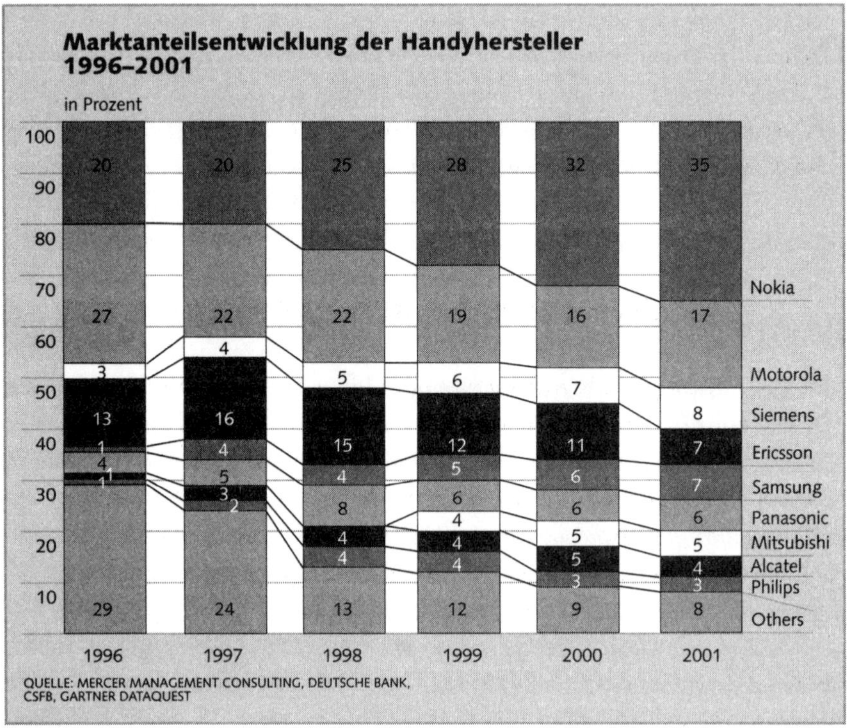

Abbildung 16

Jahren noch Toilettenpapier und Gummistiefel hergestellt hatten, hängten mit ihren trendigen Geräten, die früh das Verschicken von Bildbotschaften und das einfache Herunterladen Dutzender Klingeltöne ermöglichten, aber schon bald alle ab.

Der «Nokia Way» gilt mittlerweile als das Erfolgsrezept der Branche. Darunter wird ein Prozess verstanden, der mit Brainstormings in allen Produktions- und Forschungseinrichtungen des Konzerns beginnt, aus denen die definierten Prioritäten an das Topmanagement in Helsinki vermittelt werden – und von dort schließlich wieder in die Organisation zurück. Nicht nur die Ideen der Mitarbeiter, sondern auch die Vorstellungen der Kunden fließen so in den Gestaltungsprozess ein. Nokia beschäftigt mehrere tausend Meinungsforscher, die erfragen, weshalb die Menschen kommunizieren, wie sie leben und wie sie ihr Handy nutzen. «Wir müssen verstehen, welche Lebensstile unsere Kunden haben und wie ihr individuelles Wertesystem aussieht», sagt Olli-Pekka Lintula,

Chef der Produkteplanung Digital Convergeance Business. Doch der Erfolg liegt auch in einer knallharten Kalkulation: Die Entwicklungen schaffen den Sprung in den Verkauf nur, wenn sich damit eine Mindestmarge von gegen 25 Prozent verdienen lässt. Das gelingt Nokia, indem möglichst wenige Bauteile verwendet und die verschiedenen Produkte standardisiert werden.

Auf der Achterbahn der Emotionen

Nicht nur die Anforderungen an die Kommunikation und die Entwicklungsarbeit veränderten sich in den letzten Jahren dramatisch, sondern auch die Schnelligkeit, mit der neue Produkte jeweils auf den Markt gelangten und mit der man auf Schachzüge der Konkurrenz reagieren musste. Siemens brauchte dringend zusätzliche Entwicklungskapazität und fand sie bei Bosch. Die Bosch-Manager hatte 1999 der Mut verlassen, weiter ins Handygeschäft zu investieren. Siemens sicherte sich die rund 500 Entwickler. Die Produktionsstätten im dänischen Pandrup aber, die zum Teil erst ein Jahr zuvor eröffnet worden waren, wurden an den Billig-Produzenten Flextronics veräußert. Der Deal mit Bosch schien perfekt: ein deutsches Unternehmen mit einer ähnlichen Kultur; eine Entwicklungsabteilung, die zwar in Dänemark saß, aber dennoch nicht zu weit weg war. «Es zeigte sich dann aber, dass bei Bosch eine andere Philosophie vertreten wurde. Dementsprechend gab es schon das eine oder andere zu feilen», sagt ein Siemens-Manager. Vor allem die Menuführung beim S40, das im Kern noch ein Bosch-Handy war, brachte Siemens einige Kritik ein.

Die Produktpalette hat sich aber dank der Bosch-Akqusition innerhalb kürzester Zeit vervielfacht. Das war überlebensnotwendig, denn die Lebenszeiten der Geräte wurden immer kürzer: Die 25er-Serie kam noch mit zwei Modellen aus, bei der 35er-Serie waren es drei, im nächsten Schub redete Siemens bereits von sechs Typen, je an einer bestimmten Zielgruppe ausgerichtet. Das eine Modell zielt mehr auf Frauen, das andere auf Jugendliche und wieder ein anderes peilt Geschäftsleute an. Anfang 2001 führte Siemens innerhalb von drei Monaten vier neue Produkte ein. Das SL 45 kam im Januar auf den Markt, allerdings zu spät, um das anvisierte Weihnachtsgeschäft mitnehmen zu können. Das schlechte Timing führte zu heißen Köpfen und Sitzungen. «Es ist ein Druck, den ich aus keinem andern Geschäft kenne», sagt Brändle. Die rasche Abfolge neuer Geräte erzeuge eine ungeheure Hektik, die dadurch verschärft werde, dass man auf Schritte der Konkurrenten sofort reagieren müsse – seien dies neue Produkte oder überraschende Änderungen in der Preispolitik. «Nach zwei bis drei Jahren muss man die Mitarbeiter wieder auswechseln.» Das ist für ein Unternehmen wie Siemens, dessen Mitarbeiter Firmenzugehörigkeiten bis zu 30 Jahren aufweisen, noch immer nicht Alltag.

Die Wachstumskurve zeigte während des Jahres 2000 immer steiler nach oben. Siemens kam mit der Lieferung seiner Geräte nicht nach. Das Wachstum, versicherte damals Heinrich von Pierer den Analysten, sei «lediglich durch die Engpässe bei den Komponentenzulieferungen begrenzt». Siemens hatte zu konservativ geplant und konnte deshalb statt 30 Millionen Geräten nur 24 Millionen absetzen. Das wollte man in Zukunft vermeiden. Mit Flextronics wurde vereinbart, dass dieser in den nächsten drei Jahren 33 Millionen Siemens-Geräte herstellen würde, um das Produktionsziel von 60 Millionen Geräten im Jahr 2001 zu erreichen. Im Februar 2001 präsentierten die Siemens-Manager schließlich den Abschluss eines Milliarden-Vertrages mit Intel, der einen Engpass bei der Lieferung von Chips verhindern sollte. Die US-Chipkönigin soll laut Vertrag Siemens mit so genannten Flash-Speichern im Wert von über 2 Milliarden Dollar über drei Jahre hinweg versorgen. «Durch das Lieferabkommen haben wir sicher gestellt, dass wir der Nachfrage des Marktes an internetfähigen, mobilen Endgeräten in den nächsten Jahren optimal nachkommen können», verkündete Lamprecht. Die sich nun einstellende Wachstumsverlangsamung traf Siemens mitten in der Phase der Mobilmachung.

Der Siemens-Chef stand mit seinem Optimismus nicht alleine da. Marktforscher und Manager waren sich einig, dass sie vor einer «regelrechten Umsatzexplosion» stünden, wie es die Beratungsfirma Frost & Sullivan formulierte. Nokia-Chef Jorma Ollila hatte Anfang 2001 noch von einem weltweiten Absatz von 550 Millionen Handys weltweit gesprochen, von Pierer vorsichtiger von immerhin 500 Millionen. Siemens-Mobile-Chef Rudi Lamprecht beschrieb im Zuge der Euphorie die bevorstehende «mobile Revolution» in einem 100-Seiten-Beitrag für den Buchverlag der «Frankfurter Allgemeinen Zeitung»: Solche Geräte würden für den Menschen unentbehrlich. Während des Schlafes werden Informationen aus dem Internet heruntergeladen, die am nächsten Morgen als persönliche Zeitung auf dem Display flimmern. Dem Sekretär nimmt es Arbeit ab, indem es Termine organisiert und die E-Mails filtert. Und auf dem Weg nach Hause entspannt der Alleskönner den Gestressten mit Musik oder Videoclips. Bei älteren Personen könnte es den Puls überwachen und bei abweichenden Normwerten gleich den Arzt alarmieren. Die Geräte werden lernfähig und könnten sich den Gewohnheiten ihres Besitzers anpassen, um so gleich das abendliche Unterhaltungsprogramm je nach Gusto – Kino, Theater oder Konzert – zusammenzustellen.

Solche Zukunftsszenarien würden erst in fünf bis zehn Jahren Realität werden, relativierte Lamprecht. Die Wirklichkeit holte Siemens Mobile schon viel früher ein. Im März korrigierte der Siemens-Chef die Zahl auf «um die 450 Millionen» nach unten, und im Juli wollte er sich schon gar keine mehr entlocken lassen. Gleich reihenweise hatten sich die Manager, die Analysten und Marktforscher getäuscht und waren Opfer der eigenen Euphorie geworden. Statt satte Gewinne zu verbuchen, verloren plötzlich außer Nokia alle Handyhersteller Geld, massenhaft Geld. Ericsson zum Beispiel schrieb im zweiten Quartal 2001 einen Verlust von mehr als einer halben Milliarde Euro und legte bei jedem verkauften Gerät 100 Euro drauf. Motorola hatte für das erste Quartal 2001 einen Verlust von 629 Millionen Euro gemeldet. Alcatel war mit 150 Millionen im Minus, Siemens mit 143 Millionen (2001 insgesamt 307 Mio.) und Philips mit 118 Millionen Euro. Nur Nokia lag mit mehr als 1 Milliarde Euro im Plus.

Um die Kosten zu senken – die größten fallen im Handygeschäft bei der Entwicklung und dem Marketing an, unabhängig von der Zahl verkaufter Telefone –, schlossen immer mehr Mobiltelefonhersteller ihre eigenen Werkshallen oder verkauften sie Massenherstellern wie Flextronics, die von der ersten großen Handykrise in Europa am meisten profitierten. Ericsson und Alcatel lagerten ihre Produktion komplett aus, aber auch Siemens ließ ein Drittel auswärts herstellen. Ericsson und Sony legten ihre Mobiltelefonsparte zusammen, und auch Siemens führte Gespräche mit möglichen Partnern, darunter Motorola. In die Realität umgesetzt wurde hingegen ein rigoroses Sparprogramm, das den Abbau von 4600 Stellen beinhaltete. Siemens kündigte zudem an, «Flexibilität ins System einzubauen», um künftig beweglicher auf kurzfristige Änderungen der Nachfrage reagieren zu können.

Die Branche hatte das Ausmaß dieser Krise mit ihren euphorischen Prognosen und entsprechenden Planungen selbst verschuldet. Aus dem überraschenden Erfolg im Jahr 2000 war Übermut geworden, der in einen gewaltigen Ausbau der Produktionskapazitäten und langfristige Lieferverträge für Bauteile mündete, welche die Milliardenverluste erst provozierten. Statt weiter zu prosperieren, schrumpfte der Mobiltelefonmarkt 2001 erstmals in seiner Geschichte. Die Handyhersteller hatten verschiedene Entwicklungen schlicht nicht bedacht. In den großen europäischen Ländern besaßen nach dem Boomjahr 2000 bald einmal 70 Prozent der Bevölkerung ein Handy. Vielen genügte eins; andere hielten sich beim Kauf neuer Produkte zurück. Das lag sicher auch daran, dass die Menschen die Einführung neuer Technologien und neuer Anwendungen abwarteten.

Aus dem überraschenden Erfolg im Jahr 2000 war Übermut geworden.

Viele Konsumenten realisierten zudem, dass die Telekomgesellschaften die Geräte nicht mehr praktisch kostenlos abgaben, sondern zusätzlich auch die Vertragsdauern erhöhten. Die Telekomgesellschaften wünschten sich, das Subventionsmodell, von dem Siemens vor allem auch im Prepaid-Bereich sehr stark profitiert hatte, nie eingeführt zu haben. Mit der Politik, die Geräte zu verbilligen, war vor allem in Kombination mit den vorauszahlbaren Karten (Prepaid) eine neue Kundengruppe geschaffen worden, die kaum telefonierte. Durch sie waren die Kundenzahlen künstlich hochgeschraubt worden, Umsatz aber brachten sie kaum. Die realistischen Anbieter haben mittlerweilen die Karteileichen aus ihren Büchern entfernt.

UMTS – vom Zauberwort zum Schreckgespenst

Im Frühjahr 2001 waren deshalb die Blicke sämtlicher Telekommanager Europas auf die Isle of Man gerichtet. Hier sollte Ende Mai das erste europäische Netzwerk der dritten Mobilfunkgeneration UMTS, von Siemens aufgebaut, den Betrieb aufnehmen. Der japanische Partner NEC, mit dem die Münchner eine Forschungsallianz im Wert von acht Milliarden Euro bis 2004 abgeschlossen hatten, war allerdings vorerst nicht in der Lage, funktionierende Geräte bereitzustellen. Der Beweis, dass dank UMTS höhere Übertragungsraten und damit neue Anwendungen nicht nur in der Laborsituation möglich sind, gelangte wenig später doch noch.

Die Fragen, wann die Telekomfirmen ihre Dienste anbieten würden, ob sie von den Massen auch wirklich genutzt und so für den von den Telekomfirmen sehnlichst erwarteten Mehrumsatz sorgen würden, sind nach wie vor brennend, die Branche noch immer fieberhaft auf der Suche nach Antworten.

Die Stimmen der früheren Enthusiasten, die vom mobilen Internet schwärmten, sind nicht verstummt, aber verhaltener geworden; die Kritiker haben Oberwasser gewonnen. «Das mobile Internet wird die Kosten für die UMTS-Investitionen nicht aufwiegen», gelangte etwa das Beratungsunternehmen Forrester Research zum Schluss.

Die Suche nach der Killerapplikation ist noch im Gang. Werden Unterhaltungsangebote wie Spiele, Horoskope oder Comics für Umsatz sorgen? Oder die ortsabhängigen Dienste, die den Nutzer lokalisieren und ihn mit Stadtplänen, Hinweisen auf Aktionen im Laden nebenan oder das Kinoprogramm versorgen? Vielleicht sind es auch die Videobilder, die man mit dem Handy selber aufnehmen kann? Das Bezahlen an der Kasse via Handy?

Für die Telekomfirmen stellt GPRS, die Zwischenstufe von GSM und UMTS, die Generalprobe dar. Dies in zweierlei Hinsicht: Die Mobilfunkanbieter konnten einerseits erstmals solche Dienste testen, um zu erfahren, ob sie wirklich einem Kundenbedürfnis entsprechen. Das Lesen und Verschicken von E-Mails via Handy oder das Versenden von Bildern mit Text (MMS), was das Verfassen von SMS ablösen dürfte, könnten mögliche Anwendungen sein. Zum andern gilt es, die Kunden, die bisher nur das Telefonieren, das Verschicken einer SMS und die gelegentliche Nutzung von WAP-Diensten gewohnt waren, mit diesen Diensten vertraut zu machen, damit deren Nutzung zur Gewohnheit wird. Einige Mobilfunkfirmen hielten sich lange tunlichst zurück, die Dienste zu lancieren. Das bereitete Handyherstellern wie Motorola oder Siemens, die bereits im Sommer 2001 ihr erstes GPRS-fähiges Gerät auf den Markt gebracht hatten, einiges Kopfzerbrechen, schließlich versprachen sie sich von diesen neuen Geräten einen neuen Wachstumsschub.

Telekomfirmen wie etwa die Swisscom sahen in der frühen Lancierung mehr Nach- als Vorteile und warteten bis Februar 2002 ab – das WAP-Trauma hallte nach. Sie hatten eine neue Technologie vollmundig angepriesen und Erwartungen geweckt, die sich dann als Flop erwiesen. Nicht nur, weil die Geräte erst spät in großen Stückzahlen auf den Markt gelangten, sondern auch wegen der speziell aufzubereitenden Inhalte, der langsamen Datenübertragungsgeschwindigkeit und des stolzen Preises. Die Erfahrungen in der ersten Hälfte des Jahres 2002 sind ernüchternd. Die Dienste werden kaum genutzt, Swisscom etwa versuchte, die Kunden fast verzweifelt mit einem Gratis-GPRS-Monat zu locken. Kritische Stimmen bemerkten, dass UMTS und die damit verbundene Bandbreite für die interessanten Anwendungen gar nicht notwendig ist. Der Befund akzentuierte die Frage, wann sich für die Telekomfirmen die Rieseninvestitionen in UMTS (Lizenz und Netzinfrastruktur) lohnen würden. Die Meinungen der Beobachter gehen stark auseinander. Einige glauben, dass sich damit ab 2005 Geld verdienen lasse, andere warnen davor, sich vor 2008 Hoffnungen zu machen.

Siemens hatte bereits mit der UMTS-Technologie Probleme. Das Vorhaben, gemeinsam mit Toshiba UMTS-Handys herzustellen, scheiterte im Dezember 2001. Siemens geriet dadurch in eine Notsituation, weil ihm die Chipsets fehlten, um rechtzeitig zum UMTS-Start Geräte auf den Markt bringen zu können. Die Münchner vereinbarten deshalb im April 2002 mit dem Konkurrenten Motorola, in einer ersten Phase dessen Telefone zu vermarkten. Experten sprachen von einer pragmatischen Lösung, die aber untypisch sei für ein Unternehmen mit einem derartigen Ehrgeiz wie Siemens. Immerhin hatte sich der Konzern die Aufholjagd allein fürs Marketing einen dreistelligen Millionenbetrag kosten lassen, wie «Financial Times Deutschland» schätzte.

Notruf der Netzwerkausrüster

Die mit UMTS verbundene Finanznot der Telekomgesellschaften traf die Handyhersteller aber auch noch von einer andern Seite, schließlich liefern die meisten von ihnen, etwa Ericsson, Nokia und auch Siemens, die entsprechende Infrastruktur. Die horrenden Lizenzkosten, die durch die Versteigerungen etwa in Großbritannien oder Deutschland entstanden waren, trieben die Kosten für die notwendigen Kredite bei den zunehmend skeptischer werdenden Banken in die Höhe. Deshalb fehlte auch Geld für den Aufbau neuer Netze. Nordamerikanische Anbieter wie Lucent oder Nortel taten sich schon bald einmal mit großzügigen Finanzierungsangeboten hervor, um sich in Europa Marktanteile zu sichern. Wegen der hochgradigen Verschuldung der Telekomfirmen wurden die finanziellen Konditionen zu einem wichtigen Kriterium bei der Auswahl des Netzwerklieferanten, was die europäischen Anbieter in Zugzwang brachte.

Das Infrastrukturgeschäft nahm dadurch gefährliche Züge an: Die Ausrüster verpflichteten sich vielerorts, die Netzwerke mit Krediten selber zu finanzieren und erst dann Geld dafür zu verlangen, wenn sich das neue Geschäft erfolgreich erweisen sollte. Siemens gab sich in der Öffentlichkeit zunächst betont zurückhaltend. Im Geschäftsbericht 2001 legte man aber offen, dass die

Nachfragesituation und Branchenpraxis im Sektor Telekommunikationsausrüstung es erforderlich gemacht hätten, «Kunden bei der Konzeption von Finanzierungslösungen zu unterstützen». Das Finanzierungsvolumen belief sich am Ende des Geschäftsjahres 2001 auf 2,5 Milliarden Euro. Davon entfielen 1,7 Milliarden auf Lieferantenkredite und Kreditbürgschaften, der Rest verteilte sich auf Finanzierungszusagen an die spanische Retevision Moviles, die britische Hutchison 3G Limited und die brasilianische Telemar für den Aufbau von UMTS-Netzen. Bei jedem größeren Begehren behielt sich der Zentralvorstand das letzte Wort vor.

Trotz dieser Vorsichtsmaßnahmen wurde ICN zum Sanierungsfall in herkulischem Ausmaß. Siemens machte sich schon gar keine Mühe mehr, die desolate Situation zu vertuschen. Allein in diesem Bereich hatten sich im Jahr 2001 operative Verluste von 861 Millionen Euro angehäuft. Im Jahr 2002 soll er sich über eine Milliarde Euro belaufen, wie die Analysten von Goldman Sachs Global Equity Research schätzten.

Die Gründe für das ICN-Debakel sind vielschichtig: Die Netzsparte umfasst nicht nur die Mobilfunknetze, sondern auch das Carrierbusiness (Telekomgesellschaften) und das Geschäft mit traditioneller Telefontechnik. Zum einen traf Siemens die Absatzkrise im Telekommunikationsmarkt empfindlich. Vielen neuen Netzbetreibern, die ab 1996 im Rahmen der Deregulierung entstanden waren, oder Start-Ups, die zu Siemens-Kunden gehörten, ging das Geld aus, aber auch die übrigen Telekomgesellschaften und Unternehmenskunden hielten sich mit Investitionen zurück. Einerseits erfüllten sich die Erwartungen hinsichtlich des Datenaufkommens in den Telekommunikationsnetzen nicht, andererseits hatten verschiedene Firmen vor dem Jahr 2000-Wechsel in eine neue Infrastruktur investiert, weil ihnen die Ausrüster suggeriert hatten, dass ein großer Datencrash drohe. Als verstärkendes Element kam die konjunkturelle Abschwächung hinzu.

Schuld am Ausmaß des Einbruchs waren aber auch hausinterne Unterlassungen, die man mit dem Rauswurf des langjährigen von Pierer-Mitstreiters Roland Koch in aller Deutlichkeit auch nach außen dokumentierte. ICN hatte zwar über Jahre hinweg Geld verdient, verglichen mit der Konkurrenz schlug sich Siemens aber deutlich schlechter. «Wir haben uns im Benchmark nicht konsequent genug die Frage gestellt, wo wir stehen, wie groß unsere Kostenlücke ist, und wie wir systematisch daran arbeiten können, diese zu schließen», sagt Koch-Nachfolger Thomas Ganswindt. Unter Koch wurde Umsatzwachstum vor Ertragsverbesserung gesetzt. Siemens verkaufte zu einem erheblichen Teil Produkte seiner Konkurrenten und verdiente daran keinen Cent. Schlimmer noch: Die Münchner legten teilweise noch darauf. Schuld daran war das Fehlen eigener Produkte in zahlreichen Bereichen und ein Anreizsystem, das derart ausgestaltet war, dass der Bonus der jeweiligen Vertriebsleute vom Volumen der Aufträge und nicht der Marge des jeweiligen Geschäfts abhing. «Wir verkaufen künftig Produkte unserer Wettbewerber nur noch, wenn der Kunde es ausdrücklich will oder wir überdurchschnittlich Geld damit verdienen», machte Ganswindt intern vorerst klar. Er sollte seine Meinung schon bald ändern, als er im Mai 2002 entschied, die Entwicklung eigener Produkte im Bereich breitbandiger, IP-basierender Zugangstechniken aufzugeben. Stattdessen wollte er mit dem amerikanischen Netzwerkausrüster Juniper zusammenspannen. «Wenn wir alles selber entwickeln würden, bräuchten wir viel zu viel Geld, das an anderen Orten wieder fehlen würde», sagt Ganswindt.

Die hohen Verluste in der Kommunikationssparte im Jahr 2001 zwangen Siemens, die Gewinnziele in diesem Bereich zurückzuschrauben. Ursprünglich sollten ICN und ICM bis 2003 eine Rendite auf Ebitda-Basis von mindestens acht und SBS (IT-Dienstleistungen) von mindestens fünf Prozent erreichen. Von Pierer gab ihnen im Dezember 2001 ein Jahr mehr Zeit.

Die Marke Siemens: menschlicher und emotionaler

Das Handyabenteuer mit all seinen Höhen und Tiefen schuf im Haus ein neues Bewusstsein für den Markenauftritt. «Das Unternehmen wurde sich klar, dass es mit viel unterschiedlicheren Kunden als noch vor einigen Jahren kommuniziert», sagt Dötz. Als Siemens noch in erster Linie Hoflieferant von Post und Bahn war, genügte es, dass die Kunden Siemens vor allem als qualitätsorientiert einschätzten. Die neue Zielgruppe, von der sich das Unternehmen Milliarden-Umsätze weltweit verspricht, war so unerreichbar. Es rückten 14- bis 18-jährige Schüler ins Marketingbewusstsein. Um diese zu erreichen, müsse sich Siemens in Zukunft im Marketing noch viel stärker an Konsummarken wie Pepsi oder Coca Cola orientieren. Da liegt die Herausforderung: Wie schafft man den Spagat zwischen dem Betreiber eines Kraftwerkes, den Bahnfirmen und dem Handykäufer? Ein geschlossener Markenauftritt, bei dem der Name Siemens mit ganz bestimten positiven Attributen wie innovativ, flexibel, menschlich etc. assoziiert werden soll, vermag dies zu leisten, ist Dötz überzeugt. Als Klammer dient der Anspruch «Global Network of Innovation». «Das ist die übergreifende Idee von Siemens», sagt Dötz. Die Firma ist in fast allen Ländern der Erde präsent, was nur wenige weltweit agierende Unternehmen von sich behaupten können. Und das wissensbasierte Konglomerat ist mit Innovationen groß geworden und will diesen eingeschlagenen Weg in Zukunft fortsetzen. Ebenso wichtig ist, dass die Marke Siemens Identität und Orientierung unter den Mitarbeitern stiftet. Dies spielt auch eine wichtige Rolle bei der Rekrutierung neuer Mitarbeiter.

Das fließt auch in die interne Kommunikation ein. Die Macher der Siemens-Mitarbeiterzeitschrift «Siemens Welt» etwa verstehen sich als Orientierungsstifter, die Fragen zu beantworten versuchen – etwa wohin die Reise geht, wo die Stärken und Schwächen bei Siemens liegen und auf welche Veränderungen sich Mitarbeiter und Führungskräfte einstellen müssen. Organisierendes Prinzip der Berichte und Reportagen sind die aktuellen zentralen Botschaften des Unternehmens wie «Business Excellence», «Global Network of Innovation» oder «Operation 2003».

In den öffentlichen Auftritten wird dieses neue Bild über verschiedene Gestaltungsmerkmale transportiert:

- Der Schriftzug darf nur in genau definierten Farben (petrol, schwarz, weiß, grau und silber) erscheinen; das Logo soll dort platziert werden, wo es am besten zur Wirkung kommt, und nicht wie bisher fix oben links.
- Der Schweizer Schriftdesigner Hans Jürg Hunziker hat im Jahr 2000 speziell für Siemens eine eigene Schriften-Familie geschaffen (Siemens Sans, Siemens Serif und Siemens Slab). Die neue Siemens-Hausschrift setzt sich also aus drei verschiedenen Schriften zusammen. «Das reflektiert unseren Glauben an Integration und Verschiedenartigkeit», hält Dötz fest.
- Der Einsatz einer bestimmten Farbpalette wurde medienspezifisch – für den Druck, für Messen und Ausstellungen, Internet und Fernsehen – definiert. «Alle Paletten stehen in Harmonie zueinander.»
- Das Layout, das die Markenelemente Logo, Slogan, Schrift und Farbe formal zusammenfasst, folgt ebenfalls festgelegten Regeln,

und zwar der so genannten Summenzahlenreihe (1, 1, 2, 3, 5, 8, 13, 21 ...) des italienischen Mathematikers Leonardo Fibonacci (1170–1250). «Diese Zahlenreihe spielt nicht nur in der Mathematik, sondern auch in der Natur und in der Ästhetik eine entscheidende Rolle. Sie birgt formale Dynamik und Harmonie», sagt Dötz.

Intern und extern trauen einige Kritiker Siemens den Spagat zwischen Consumer- und Business-to-Business-Geschäft nicht zu. Sie legen Siemens nahe, sich auf Letzteres zu konzentrieren. «Wir haben das Consumergeschäft nie richtig verstanden», sagt ein Mitarbeiter. Tatsächlich hat Siemens bisher im Massenmarkt nicht glücklich agiert. So beschloss der Vorstand im Sommer 1996, das Unterhaltungselektronikgeschäft (Radios, CD-Spieler, Videorecorder und Fernseher) aufzugeben. Die Stückzahlen waren zwar in den vorhergehenden Jahren fast stabil geblieben, aber Siemens litt wegen des geringen Marktanteils besonders unter dem verstärkten Preisdruck durch die Japaner. Nicht betroffen vom Aufgabeentscheid war das Kerngeschäft der Siemens-Elektrogeräte, die so genannte Weiße Ware.

Ebenfalls keine Erfolgsgeschichte ist die Fertigung von PCs bei Siemens. Auch wenn von Pierer noch 1997 betonte, dass «Personal Computer zum Spektrum eines Unternehmens in der Informationstechnologie» gehörten, wurde Siemens damit nicht glücklich. Wenigstens gelang es Paul Stodden, das Not leidende Joint Venture Fujitsu Siemens Computers im Jahr 2001 in die schwarzen Zahlen zu bringen, obwohl als Folge des harten Konkurrenzdruckes die Margen in diesem Geschäft verschwindend klein geworden sind und mittlerweile Dell mit seinem Kosten sparenden Direktvertriebsmodell alle abhängt.

Auch bei den neuerdings betont lockeren Außenauftritten hat Siemens in jüngster Zeit nicht nur Treffer gelandet. Die deutsche Anzeigenkampagne der Automatisierungstechnik, «die jeden Wunsch erfüllt. Fast jeden.» eckte an. Zu sehen war ein rotes Cabrio, zwei Frauen und folgender Text: «Das Cabrio muss zum Lippenstift passen! So ticken Frauen. Sofort die Produktion danach richten! So ticken wir.» Siemens stornierte die Kampagne, nachdem vor allem die Pauschalisierung «So ticken Frauen» schlecht angekommen war. «Es ist immer eine besondere Herausforderung, sich an kreative Grenzen heranzutasten, die Balance zwischen Auffallen, Überraschen und Polarisieren zu finden», sagt Dirk Miller, Leiter der Corporate Marketing Communications.

Auch außerhalb des Unternehmens machen sich immer wieder kritische Stimmen bemerkbar. Das US-Wirtschaftsmagazin «Business Week» gab im April 2000 von Pierer den Tipp, doch ähnlich wie Infineon das Mobiltelefoniegeschäft auszulagern und an die Börse zu bringen. Ein Geschäft, das sich mit Internet-Geschwindigkeit bewege, könne sich innerhalb der Old-Economy-Siemens nicht entfalten. Sie sprachen gar von einem «vergrabenen Schatz», den es zu heben gelte. Ein Analyst von SalomonSmithBarney rechnete vor, dass das Mobiltelefoniegeschäft zusammen mit dem Ausrüstungsbereich für Mobiltelefonienetze einen Wert von 59 Milliarden Dollar habe – damit also mehr als die Hälfte des damaligen Börsenwertes von Siemens, der 93 Milliarden Dollar betrug.

«Es ist immer eine besondere Herausforderung, sich an kreative Grenzen heranzutasten, die Balance zwischen Auffallen, Überraschen und Polarisieren zu finden.»
Dirk Miller

Dötz glaubt sehr wohl, dass die Herausforderung zu schaffen ist. Sie verlangt aber viel ab. Nicht nur vor dem Hintergrund «New Economy mit Substanz», der Umformung des Unternehmens aufgrund der Möglichkeiten, die das Internet und E-Business schaffen. Auch markentechnisch ist der Schritt nicht einfach. Ein zu starkes Betonen etwa der emotionalen Seite, welches das Unternehmen als Hersteller von Consumerprodukten abstempelt, ginge schnell auf Kosten anderer Aktivitäten, warnt er. Das fordere die Siemens-Mitarbeiter, von ganz oben bis ganz nach unten. «Wenn wir im Markenauftritt menschlicher und emotionaler werden wollen, dann heißt das auch, dass wir im Umgang mit den Menschen draußen manchmal etwas lockerer und offener sein könnten und uns trauen, die formale Strenge, die Siemens oft ausstrahlt, nicht so stark zur Geltung kommen zu lassen.» Diese Haltung hat als erstes schon einmal die Macher des Siemens-Geschäftsberichts von 1999/2000 beflügelt: Die Topmanager sind nicht nur in ihrer ganzen Gestalt abgebildet, sie lächeln sogar. Selbst der Finanzchef zeigt sich locker ohne Jackett. «Vor ein paar Jahren wäre das schlicht undenkbar gewesen», sagt Dötz.

Das Dilemma der Technokraten

Erich Gebhart, der U-Boot-Kapitän

An diesem Morgen fehlt ihm der Schwung. Der 38-Jährige traktiert mit gequältem Gesichtsausdruck die alte Kaffeemaschine, versucht wiederholt erfolglos den Kolben in die Fassung einzuführen. Gelegentlich stattet Erich Gebhardt seinem früheren Arbeitgeber, der Siemens Schweiz in Zürich, an der Freilagerstraße 40 im zweiten Stock einen Besuch ab. In hellen Shorts und weißen T-Shirts sitzt dort eine Gruppe Männer um den Tisch, seine ehemaligen Kollegen vom Center of Competence, die IP-Telefonie-Geschäftseinheit bei Siemens Schweiz. Einer hat vom Bäcker Brötchen mitgebracht. Das Thema ist gesetzt: die Firma Erich Gebhardts. Braun gebrannt und mit kurz geschnittenen Haaren steht dieser im Raum, verflucht die Kaffeemaschine und versucht, die Gespenster zu verscheuchen, die der Kollege vorhin im Gespräch ganz beiläufig aufweckte: Microsoft könnte die Lancierung des neuen Betriebssystems verschieben. Gebhardts Stirn verfinsterte sich bei diesem Satz. «Das darf nicht wahr sein», schüttelt er energisch den Kopf. Schließlich soll das einzige Produkt seiner neu gegründeten Firma – eine in Microsoft Outlook integrierte, auf dem Internet-Protokoll basierende Büro-Kommunikationslösung – fester Bestandteil des neuen Office-Pakets werden und das Telefonieren über das interne Datennetz ermöglichen. Gebhardt, der Kämpfer. Nur jetzt so kurz vor dem Ziel nicht aufgeben. Er war schließlich schon immer ein Querkopf, der seine Zuhörer nicht mit überflüssigen Folien einlullt und langweilt, sondern gelernt hat, sich durchzuboxen – notfalls auch gegen Widerstände. Sein Starrsinn zahlte sich auch dieses Mal aus: Im Januar 2002 konnte er seine Unterschrift unter einen Marketingvertrag mit Microsoft Schweiz setzen, das neue Betriebssystem Windows XP war fahrplanmäßig im Oktober 2001 in den Handel gelangt.

Vor seinen früheren Mitarbeitern hat Gebhardt nichts zu verbergen, weder Erfolge noch Zweifel. «Mir ist klar, dass wir Schiffbruch erleiden könnten», murmelt er, zuckt mit den Schultern. «Ich habe lange mit mir gerungen, bis ich gekündigt habe.» Nach 13 Jahren bei Siemens hat er seinen Job Mitte 2000 «nach vielen schlaflosen Nächten» an den berühmten Nagel gehängt. Er hat es «einfach nicht mehr ausgehalten», fühlte sich zu stark eingeschränkt in seinem Handlungsspielraum. «Wir hatten eine tolle Idee, konnten sie aber leider nicht mehr realisieren. Nur weil andere vom Stammhaus beauftragt worden waren.»

Mit den «anderen» umschreibt er eine stattliche Zahl von Entwicklern im kalifornischen Santa Clara, die ebenfalls an einer Voice-Over-IP-Lösung (VoIP) tüftelten – mit dem Unterschied, dass in dieses Projekt nach übereinstimmenden Angaben unterschiedlicher Quellen schon über «hundert Millionen Dollar» geflossen sind. Gebhardts Produkt hatte bis dahin einige Millionen Franken gekostet.

Als die Kalifornier noch vom Beginn einer neuen Ära träumten und noch über keinen Kunden verfügten, stand das Produkt von Siemens Schweiz bei Firmen wie der «Neuen Zürcher Zeitung» bereits im Einsatz. Gebhardt wusste: «Die Intranet-Telefonie wird die traditionelle Telefonie ablösen. Das ist nur eine Frage der Zeit.» Vernetzte Arbeitsplätze besitzt heute längst jede Kleinfirma. Die Mitarbeiter könnten störungsfrei über ihren PC am Arbeitsplatz und damit über das interne Datennetz telefonieren, so viele Zusatzfunktionen nutzen und sich auch noch Unterhaltskosten für ein internes Telefonnetz ersparen. Bei der «NZZ am Sonntag» beispielsweise kostet gemäß Gebhardt die gesamte Telefoninfrastruktur dank der Kommunikationslösung von Media-Streams auf fünf Jahre hinaus gerechnet lediglich ein Fünftel verglichen mit der klassischen Telefonie.

Zwar setzen Firmen, die über historisch gewachsene Strukturen verfügen, in der Regel nach wie vor auf die traditionelle Telefonie und deren Verantwortlichen sehen derzeit auch keine Gründe zu wechseln, wie etwa der weltweit verantwortliche Telekomchef einer Schweizer Großbank sagt. Unternehmen aber, die auf der grünen Wiese entstehen oder als besonders innovativ gelten wollen, lassen sich zunehmend als Kunden gewinnen. Gebhardt ist davon überzeugt, dass der Durchbruch kurz bevorsteht und setzte deshalb im Juli 2000 alles auf diese eine Karte. Media-Streams heißt der Start-Up, an das zehn Mitarbeiter, alles ehemalige Siemens-Kader, glauben. Alle verdienen gleich viel, und jeder und jede besitzt genau gleich viele Aktien. «Wir mussten Lohnabstriche von bis um die Hälfte in Kauf nehmen», sagt Gebhardt. Am Anfang war es ihr eigenes Geld, das sie in die Firma steckten, mittlerweile beteiligen sich die Private-Equity-Abteilung der Schweizer Großbank Credit Suisse und eine Reihe anderer Risikokapitalgeber. «Siemens war auch im Rennen und entschied sich leider dagegen. Das ist himmeltraurig», seufzt er, denn er hätte «sein» ehemaliges Unternehmen zu gern dabei gehabt.

Gebhardt und Siemens – das ist eine jahrelange, enge, konfliktreiche Beziehung. Nach dem Studium hatte sich der frisch gebackene, heiß umworbene Ingenieur den Konzern als Arbeitgeber ausgesucht. Nicht der Anfangslohn von 3900 Franken war entscheidend für seine Wahl – «die andern zahlten teilweise mehr» – , sondern weil die Ländergesellschaften zuließen, dass die Ingenieure auch abseits des Stammhauses in München an neuen Entwicklungen bastelten. Gebhardt, getrieben von einer Erfindungswut, die bei ihm niemals zu verrauchen scheint, schwärmt von den «tollen» Zeiten, in denen man unbehelligt vom Stammhaus als «U-Boot» Projekte realisieren konnte.

Auftauchen, sprich präsentieren musste man die ausgeheckten Projekte in München erst, wenn die Ländergesellschaft sie nicht mehr aus der eigenen Portokasse finanzieren konnte oder die Idee reif gewesen sei. Intern eilte Gebhardt der Ruf voraus, *der* Schweizer U-Boot-Kapitän schlechthin zu sein. «Es braucht diesen Auslauf, um innovativ zu sein», stellt er fest. Heute ließen sich viele Projekte bereits in der Anfangphase nicht mehr allein finanzieren, weil die Ländergesellschaften durch die Deregulierung in der Telekombranche unter Druck geraten sind.

Gebhardt ließ sich schon früh nicht abschrecken: Ende der achtziger Jahre entwickelte er zusammen mit einigen Kollegen eine Börsenhändleranlage für den Devisen- und Wertpapierhandel. Der Prototyp funktionierte nicht, ein zweites Modell, bewusst auf der damals neusten Siemens-Telefonanlage Hicom 300 aufgebaut, war fällig für eine Präsentation. Mit Erfolg: Flugs wurde er nach München beordert, um das «Tradeboard» weltweit zu vermarkten. «Es war eine Sensation: Das erste digitale Händlersystem der Welt», sagt Gebhardt. Zu fünft erzielten sie innerhalb von nur wenigen Jahren einen Umsatz von 200 Millionen Mark. Dank den happigen Margen zu Monopolzeiten blieben unter dem Strich 130 Millionen Mark übrig.

Zurück in der Schweiz leitete er den Bereich der Telefonvermittlungs-Anlagen, die mit allerlei Funktionen aufgepeppt wurden. Die Kunden wünschten sich etwa, dass die vorhandenen SAP-Kundendateien auch fürs Telefonieren genutzt werden könnten oder dass beim Besetztzeichen das Gespräch weitergeleitet würde. Das brachte zwar viel Umsatz, aber wegen der komplexen Architektur und Installation stimmte die Endrechnung schon bald nicht mehr. Auch die Lösungen selber vermochten Gebhardt nicht zu überzeugen. Die Schweizer Gruppe begann zunächst mit Produkten anderer Anbieter herumzuwerkeln, machte sich aber alsbald selber an die Arbeit: eine einheitliche Plattform musste her, um all die Applikationen zu integrieren. «Für uns war klar, dass dies nur das Internet-Protokoll sein kann.» Diese Erkenntnis hatten sie in einem Gespräch mit einem Zürcher Absolventen der Stanford University in Kalifornien gewonnen.

Der Betreffende war dort in Kontakt mit Java gekommen, der offenen Programmiersprache von Sun Microsystems, und setzte sie nun im Rahmen seiner Arbeit bei einer Schweizer Großbank ein. Das daraufhin geborene Siemens-Schweiz-

Projekt erhielt den Codenamen «Freak» und wurde 1998 beim ersten Kunden, der Cornér Bank in der italienischen Schweiz, installiert. Das System stürzte zunächst öfters ab. Als es stabil lief, wurden die Stammhausleute zur Vorführung eingeladen.

Mit diesem Schritt brach der seit längerem schwelende Konflikt wie ein Vulkan aus. Telefonate mit deutlichem Inhalt wechselten zwischen München und Zürich, in den Sitzungen flogen die Fetzen, mit der unmissverständlichen Anweisung: Zürich solle sein U-Boot versenken. Siemens setzte auf das Entwicklungsteam in Santa Clara. «Letztlich scheiterten wir an der Machtfrage», sagt Gebhardt.

Bei Siemens Schweiz sehen das einige Leute anders. Media-Streams sei ein Ergebnis des Internethypes. Das Team um Gebhardt habe den Millionenbraten gerochen und hätte sich noch schnell in die Selbständigkeit abgenabelt. Davon will Gebhardt nichts wissen. «Wir waren als Ingenieure von unserer Idee derart überzeugt, dass wir sie so schnell wie möglich realisieren wollten.» Und: «Wir haben mit dem Internet gar nichts zu schaffen, sondern nur mit dem Intranet.»

Ein zweiter Siemens soll Media-Streams denn auch nicht werden; der Markt sei viel zu schnell. Im Vordergrund steht der Verkauf des Unternehmens oder Kooperationen mit einem geeigneten Partner. Ein Börsengang sei zu keinem Zeitpunkt geplant gewesen, wehrt sich Gebhardt, und auch in den Statuten verbrieft. Wunschpartner ist auch heute noch der frühere Arbeitgeber Siemens. Die Schweizer Geschäftsleitung wurde schon im Voraus in die Pläne, eine Firma zu gründen, eingeweiht und auch über die Bedingungen für die beiden bisherigen Finanzierungsrunden vorinformiert. Die Verhandlungen scheiterten gemäß Siemens-Schweiz-Chef Peter Grüschow aber an den «horrenden» Preisvorstellungen der Gebhardt-Leute.

Bei Siemens hat man die Lehren daraus gezogen. «Wir beginnen Projekte wie auch Software viel schneller zu patentieren als früher», sagt Grüschow. Die im Unternehmen zunächst entstandene Unruhe unter Mitarbeitern, die plötzlich ebenfalls von ihrer eigenen Firma und dem schnellen Geld träumten, hat sich, nachdem die Weltbörse alle Kellerböden sprengte, wieder beruhigt.

Media-Streams indessen kämpft mit Kinderkrankheiten. Einer ihrer Kunden, die «NZZ am Sonntag», bezog ein Haus mit massiven elektrostatischen Problemen. Die Reibungen, die durch die Teppiche entstanden, führten dazu, dass es zu Ausfällen beim Telefonieren kam. «Der Hörer ist elektrostatisch noch nicht optimal gebaut. Aber die Münchner, von denen wir ihn beziehen, arbeiten daran», sagt Gebhardt. Ob er es sich vorstellen könnte, wieder bei Siemens zu arbeiten? Erich Gebhardt muss nicht lange überlegen und nickt bestimmt. Auch Grüschow zögert keine Sekunde: «Keine Frage, ich würde ihn sofort wieder einstellen.»

Der Schatten des Gründervaters

Die Vorstellung, Pioniere der Technik zu sein, ist ein wesentlicher Bestandteil des Selbstverständnisses von Siemens. Keine Kosten werden gescheut, um dieses angemessen zu kultivieren. Seit 1906 existiert das Siemens-Museum, das zunächst vor allem den Leistungen des Gründers gewidmet war, nach dem Zweiten Weltkrieg nach München verlegt und in ein Forum umgewandelt wurde, in dem Technikgeschichte generell und integriert darin der Beitrag von Siemens gezeigt werden. 20 Millionen Mark lässt sich Siemens alljährlich diese Leistungsschau kosten.

Selbst das neuste Handymodell hat seinen Weg hinter die Glasvitrine gefunden – sehr zum Befremden einiger Siemens-Ingenieure, wie Forums-Verantwortlicher Hermann-Josef Moufang anführt. 100.000 Besucherinnen und Besucher wurden zur Blütezeit des Forums Mitte der neunziger Jahre hier durchgeschleust, zum größten Teil Schülerinnen und Schüler. «Wir haben das Forumskonzept in den letzten Jahren stark angepasst und wollen heute nicht mehr nur Museum sein, sondern auch Konzepte für die Lösung der Probleme von morgen aufzeigen», sagt Moufang.

Mit der Herausgabe eines eigenen Magazins mit dem Titel «Forschung und Innovation» versucht Siemens, dieses Bild auch bei Mitarbeitern und Kunden zu verankern. Allein die geballte Ladung von Beispielen verschiedenster Sparten – von der weltweit ersten Lampe für den Außenbereich, die sich der Helligkeit der Umgebung anpasst, einem neuen Weltrekord bei der Live-Übertragung über Lichtwellenleiter oder Visionen für die Stadt von morgen – soll den Eindruck eines unglaublich innovativen Unternehmens entstehen lassen.

Das Thema ist aber auch beliebter Gegenstand öffentlicher Auftritte und Pressekonferenzen, zu denen Journalistinnen und Journalisten durch die ganze Welt geflogen werden. Immer wieder muss auch der Ahnenvater Werner von Siemens als Innovationsguru und Zitatenlieferant herhalten. In seinen Briefen, feinsäuberlich im Archiv katalogisiert und abgelegt, findet sich für jede Gelegenheit die passende Passage.

Im Jubiläumsjahr 1997 kultivierte Siemens dieses Selbstverständnis entsprechend. Mit der Publikation eines aufwändigen Sammelbandes, in dem sich so illustre Autoren wie Bertelsmann-Gründer Reinhard Mohn und Telekom-Chef Ron Sommer mit der Frage «Wie kommt das Neue in die Welt?» beschäftigen, und einer Imagekampagne versuchte es der Konzern der Öffentlichkeit einzuhämmern. In die gleiche Kerbe schlägt der 2001 lancierte Anspruch «Global Network of Innovation», «weltweites Netzwerk der Innovation».

Das ist die PR-Seite, die in der Unternehmensrealität aber durchaus eine Entsprechung findet und eine der Säulen von Top und Top+ ist. Rund sieben Prozent seines Umsatzes steckt Siemens regelmäßig in die Forschungs- und Entwicklungsaktivitäten. Zwar hat sich der Anteil am Umsatz seit 1989/90 von 9,6 Prozent auf 7,1 Prozent (1999/2000) reduziert, doch im Vergleich zur Konkurrenz investiert Siemens nach wie vor einen stolzen Betrag. Nur die japanischen Konkurrenten Fujitsu und Matsushita tun mehr für ihre Forschung, NEC und IBM beispielsweise deutlich weniger. Vor allem US-Unternehmen haben diesen Posten in den Krisenzeiten immer wieder überproportional gekürzt, um das Ergebnis besser aussehen zu lassen. Bei Siemens ist dies trotz verstärkter Finanzmarktorientierung bisher nicht der Fall gewesen.

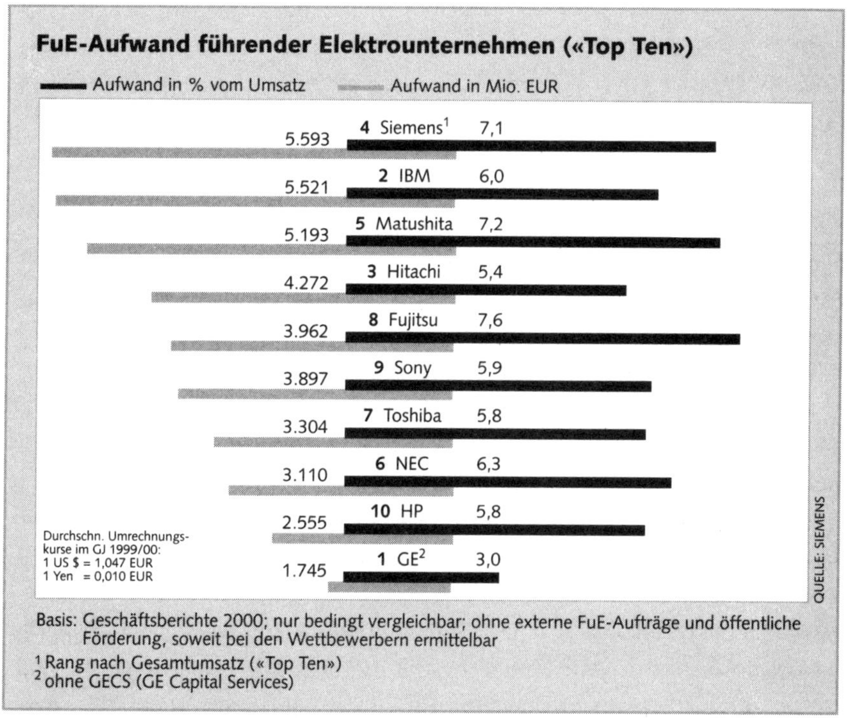

Abbildung 17

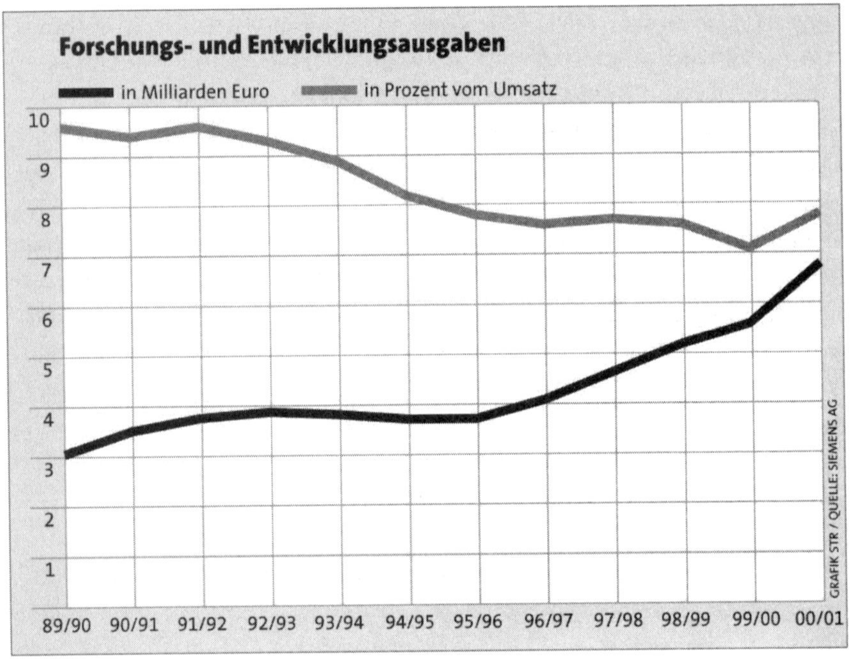

Abbildung 18

Über 57.000 Mitarbeiterinnen und Mitarbeiter sind beim deutschen Konzern in Forschung und Entwicklung beschäftigt, 25.000 davon bereits außerhalb der Republik. Mehr als die Hälfte befassen sich mit der Entwicklung von Computerprogrammen. Stolz präsentieren die Siemens-Herren auch die Zahl der angemeldeten Patente, bei denen sie entweder die Nummer eins sind (in Deutschland oder bei der World Intellectual Property Organisation) oder zumindest mit der Konkurrenz mithalten können. Zwar sagen die Zahlen allein noch nicht viel aus, weil etwa Softwareingenieure uneins sind, ob es sinnvoll sei, in einem derartig schnelllebigen Geschäft Patente anzumelden. Der Konzern braucht die Zahl aber bewusst in seiner Öffentlichkeitsarbeit. «All diese Zahlen machen deutlich, dass Siemens ein globaler, von der Informationstechnik getriebener Hightech-Konzern ist», sagt Vorstandsmitglied Edward Krubasik. Hier liegt seiner Meinung nach auch das große Synergiepotenzial: «Informations- und Kommunikationstechniken sind die entscheidenden Treiber für den technologischen Fortschritt auf allen Feldern. Sie sind Innovationstreiber, Wachstumsmotor und Ergebnisträger in einem.» Ohne Leittechnik, Kontrollsysteme und verteilte Intelligenz funktioniere heute weder ein Kraftwerk, ein Krankenhaus oder Telekommunikationsnetz noch eine Verkehrszentrale oder Industrieanlage.

Doch reichen diese Zahlen aus, um zu belegen, dass das Unternehmen wirklich innovativ ist im Sinne Joseph Schumpeters, der «Grauen Eminenz» der österreichischen Nationalökonomie, der diesen Begriff geprägt hat? Schumpeter versteht unter Innovation nicht die bloße Erfindung, sondern deren erstmalige ökonomische Nutzung. Er spricht in diesem Zusammenhang auch von «schöpferischer Zerstörung», einem Prozess, in dem auch alte (Macht-) Strukturen zerschlagen werden.

Pleiten, Pech und Pannen

«Siemens hat heute nicht die Reputation, Innovationen zu treiben. Im Gegenteil: Die Deutschen sind vielfach verspätet auf einen bereits fahrenden Zug aufgesprungen», moniert ein Topmanager eines Konkurrenten aus der Kommunikationsbranche. Nicht nur die Liste der Versäumnisse sei lang, sagt ein Insider, auch die der Produkte, die Unsummen von Entwicklungsgeld verschlungen haben, aber nie auf den Markt gelangten oder sich schlecht oder gar nicht verkauften.

Ganz weit oben in dieser Liste figuriert ein in den siebziger Jahren entwickeltes Mikroskop, das für Spitäler und Labors gedacht war. Es sei durch und durch perfekt gewesen, mit Funktionen ausgestattet, von denen die Konkurrenz nur hätte träumen können, aber schlicht viel zu teuer, als dass es sich auch jemand hätte leisten können, sagt ein Siemens-Manager. Es ist nicht ein einziges Mal verkauft worden. Zahlen, was die Entwicklung gekostet hat, will er aber keine nennen.

Jener Fernsehbildschirm zum An-die-Wand-Hängen hingegen, der Mitte der neunziger Jahre entwickelt wurde, ist nicht einmal über das Projektstadium hinaus gediehen. Er wurde im Herbst 1996 ein erstes Mal öffentlich präsentiert und hätte Mitte 1997 auf den Markt gelangen sollen. Mit nur 15 Zentimetern war er damals einer der flachsten Schirme, mit einem kalkulierten Einführungspreis von rund 20.000 Mark aber auch einer der teuersten. Einige Monate später stieg Siemens ganz aus diesem Geschäft aus.

Das Abenteuer Transrapid gehörte vorerst ebenfalls in diese Kategorie, obwohl Siemens nicht zu den Initiatoren der ersten Stunde gehörte, das Geld nicht aus der eigenen Kasse stammte und jüngste Entwicklungen doch noch auf einen Durchbruch der Magnetschwebebahntechnik hoffen lassen. 1969 stieß Siemens auf Einladung des Bundesministeriums für Bildung und Wissenschaft zum «Birlinghovener Kreis», der die deutsche Bahnindustrie vereinte und den Auftrag erhielt, eine Programmstudie «Komponenten für neue Technologien in Verkehr und Transport» anzufertigen. Die Magnetschwebebahntechnik war in einer vom Verkehrsministerium in Auftrag gegebenen Studie positiv beurteilt worden und nun mit staatlichen Mitteln massiv gefördert.

Dass die Lage der deutschen Bahnindustrie (Thyssen, Siemens und Adtranz, heute Bombardier) jahrelang sehr schwierig war, hat gemäß Bahnexperten viel damit zu tun, dass Deutschland damals auf die anspruchsvolle Magnetschwebetechnik gesetzt und dabei das Potenzial der traditionellen Rad/Schiene-Technik zunächst verkannt hatte. Techniker und Politiker waren der Faszination der Magnetschwebebahntechnik, dem «Fliegen auf Höhe Null», gleichermassen erlegen. «‹Made in Germany› soll auch im 21. Jahrhundert für Spitzenleistung stehen», gibt Gerhard Wahl, Vorsitzender des Konsortiums, die damalige Aufbruchstimmung wieder, die auch heute noch unter den Transrapid-Enthusiasten herrscht. Man versprach sich davon die Lösung der aufkommenden Verkehrsprobleme, später vor allem auch einen neuen Exportschlager, dank dem Arbeitsplätze geschaffen würden. Damit wuchs der Druck auf die Politiker, in Deutschland eine erste kommerzielle Strecke zu schaffen. Entsprechend flogen in den letzten Jahren die Fetzen. Zur Erleichterung aller wird derzeit die erste kommerzielle Strecke realisiert, nicht in Deutschland, sondern in China, zwischen dem Zentrum Shanghais und dem Flughafen. Aber auch in Deutschland sind die Chancen gestiegen, dass zumindest eine Transrapid-Strecke gebaut werden könnte.

Zu den größeren Fehlleistungen der letzten Jahre gehört auf jeden Fall das Versäumnis, rechtzeitig das Thema Internet erkannt zu haben. Siemens geriet Ende der neunziger Jahre bei einem der Kerngeschäfte, der Nachrichten- und Vermittlungstechnik, in Rückstand. Mit Fernmeldeanlagen macht der Konzern zwar rund ein Fünftel seines Umsatzes. Doch bei den neuen, auf dem Internetprotokoll basierenden Produkten war das Unternehmen von der Konkurrenz abgehängt worden – man musste diejenigen der Konkurrenten verkaufen, um überhaupt Geschäfte machen zu können. Zu lange setzte Siemens auf altbewährte Technik. Warum die verzögerte Reaktion? Siemens-Vorstand Volker Jung, Chef des Arbeitsgebiets Informations and Communications, gab sich gegenüber der «Zeit» selbstkritisch: «Wenn Sie ein erfolgreiches Produkt haben, besteht die Gefahr, dass Sie es zu lange pflegen, immer neue Modelle bauen – und nicht rechtzeitig auf eine neue Technologie setzen.» Siemens musste schon einmal Lehrgeld zahlen: Das Unternehmen habe zu lange auf das Telex gesetzt und das Fax vernachlässigt, räumte Jung ein.

Dabei hätte die Ausgangslage nicht komfortabler sein können. Seit Jahrzehnten war Siemens einer der Marktführer bei Vermittlungsstellen, den Schaltzentralen für Telefonnetze. Immer wieder verbesserte das Unternehmen seine Produkte und digitalisierte sie etwa in den achtziger Jahren. Das Thema des Zusammenwachsens von Daten- und Sprachübertragung kam schon in den siebziger Jahren ein erstes Mal auf, wie sich Reinhard Heller, früher weltweit verantwortlicher Produktmanager für die großen Kommunikationssysteme, erinnert. Zunächst nannte man dies «Datenverkehr über eine Nebenfernsprechanlage», dann in den achtziger Jahren wurden die Themen ISDN und Bürokommunikation aktuell, heute spricht man vom Internetprotokoll.

«Wenn Sie ein erfolgreiches Produkt haben, besteht die Gefahr, dass Sie es zu lange pflegen, immer neue Modelle bauen – und nicht rechtzeitig auf eine neue Technologie setzen.»

Volker Jung

Dass Sprache und Daten in Zukunft über die gleichen Netze transportiert würden, war also Mitte der neunziger Jahre durchaus nicht neu für Siemens. Das Unternehmen investierte Millionen Mark in eine Technologie namens Asynchronous Transfer Mode (ATM), die beides vermitteln kann. Das Denken der Ingenieure war aber zu lange in den alten Mustern der Leitungsvermittlung gefangen, die paketvermittelte Datenkommunikation war ihnen suspekt. Noch 1997 hieß es bei Siemens, dass Sprache sich mit Internet-Technologie überhaupt nicht zuverlässig übertragen lasse. Der Grund lag in der unterschiedlichen Funktionsweise von Sprach- und Datennetzen, was in einen Glaubenskrieg ausartete: Bei der Leitungsmittlung wird für jedes Gespräch eine eigene Verbindung aufgebaut, Computer hingegen tauschen in Bruchteilen einer Sekunde eine Fülle von Daten, beispielsweise E-Mails, aus. Diese werden in Päckchen zerlegt, mit einer Adresse versehen los geschickt und von Routers an den richtigen Ort gelenkt. Das machte für die Siemens-Ingenieure durchaus Sinn, aber sie zweifelten daran, dass es möglich sei, so Sprache in guter Qualität zu übermitteln. Sie hielten es für unmöglich, dass die Sprachdatenpakete zur gleichen Zeit und in der richtigen Reihenfolge eintreffen würden. Die Einwände hatten in der Frühphase durchaus ihre Berechtigung, mittlerweile scheinen diese Probleme weitgehend gelöst zu sein, und Siemens musste mit einem Parforceritt versuchen, den Anschluss zu schaffen. Dass dies inzwischen gelungen sei, attestiert den Münchnern sogar ein Manager von Marktführer Cisco Systems. «Siemens hat einige gute Produktlinien aufgebaut, die Sinn machen. Sie gehören aber nicht zu den besten», schränkt er ein.

Die Fallstricke

Dass es bei Siemens trotz riesiger Forschungs- und Entwicklungs-Aufwendungen immer wieder zu Fehlleistungen kommt, hat System. Das hängt zum einen mit sytematischen Innovationsbarrieren zusammen, die in jedem Großunternehmen sichtbar werden. Dazu gehören schwerfällige Entscheidungswege oder auch politische Widerstände, die damit zusammenhängen, dass Führungskräfte um ihre Position bangen. Doch es lassen sich drei weitere, erhebliche Schranken erkennen.

Trotz der Erfahrungen im Handygeschäft herrscht im Konzern nach wie vor eine Ingenieursmentalität, die zwar eine Stärke darstellt, aber auch ihre negativen Seiten hat. Entwickler lassen sich nur allzu gerne von der Faszination der technischen Machbarkeit leiten. Dies führt dazu, alles besser und perfekter machen zu wollen als die Konkurrenz. Die Siemens-Ingenieure nehmen dafür nach wie vor in Kauf, dass die Produkte später ausgeliefert werden und teurer sind als diejenigen der Wettbewerber, sagt ein Insider. In Zeiten von «Time to Market» kann das Siemens den einen oder andern interessanten Auftrag kosten. So hat beispielsweise die Swisscom ein innovatives Projekt abbrechen müssen, weil Siemens nicht in der Lage war, die Switch-Produkte der neuen Generation rechtzeitig zu liefern.

Die Dominanz der reinen Ingenieure, die zumindest im mittleren Kader nach wie vor besteht, birgt die Gefahr, dass ein «selbstreferentielles System» entsteht, das keine Kontrolle «von außen» zulässt. Die Ingenieure waren lange Zeit bei Siemens unter sich, auch die Vorstandsmitglieder stammten mehrheitlich aus dieser Ecke. Dadurch, dass sie eine gemeinsame Begrifflichkeit benutzten, die andere ausschloss, konnten sie sich nach außen abgrenzen und vor allfälliger Kritik immunisieren.

Auch beim Transrapid hatten die Ingenieure das Sagen, aber gesellschaftpolitische und ökonomische Trends waren dafür verantwortlich, dass ihnen in diesem Fall sogar der Staat die Definitionsmacht überließ. Als sich im 19. Jahrhundert die Eisenbahn durchsetzte und die Arbeitsabläufe in der Industrie mechanisiert wurden, entstand eine «Tempogesellschaft». Ingenieure versuchten, die Geschwindigkeiten der Eisenbahn zu erhöhen und damit die Reisezeiten zu verkürzen, erfuhren aber bald einmal, dass dadurch die Zahl der Unfälle merklich anstieg. Aus diesem Grund forschten sie nach neuen Technologien. Die ersten Projektskizzen zu einer Magnetschwebebahn entstanden bereits in der zweiten Hälfte des 19. Jahrhunderts. Zur Geburtshelferin wurde aber erst die deutsche Verkehrspolitik der Nachkriegsjahre, wie der Soziologe Franz Bülligen beschreibt. Die Deutsche Bahn befand sich als Folge der beiden Weltkriege in einem desolaten Zustand, ohne dass der Staat ihr beim Wiederaufbau und dem Abtragen der Schulden behilflich gewesen wäre. Stattdessen förderte er den Individualverkehr und baute Autobahnen. «Jeder Deutsche soll den Anspruch haben, sich einen eigenen Wagen zu kaufen. Deshalb wollen wir ihm die Straßen dafür bauen», sagte etwa 1965 der damalige SPD-Verkehrsexperte Helmut Schmidt. Da das Wirtschaftswunder die Deutschen sukzessive besser stellte, fragten sie immer bessere, schnellere Verbindungen nach. Experten warnten bereits davor, dass das System kollabieren könnte. Die drohende Verkehrskrise wurde zum deutschen innenpolitischen Thema.

In einer von SPD-Verkehrsminister Georg Leber 1968 in Auftrag gegebenen Untersuchung wurde die Lösung des Problems gefunden: die Magnetschwebebahn. Die technische Entwicklungsfähigkeit der herkömmlichen Bahntechnik wurde als begrenzt eingestuft, dafür aber eine Geschwindigkeitslücke zwischen Flugzeug und Bahn sowie Auto diagnostiziert, die der Transrapid mit seinen 500 Stundenkilometern gut ausfüllen würde. Die Studie war von Vertretern der Industrie angefertigt worden, welche die neue Technologie klar der Rad/Schiene-Technik vorzogen. Erst 1973 ließ das Bundesministerium für Verkehr unter dem Eindruck ausländischer Erfahrungen die Grenzen des Rad/Schiene-Systems nochmals eingehend untersuchen. Die Ergebnisse fielen unerwartet positiv aus und mündeten mit einem zeitlichen Rückstand auf die ausländische Konkurrenz in die Entwicklung des ICE.

Der Vorrang, den die Förderung Magnetschwebebahntechnik gegenüber der traditionellen Rad/Schiene-Technik in Deutschland zumindest noch Anfang der siebziger Jahre genoss, schlug sich in Zahlen nieder: In die Transrapid-Forschung flossen zwischen 1969 und 1979 mehr als 370 Millionen Mark; in die Fortentwicklung der herkömmlichen Rad/Schiene-Technik wurde dagegen im selben Zeitraum nur die Hälfte investiert. Obwohl man auch in Frankreich, England und den USA an einem unkonventionellen Bahnsystem auf der Basis der Luftkissentechnologie arbeitete, investierten diese Staaten von Anfang an mindestens ebenso viel Geld in die Weiterentwicklung des konventionellen Bahnsystems. Das zahlte sich aus. Bereits 1979 schaffte der französische TGV zwischen Paris und Lyon Tempo 360. Schon viel früher, 1964, hatte Japan mit der Einführung des auf konventioneller Rad/Schiene-Technik basierenden «Shinkansen» auf der dicht besiedelten Strecke Tokio-Osaka einen Meilenstein gesetzt. In Deutschland hatten die Transrapid-Kreise abwehrend reagiert, indem sie den wirtschaftlichen Erfolg schlicht in Abrede stellten.

Die Gründe für die verspätete Reaktion auf die Internet-Technologie hingegen liegen bei Siemens ganz allein. Sie sind durch die Größe des Unternehmens und seinen bisherigen Erfolg bedingt. Harvard-Professor Clayton Christensen spricht in diesem Zusammenhang vom «Innovator's Dilemma». Was versteht er darunter? Unternehmen scheitern gerade deshalb, weil sie so erfolgreich sind, Kunden zuhören und in Bereiche investieren, die den größten Gewinn abwerfen. Sie übersehen dabei aber Technologiesprünge, welche langfristig gesehen die Grundlage neuen Wachstums bilden, so das Argument Christensens. Dies trifft auch auf Siemens zu. «Wir sind ein Ingenieursbetrieb, der sich am Kunden orientiert, und das realisiert, was der Kunde möchte», bestätigt Siemens-Manager Heller. «Es gibt niemanden, der das so speziell und klasse macht wie wir. Damit sind wir groß geworden.» Wenn Entwicklungen gestartet würden, dann meist mit einem kompletten Business Case, also inklusive Umsatzschätzungen und Margenerwartungen. «All diese Prozesse sind auf reife Märkte aufgebaut, in denen der Kunde weiß, was er will.» Solche Verfahren behindern die Innovationsfähigkeit, ebenso das Denken in Massenmarktkategorien. Erst wenn man glaubt, ein Produkt in großer Stückzahl verkaufen zu können, ist es wegen der geringeren Produktionskosten und damit der größeren Profitabilität auch ein interessantes Geschäft. Der damalige Netzwerkchef Roland Koch verfügte im Frühjahr 2001 – ein halbes Jahr vor der geplanten Lancierung – einen Entwicklungsstopp für Powerline Communication, die Datenübermittlung übers Stromkabel. Aus den Reihen der Schweizer Konkurrenz Ascom verlautete damals, dass die Siemens-Technologie nicht zu überzeugen vermöge, Koch hingegen glaubte, nach mehreren Jahren Entwicklung den Massenmarkt nicht mehr zu erkennen. Die bisherigen Erfahrungen von Ascom scheinen ihm bisher recht zu geben. Ihr Referenzkunde, der deutsche Energieversorger RWE, erklärte Ende Mai 2002, die Kundenzahl liege unter 2000 und die Modems hätten sich als störanfälliger erwiesen als erwartet. In diesem Fall scheint es für Siemens noch einmal gut gegangen zu sein.

Bei Siemens ist man sich gewisser Innovationsschranken durchaus bewusst. Nur, was tut der Konzern, um dies zu ändern? Die Verantwortlichen verweisen auf Top+, in dessen Rahmen Innovation eine zentrale Rolle spielt. «Uns geht es um das Setzen von Trends, die Steigerung der Innovationskraft durch effiziente Produktentstehungsprozesse und die Etablierung neuer Geschäfte», sagt Krubasik. Stolz erklärt er, dass Siemens heute fast 75 Prozent seines Umsatzes mit Produkten macht, die jünger als fünf Jahre sind. Im Arbeitsgebiet Information and Communications verlaufen die Produktezyklen sogar noch schneller.

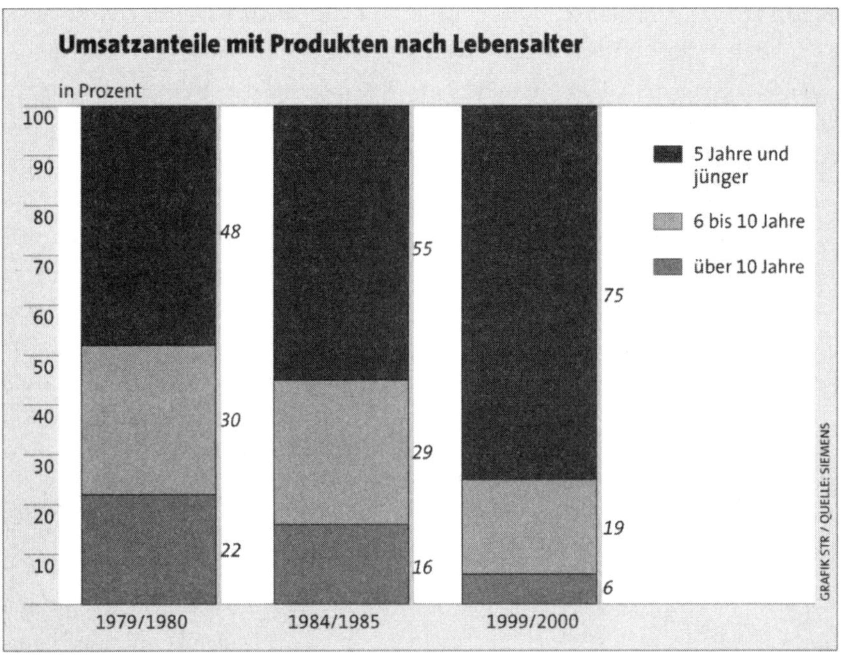

Abbildung 19

Das Unternehmen organisierte 1994 seine Forschungstätigkeit neu. «Treibende Kraft für die industrielle Forschung und Entwicklung sind heute weniger die technologischen Möglichkeiten als die künftigen Bedürfnisse der Kunden sowie ihre Erfüllung durch innovative Produkte, Systeme und Geschäfte», schreibt Vorstandsmitglied Claus Weyrich. Dazu würden neue Arbeitsstrukturen benötigt wie flexible, interdisziplinäre Task Forces oder ein optimiertes Wissensmanagement.

Was heißt dies konkret? Heute arbeiten 96 Prozent der in Forschung und Entwicklung beschäftigten Siemens-Mitarbeiter an neuen Produkten oder Lösungen, der Rest, etwa 1800 Mitarbeiter der Zentralabteilung Technik, befasst sich mit mittel- und langfristigen Fragen. Das Schwergewicht hat sich klar zugunsten der Entwicklung konkreter Produkte verschoben.

Verschiedene Methoden werden angewandt, um herauszufinden, wo und wie die Mittel am effektivsten eingesetzt werden. Beim «Road Mapping» beispielsweise werden die aktuell bearbeiteten Technologien und die bekannten Produktgenerationen in die Zukunft extrapoliert. Man versucht abzuschätzen, zu welchem Zeitpunkt etwas verfügbar ist und gebraucht werden wird.

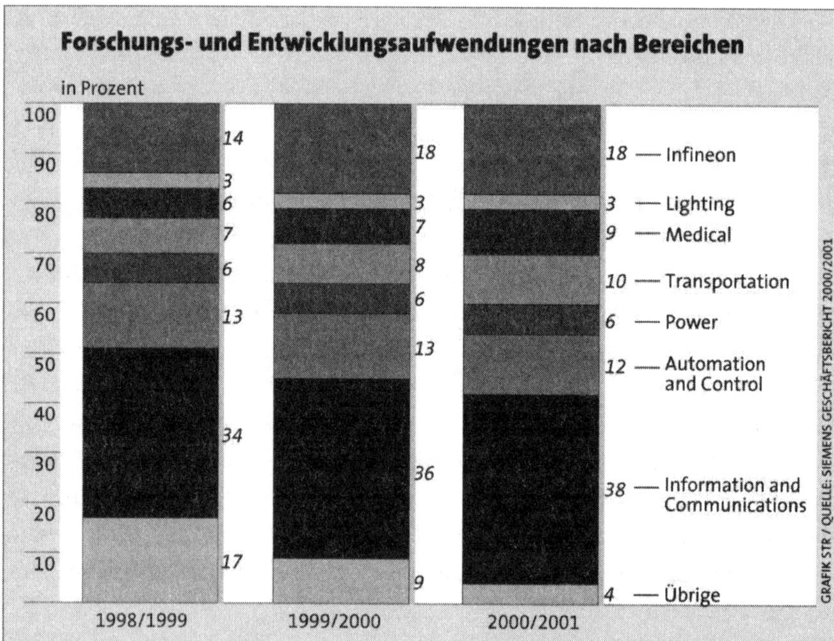

Abbildung 20

Weil man sich damit aber stark vom existierenden Geschäft leiten ließe, wäre dies alleine eine zu einseitige Betrachtung des Geschehens. Diskontinuitäten in Geschäften und Technologien lassen sich durch eine Extrapolation nicht erfassen. Dafür muss schon ein größerer Sprung in die Zukunft gewagt werden. Siemens behilft sich dabei mit so genannten «Pictures of the Future». «Man muss alle denkbaren Einflussfaktoren in die Überlegungen einbeziehen, wie etwa der Einfluss der Gesellschaft, der Politik, der Ökonomie, der Umwelt, der Technologieentwicklung und auch des Wettbewerbs», sagt Weyrich. Die Informations- und Kommunikationstechnologie zieht sich wie ein roter Faden durch all die definierten «Pictures of the Future» – ob im Bereich Automatisierung, Energie, Verkehr oder auch Gesundheit.

Das Bild Gesundheit beispielsweise beinhaltet Modelle für eine Gesellschaft, deren Menschen immer älter werden. Diese möchten so lange wie möglich zu Hause leben, ohne externe Pflege oder Kontrolle beanspruchen zu müssen. Durch die Vernetzung über moderne Kommunikationstechnologie und die Entwicklung ganz bestimmter Hilfs- und Versorgungsdienste vermögen die Hausbewohner unkompliziert Hilfe anzufordern. Medizinische Daten könnten systematischer ausgewertet und Informationen verschiedener Spitäler und Ärzte ausgetauscht werden.

Kampf gegen Innovationsfallen

Im Entwicklungsalltag selber erprobt Siemens eine Vielzahl von Methoden, um Innovationen zu generieren beziehungsweise den Fallen zu entgehen. Siemens hat sich dabei als nicht sehr erfinderisch erwiesen, sondern vielmehr gewisse bestehende Modelle, gerade aus den USA, kopiert, aber siemenslike adaptiert:

Zunächst einmal das «Design-to-cost-Prinzip»: Dabei wird gemeinsam mit Leitkunden festgelegt, wie viel ein Produkt am Markt kosten darf und welche Eigenschaften es erfüllen muss. Das lang vernachlässigte Thema Design und Benutzerfreundlichkeit spielt neuerdings schon in der Frühphase des Entwicklungsprozesses eine Rolle. Anfang der neunziger Jahre hatten die Kunden bei höchstens der Hälfte aller großen Entwicklungen ein Mitspracherecht. 1994 gründete Siemens das Usability Lab. Solche Institute hatten in den USA schon länger Tradition, in Deutschland aber war das Siemens-Labor die erste Gründung dieser Art. Im Lab werden Produkte aller Art, Waschmaschinen, Handys, Hörgeräte, Computertomographen, Automatisierungsgeräte oder Leitwarten von Kraftwerken, getestet. Mit nur fünf repräsentativ ausgewählten Testpersonen lassen sich gemäß dem Institut 80 Prozent aller Schwachstellen ausmerzen.

In der Entwicklungsphase ist auch die Software-Qualität ein zentrales Thema. Bereits heute sind 60 Prozent des Siemens-Umsatzes von Computerprogrammen abhängig. Sie sind meist in der Hardware verborgen, in Maschinensteuerungen, Handys oder Ultraschallgeräten. Für die Bürowelt sind Abstürze von PC's eine alltägliche Sache, und Anlaufschwierigkeiten mit SAP gehören zum Standardlamento, was man mittlerweile schon bewusst in Kauf nimmt. Anders sieht es bei Industrieanlagen oder Kraftwerken aus. Sie können es sich nicht leisten, ab und zu «abzustürzen».

«Die Systeme müssen flexibel, ausfallsicher, langlebig und gegen Manipulationen geschützt sein», sagt Siemens-Forschungschef Weyrich. Um zu verhindern, dass nicht die aus der Sicht des Softwareingenieurs beste Lösung entwickelt wird, sondern die «wirtschaftlichste» und «kundenbeste», nimmt Siemens seit 1997 systematische Vergleiche vor. Sechs Bewertungskriterien dienen als Maßstab: Kundenzufriedenheit, Qualität, Entwicklungs- beziehungsweise Innovationstempo, Produktivität sowie Prozess- und Technologiebeherrschung. Sie sind auch die Grundlage für den angestrebten Erfahrungs- und Know-how-Austausch zwischen den Bereichen.

Die Qualität der Software bleibt trotz dieser Anstrengungen ein kritischer Faktor bei Siemens. Im Sommer 2001 legte ein Softwarefehler zwei Mal innerhalb von fünf Tagen das Stellwerk im Bahnhof Basel für mehrere Stunden lahm. Die Folgen eines solchen Softwarefehlers sind traumatisierend für alle Beteiligten, wie Paul Blumenthal von den Schweizerischen Bundesbahnen SBB in einem Interview mit dem «Tages Anzeiger» schilderte: «Da sitzt man in einem Zug fünf Kilometer vor Basel, plötzlich steht alles still. Und niemand, auch das Personal nicht, weiß, wann die Fahrt wieder weitergehen kann. Es ist eine absolut chaotische Situation. Denn selbst die Spezialisten wissen ja nicht, wie lange es dauert, bis der Fehler behoben und das System wieder hochgefahren ist.» Schadensersatzforderungen an die Adresse von Siemens wurden zwar nicht publik und die betreffenden Manager schweigen sich aus, in der Regel sind solche Verträge aber mit entsprechenden Klauseln ausgestattet.

Auch bei den Handys jagen sich die neuen Softwarereleases, die dazu dienen, neu entdeckte Fehler auszumerzen. Das hängt mit den immer kürzeren Produktezyklen in diesem Geschäft zusammen. Siemens teilt dieses Problem mit andern Herstellern. Für das S35i beispielsweise erschienen mindestens vier verschiedene Versionen, Version 5, 12, 16 und 18, plus verschiedene Updates, mit kleineren oder größeren Fehlern, die beispielsweise bewirkten, dass sich einige Geräte plötzlich ausschalteten.

Der Konzern nutzt seine weltweite Aufstellung auch, um in Kulturräumen Forschung zu betreiben, in denen die gesellschaftliche Grundstimmung – die Einstellung gegenüber neuen Technologien und die Bereitschaft, Risiken einzugehen – «innovationsfreundlicher» ist und wo gemäß den Worten des ehemaligen ICN-Vorsitzenden Roland Koch «in Sachen Technologie die Musik spielt». Mehr als 10.000 Forscherinnen und Forscher innerhalb des Konzerns – damit mehr als jeder Fünfte – sind heute aus diesem Grund in den USA tätig.

Vier bereichsübergreifende Forschungszentren, das eine in Princeton in den USA, die andern in Deutschland, in München, Erlangen und Berlin, stellen die Entwicklung konzernübergreifender Informationstechnologien sicher. Sie verfügen allesamt über ein Kooperationsnetz mit verschiedenen Universitäten.

Weiter beschäftigt Siemens im britischen Roke Manor, in der Nähe von Southampton, 550 Mitarbeiter, die Forschung und Entwicklung im Auftrag von Siemens, aber auch für andere Firmen oder Regierungen betreiben. Der Ort – ein herrschaftliches Anwesen mit efeubewachsenem Herrenhaus – soll dem Erfindergeist speziell förderlich sein. Bedingt durch die offene Kultur würden hier unkonventionelle Methoden erprobt: beispielsweise konnten die Produktionskosten für das schnurlose Siemens-Telefon deutlich gesenkt werden, weil man in Roke Manor billige Komponenten aus der Fernsehproduktion in die Geräte einsetzte. Aus einem Überwachungsgerät entstand «Hawk-Eye», ein System, das eine genaue Analyse des Cricket-Spiels bei Fernsehübertragungen erlaubt.

Auch Siemens übernimmt vermehrt Firmen, die bestimmte Technologien hervorgebracht haben, und kauft so quasi Innovationsfähigkeit ein. Siemens hat dies spät getan, weil ihm die Akqusitionswährung in den USA – dort werden Zukäufe zu einem großen Teil über Aktientausch abgewickelt – fehlte, aber auch weil die Preise dem in Finanzfragen nach wie vor konservativen Unternehmen schlicht zu astronomisch waren.

Die Entwicklung hat Siemens recht gegeben. «Inzwischen hat sich herausgestellt, dass der New-Economy-Hype auch noch einen Bruder hatte, nämlich den New-Rich-Hype», wie von Pierer vor einer KPMG-Partnerversammlung in Frankfurt sagte. «Gemeinsam ist beiden eigentlich nur, dass es den Handelnden darum ging, in möglichst kurzer Zeit ein möglichst hohes persönliches Vermögen anzusammeln.»

Die traditionellen Telekomausrüster jenseits des Atlantiks hatten viel rascher auf das Internetprotokoll reagiert und sich das entsprechende Know-how mit Großakquisitionen eingekauft. Nortel erwarb 1998 für 6,7 Milliarden Dollar Bay Networks, Lucent blätterte ein Jahr später 20 Milliarden für Ascend hin. Vorreiterin dieser Entwicklung war die Netzwerkausrüsterin Cisco Systems. CEO John Chambers kaufte seit 1993 mehr als 50 kleinere Unternehmen zusammen.

Siemens war Ende der neunziger Jahre immer wieder mit großen Namen wie Newbridge, 3Com oder Cabletron in Verbindung gebracht worden. Mit Newbridge etwa, mit welcher der Konzern enge Beziehungen pflegte, verhandelte das Management auch über eine Übernahme. Doch Siemens war nicht bereit jeden Preis zu zahlen. Konkurrent Alcatel machte mit 7 Milliarden Dollar das Rennen.

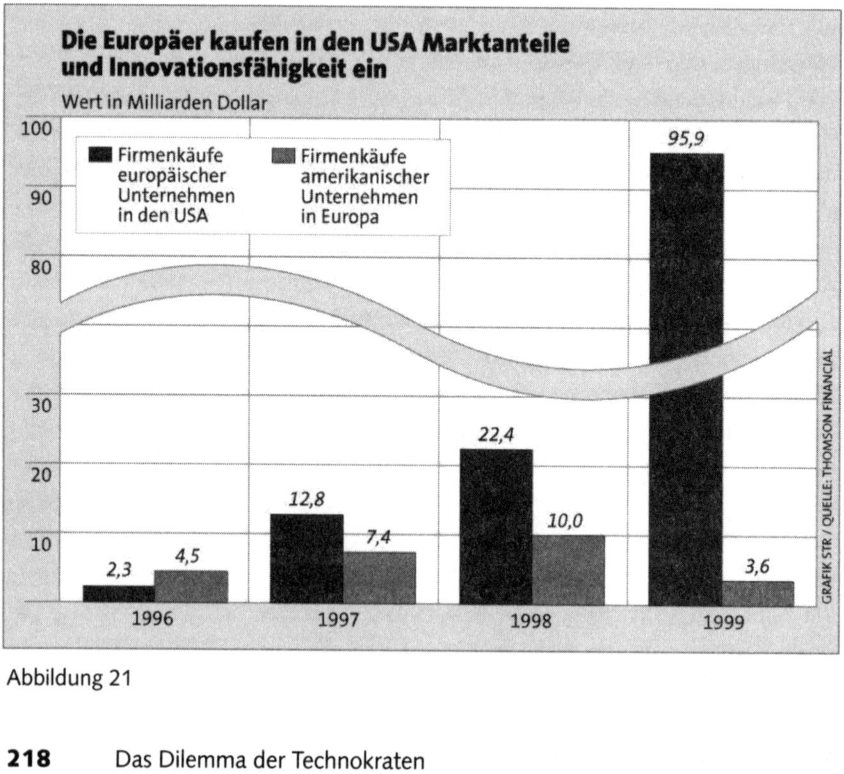

Abbildung 21

Um ihren Rückstand bei den IP-Infrastrukturprodukten für die nächste Generation Breitband- und Voice-Applikationen aufzuholen, kaufte Siemens schließlich still und leise im April 1999 drei Start-Ups (Argon Networks, Redstone Communications und Castle Networks) und fügte sie zu Unisphere zusammen. Sie wurden zunächst nicht in Siemens einverleibt, weil neben andern Gründen ursprünglich auch ein Börsengang geplant war, sondern agierten selbständig mit eigenen Abteilungen für Entwicklung, Produktion, Marketing und Vertrieb. Im Bereich der optischen Netzwerke, wo ebenfalls Handlungsbedarf bestand, übernahm Siemens Optisphere Networks, ein im April 2000 gegründeter Start-Up. Mit Rückstand auf Konkurrenten wie Alcatel sprang Siemens auf den sich abzeichnenden Breitband-Access-Boom (DSL-Technologien) auf. Das ist umso erstaunlicher, weil Siemens von der konventionellen Sprachtechnologie kommend prädestiniert dazu gewesen wäre, vorne mitzumischen. Schließlich dient DSL dazu, die alten Kupferkabel für die schnellere Übertragung von Daten aufzurüsten. Siemens hat dieses Versäumnis mit dem Kauf von Efficient Networks im Februar 2001 wettzumachen versucht.

Die Netzwerksparte hatte Ende der neunziger Jahre auf die Strategie gesetzt, als Systemintegrator aufzutreten, und verkaufte so zum großen Teil keine eigenen Produkte mehr, sondern diejenigen der Konkurrenten. Thomas Ganswindt versuchte im Sommer 2001 einen Kurswechsel vorzunehmen. Doch woher die eigenen Produkte nehmen? «Siemens kann sich hier eigentlich nur noch über eine große Akquisition zurück ins Geschäft katalpultieren», glaubt Dieter Baumann, Chef von Alcatel Schweiz. Siemens schlug einen andern Weg ein. Ganswindt verkaufte im Mai 2002 die Internettochter Unisphere an das US-Unternehmen Juniper – mit einem Verlust zwar, aber Siemens hatte zuvor bestimmte Technologien in die eigene Produktelinie aufgenommen. Man verabschiedete sich damit vom Versuch, eigene Produkte im Bereich gewisser Router zu entwickeln und entschied sich stattdessen für eine Vertriebskooperation mit Juniper, einem der stärksten Konkurrenten von Marktführer Cisco Systems.

«Inkubatoren» – Brutkästen für den Nachwuchs

Siemens begann neben dem Akquirieren von Start-Ups, so genannte Inkubatoren zu betreiben. 1999 wurde der erste Inkubator in unmittelbarer Nähe des Technologie-Mekkas, dem californischen Silicon Valley, in Berkeley gegründet. Er firmiert als Technology-to-Business (TTB) und hat bereits einige Unternehmen «auf die Welt gebracht», wie es im Fördererjargon heißt. 2001 wurde der Siemens-Technologie-Accelerator gegründet, er ist in den neuen hellen Glasbauten am Münchner Flughafen untergebracht – genauso wie das «Center of E-Excellence», das neue Geschäfte im E-Business-Bereich vorantreiben soll. Die etwa 30 Firmen tragen klingende Namen wie webwasher, 2roam oder Agilience Group und sind Kleinstbetriebe. Jeder zweite Gründer hat irgendetwas mit Siemens zu tun. Der eine hat 18 Jahre lang bei Siemens gearbeitet und will sich jetzt selbständig machen, braucht aber Geld, andere hoffen auf Siemens als ersten Referenzkunden oder gar Käufer des Unternehmens.

Mit diesen Einrichtungen schwamm Siemens bei einem Modetrend mit. Seitdem die Entwicklung der Internet-Technologie und der Hype eine Flut an Geschäftsideen hervorgebracht hat und lange Zeit auch Investoren interessiert waren, die Ideen der Jungunternehmer zu finanzieren, haben diese Institutionen – zumindest Ende der neunziger Jahre und zu Beginn des neuen Jahrhunderts – eine Hochkonjunktur erlebt. Nachdem Ernüchterung sich ausbreitete und viele Start-Ups verkümmerten, findet diese Art der Innovationsförderung heute vor allem noch in den großen Konzernen statt.

Dahinter verbirgt sich die Erkenntnis, dass außerhalb des Unternehmens viele Ideen vorhanden sind, diese aber erst an Wert gewinnen, wenn sie mittels Finanzierung und Geschäftsplan in einem eigenen, funktionierenden Unternehmen umgesetzt werden – und das schneller, als dies die Konkurrenz oder – im Fall von Großunternehmen – man selbst wegen interner Hindernisse zuwege brächte. Der Inkubator oder auch Accelerator ist dabei eine Art Beschleuniger: Er bietet Dienstleistungen, Zugriff auf ein Beziehungsnetz, intensive Beratung und meist auch Risikokapital und Managementkapazitäten; im Gegenzug erhält der Inkubator- oder Accelerator-Betreiber eine Beteiligung am Unternehmen. «Weil wir an Ihr Unternehmen glauben, verlangen wir auch kein Geld für unsere Dienste. Indem wir einen kleinen Anteil an Ihrer Firma nehmen, teilen wir das Risiko und werden, wie Sie, im Falle des Erfolgs profitieren», heißt es auf der Siemens-Homepage. Beim Inkubator in Berkeley variiert der Anteil zwischen 25 und 40 Prozent. In den Inkubatoren der Geschäftsbereiche finden sich Siemens-Mitarbeiter, die mit einer eigenen Idee vorstellig geworden sind. Wird die Idee für unterstützungswürdig angeschaut, erhält er Büroraum, kann die Beratungsdienstleistungen in Anspruch nehmen und ist in der Lage, auf dem Intranet, also innerhalb der Siemens-Mitarbeiterschaft, Leute zu rekrutieren. «Kein Vorgesetzter darf einen Mitarbeiter davon abhalten, zu einem dieser Start-Ups zu wechseln», sagte Roland Koch, damaliger Chef von ICN. «Das Hauptziel ist, am Schluss das Team wieder zu integrieren, also einen Spin-In zu realisieren.» Damit würden zwei Fliegen auf einen Schlag erledigt: Durch den so entstandenen Freiraum können Innovationen gefördert werden. Gleichzeitig kann man so unter Umständen talentierte Mitarbeiter, die mit dem Gedanken spielen, sich selbständig zu machen, weiter im Unternehmen halten.

«Das Hauptziel ist, am Schluss das Team wieder zu integrieren, also einen Spin-In zu realisieren.»
Roland Koch

«Corporate Investors» wie Siemens fanden bereits während des Booms auch bei Firmengründern außerhalb des Unternehmens vermehrt Anklang und stachen zunehmend andere Risikokapitalgeber aus, weil sie eben nicht nur Kapital und Beratung bieten, sondern auch Zugang zur Infrastruktur, zu den Entscheidern und zu Aufträgen der Mutterkonzerne. Gerade Siemens macht sich gut auf der Referenzliste, wie ein deutscher Jungunternehmer sagt. Das hat Folgen für eine in Europa in den letzten Jahren neu entstandene Industrie im Kampf um die Aufspürung interessanter Start-Ups. Neben der miesen Stimmung an den Finanzmärkten in den letzten zwei Jahren, die es immer schwieriger macht, überhaupt Risikokapital aufzutreiben, geraten sie zusätzlich von Seiten der «Corporate Investors» unter Druck.

Die Beteiligung an viel versprechenden Firmen über Venture-Einheiten oder Beteiligungsgesellschaften ist an sich nicht neu. Auch Siemens macht dies seit Mitte der achtziger Jahre, professionell betrieben wird es aber erst seit 1998. Zwischen 1999 und 2001 wurden mehr als 500 Millionen Euro investiert, «allerdings nur in die Technologien, die uns als Siemens am Herzen lagen und die wir verstehen», sagt Sabine Zindera von Siemens Venture Capital (SVC). Internet-Portale oder «Turnschuhfirmen», wie Internetfirmen verächtlich auf den Gängen des Stammhauses genannt werden, seien keine darunter. SVC ist in München, Boston, im Silicon Valley (Santa Clara) und in Tel Aviv mit

Stützpunkten vertreten und investiert im Schnitt zwischen einer halben und fünf Millionen Euro pro Firma. Die von verschiedenen Bereichen unternommenen Anstrengungen wurden im Oktober 2001 zusammengefasst, um die Transparenz zu erhöhen und den Austausch zwischen den zuvor verstreut operierenden Investmentmanagern zu fördern. Verfolgt werden dabei zweierlei Absichten: Neben dem finanziellen Interesse – der Wertsteigerung solcher Unternehmern, konkret dem Ziel eines späteren Gewinn bringenden Verkaufs oder IPOs – ist Siemens in erster Linie an den Innovationen interessiert, um mit dem horrenden Tempo im Informationstechnologiegeschäft Schritt halten zu können. «Wegen der schnellen Produktezyklen in der Informations- und Kommunikationstechnik müssen wir verstärkt nicht nur neue Technologien, sondern auch neue Geschäfte entwickeln», erklärt Vorstandsmitglied Weyrich. «Von der Technologie direkt ins Geschäft, das ist die Herausforderung der Zukunft.» Siemens Venture Capital hat aber auch schon einige Unternehmen an die Börse gebracht: darunter Openwave, Efficient Networks, SignalSoft an die Nasdaq und november an den Neuen Markt in Frankfurt. Der Erfolg, so Zindera, wird im Hause Siemens an harten Zahlen gemessen: «Wir bekommen vom Konzern Geld und müssen damit eine vereinbarte Rendite erwirtschaften.»

Das Beispiel Workstation

Die Schweizer Firma Workstation, die im Bereich Gebäudemanagement tätig ist, kommt in den Genuss solchen Spielgeldes. Workstation arbeitet an einer Software, mit der sich die Anlagen verschiedenster Hersteller, die in einem oder mehreren Gebäuden eines Unternehmens oder einer Verwaltung vorhanden sind, gemeinsam überwachen und steuern lassen, so beispielsweise die Heizung, Lüftung, Produktionsanlagen, Schließsysteme, Energiezähler, Brandüberwachung oder auch die Beleuchtung. Die Software dient dazu, Daten zu sammeln, sie auszuwerten, damit beispielsweise nach einer bestimmten Zahl von Betriebsstunden ein Servicetechniker aufgeboten oder das Licht automatisch am Freitag nach 19 Uhr überall gelöscht wird. «So können die Betriebskosten erheblich gesenkt werden», sagt Cheftechnologe Beat Großenbacher. Größter Kunde des bereits zehn Jahre alten Unternehmens ist die Deutsche Telekom Immobilien, die in 17.000 Gebäuden Deutschlands ihre TeleSysteme überwachen lässt.

Weshalb braucht ein derart etabliertes Unternehmen überhaupt noch Risikokapital? Das Unternehmen aus Glattbrugg mit 30 Mitarbeitern befindet sich trotz ihres Alters in einer Start-Up-Phase, wie Workstation-Finanzchef André Günter sagt. Bisher beschäftigte es sich mit einzelnen Projekten und kreierte spezielle, maßgeschneiderte Lösungen, nun will die Firma den Schritt zum Softwareunternehmen schaffen. Workstation verspricht sich von der Entwicklung einer standardisierten Softwareplattform einen «Leverage-Effekt» und damit ein größeres Wachstum mit attraktiveren Margen.

Siemens Venture Capital hat sich im Mai 2001 mit einem Anteil von fünf Prozent an Workstation beteiligt, weil das Unternehmen über ein großes Zukunftspotential verfüge, wie Uwe Albrecht, Investmentmanager von SVC, sagt. Neben Siemens sind mit der Innoventurecapital der Credit Suisse und einer deutschen Gruppe namens Fort-Knox-Venture weitere Risikokapitalgeber beteiligt. Der Gründer, René Ehrenbold, ist mit einem Anteil von um die 30 Prozent nach wie vor größter Anteilseigner.

Hat Günter keine Angst, dass Siemens seine Ideen kopieren könnte? «Das war sicher ein Thema, das vor dem Einstieg besprochen wurde. Wir sehen aber mehr die Vorteile, die sich durch partnerschaftliche Lösungen und den Vertrieb unserer Produkte ergeben dürften.» Dass Siemens auf jeden Fall vom Know-how profitieren wird, liegt allein schon wegen der Art der Lösung auf der Hand: Das Großunternehmen verfügte bisher nur über proprietäre Schnittstellen, welche die Kunden zwangen, Siemens-Anschlussprodukte zu kaufen. Die Workstation-Lösung hingegen ist eine offene Plattform, welche die Anbindung von Konkurrenzprodukten wie von Honeywell, Johnson Control oder eben auch Siemens Building Technologies ermöglicht und aus diesem Grund für Siemens interessant ist. Doch Günter fürchtet die Interessenkonflikte nicht: «Siemens hat zum einen eine derartige Marktmacht, von der wir jetzt profitieren können.» Zum andern habe Siemens Venture Capital als Finanzierungsarm ein Interesse, dass es Workstation gut gehe. Das Zürcher Unternehmen knüpfte die Beteiligung an die Bedingung, dass man sich als unabhängiges Softwareunternehmen positionieren könne. Siemens-interne Diskussionen zwischen Bereich und SVC dürften damit aber programmiert sein. «Wir können es uns nicht leisten, allfälligen Druckversuchen der Bereiche nachzugeben. Würden wir das tun, wären wir als Risikokapitalgeber rasch weg vom Fenster», wiegelt SVC-Sprecherin Zindera ab.

McKinsey-Berater beobachteten, dass den «Corporate Investors» eine ganz andere Gefahr droht. Firmen wie Siemens tendieren ihrer Meinung dazu, ihre neuen Pflänzchen zu überfüttern. Sie würden ihre kapitalmäßig solide Ausstattung als Wettbewerbsvorteil gegenüber andern Risikokapitalgebern betrachten und deshalb ihre Start-Ups fürstlich mit Geld ausstatten. Zu viel Kapital verleite aber dazu, die Produktepalette auszudehnen, in repräsentative Räumlichkeiten und in die Büroinfrastruktur zu investieren, unnötig Personal einzustellen und zu lang abzuwarten, um sich dem Urteil des Marktes zu stellen. Zindera sieht darin keine Gefahr. «Wir haben das Thema im Griff», sagt sie. Der Besuch beim Center of e-excellence unmittelbar beim Flughafen München hinterlässt zumindest einige Fragezeichen in dieser Hinsicht: Die Start-Ups hätten es, was Lage, Helligkeit der Räume, vorhandenen Platz und Infrastruktur anbelangt, schlimmer treffen können.

Die Bedingungen einer innovationsfreundlichen Kultur

Das Schaffen einer innovationsfreundlichen Unternehmenskultur innerhalb des Unternehmens selber ist aber das schwierigste Unterfangen. Hier sind vor allem die Führungskräfte gefordert. «Es braucht Personen, die unerschrocken genug sind, ein Team mit seiner Idee als U-Boot auszugliedern», sagt Reinhard Heller. «Auch wenn er weiß, dass er sich dafür keine Lorbeeren holt, sondern nur Ärger auflädt. Ohne U-Boote gibt es keine Innovationen. Man muss eine Kultur entwickeln, die diese U-Boote zulässt und sie fördert», führt er aus. Er unterstützte schließlich im Stammhaus die Idee Gebhardts, die Telefonapplikationen in eine IP-Plattform zu integrieren.

Das Risiko, dass die bisherige Position einer Führungskraft in Gefahr geraten könnte, weil sie von einem U-Boot bedrängt wird, führe dazu, dass diese dazu tendiere, Innovationen zu behindern. Die bedrängte Führungskraft werde versuchen, aufkommende Konkurrenz zu Tode zu trampeln. Dies sei im Falle Gebhardts passiert, sagt Heller. Weil jener Topkaderangehörige schon länger bei Siemens ist und über das viel bessere Beziehungsnetz in München verfügt, hat er wesentlich bessere und überzeugendere Argumente als derjenige, der bestimmte Verhaltensweisen in Frage stellt. De Facto müsste er auf dem Höhepunkt seiner Macht jede Innovation im Keime ersticken, um seine Position abzusichern.

«Ohne U-Boote gibt es keine Innovationen. Man muss eine Kultur entwickeln, die diese U-Boote zulässt und sie fördert.»

Reinhard Heller

«Nur wenige Führungskräfte schaffen es deshalb, ein innovationsfreundliches Umfeld zu schaffen», sagt Heller.

Wichtigster Grundsatz dieser U-Boote ist, dass sie irgendwann wieder auftauchen müssen und damit für die andern sichtbar werden. Wenn das Projekt dann weder in ein strategisches noch in ein Produktekonzept passe, müsse man bereit sein, es auch wieder zu versenken. Was sich so einfach anhört, ist für die Betreffenden nicht immer leicht zu verdauen, schließlich geht es um ihr Baby. «Die Betroffenen dürfen sich auf keinen Fall als Verlierer sehen oder als diejenigen gebrandmarkt werden, die Millionen in den Sand gesetzt hätten», sagt er. Von dieser Kultur sei Siemens noch weit entfernt. Das Phänomen ist aber nicht etwa Siemens-typisch, sondern hänge stark mit der europäischen Mentalität zusammen, glaubt Heller.

Auch André Günter von Workstation sieht das Problem der Innovationskultur als ein Führungsproblem, das dadurch entsteht, dass durch Innovationen und neue Technologien zunächst der Boden der Sicherheit und der Stabilität verlassen wird. «Man stelle sich ein eingespieltes Managementteam vor, das einen Markt aufgebaut und dort eine gewisse Stellung erreicht hat. Für die ist etwas Neues in erster Linie auch mit viel Risiko verbunden, was viele Führungsverantwortliche abschreckt.» Günter betrachtet dies als typische Konstellation in Großunternehmen, die ihn unter anderem veranlasst hat, seinen gut bezahlten Managerposten bei einer amerikanischen Investmentbank aufzugeben und stattdessen eine Leitungsfunktion in einem 30-Mann-Unternehmen zu übernehmen: «Hier kann man relativ rasch etwas bewegen.»

Die Vielfalt der Methoden, nach denen im Siemens-Konzern Innovationen generiert werden, schafft kulturelle Probleme neuer Art. Da werden zum einen bewusst andere, freiere Kulturen wie beispielsweise diejenige im britischen Roke Manor gefördert, zum andern hat Top+ mit seinen tintenfischähnlichen Tentaklen auch die Forschungs- und Entwicklungsarbeit stärker an sich gezogen und versucht, deren Effektivität zu steigern. Das führt dazu, dass sich die Mitarbeiter von Roke Manor manchmal zu hart an die Kandare genommen fühlen. «Das spiegelt die kulturellen Unterschiede wider», sagt Leiter Klein. «Dort die deutsche Konzernzentrale, die gern alles nach vorgegebenen Regeln kontrollieren will, hier das Unternehmen in Südengland, das schnell auf Marktbedürfnisse reagieren möchte. Dort deutsche Furcht vor allem Ungeregelten, hier die Überzeugung, dass nur aus dem Chaos Kreativität erwachsen kann.»

Für das Aufkommen solcher Diskussionen aufgrund unterschiedlicher Kulturen braucht es nicht einmal örtliche Distanz. Die Risikokapitalgeber von Siemens Venture Capital werden von verschiedenen Bereichen kritisch beäugt. «Wir hören oft, dass wir viel zu viel Risiko eingingen», sagt eine Mitarbeiterin.

Media-Streams hingegen, die Firma Erich Gebhardts, hat auch in der im Januar 2002 abgeschlossenen zweiten Finanzierungsrunde kein Geld von Siemens erhalten. Der Kontakt besteht aber noch immer; das Jungunternehmen bezieht nach wie vor die Telefonhörer aus München, die an der PC-Tastatur angebracht werden. Ob Media-Streams aber Erfolg haben wird oder nicht, hängt gemäß Risikokapitalgeber Thomas Egolf von Trans Atlantic Technology von zwei Fragen ab. «Erstens muss es Media-Streams gelingen, Großunternehmen mit mehreren Tausend Arbeitsplätzen als Kunden zu gewinnen und zweitens muss das Produkt international erfolgreich eingeführt werden.» Dass dies sehr schwierig zu realisieren sein wird, ist Gebhardt bewusst. Eine Kooperation mit Siemens wäre dabei äußerst nützlich.

Abschied von der deutschen Vorherrschaft

Daniela Fehring, die Wandlerin zwischen den Kulturen

Zwischen neun und zehn Uhr fahren die meisten Busse bei der Stiftsbibliothek des Klosters St. Gallen vor und entladen Touristen in bunten Hemden, aufgeregte Hochzeitsreisende, ruhige Männer mit dickglasigen Brillen und abgewetzten Ärmelschonern, ab und zu eine Frauenschar, die alle in langen Schlangen dem Saal entgegenstreben. «Alphabetisches Wörterbuch, um 1790 verfasst?» «Gleich um die Ecke, Herr Doktor.» Wissensdurstig hinein in die Filzpantoffeln und ab geht's im Langläuferstil in den Barocksaal. In einer hinteren Ecke, scharf ausgeschnitten wie ein Scherenschnitt im Gegenlicht, beugt sich eine Besuchergruppe über die Glasvitrine mit den Urkunden aus dem karolingischen 9. Jahrhundert.

Daniela Fehring schlüpft folgsam in die übergroßen Pantoffeln und rutscht über die Schwelle. Das Ritual ist ihr vertraut, längst beherrscht sie den Skischritt, um den Geigenholzboden aus dem Jahr 1760 mit seinen wertvollen Intarsien aus hautweichem Kirschholz nicht zu beschädigen. Das ganze Wissen der Menschheit – von Aristoteles bis Zyste – ist hier versammelt. Bücher, Bücher, Bücher, Tausende von Titeln, in hölzernen Schränken verstaut.

«Eigentlich bin ich für eine Sitzung mit dem Managementzentrum St. Gallen hierher gekommen», sagt sie, während sie von Vitrine zu Vitrine schlurft und ihre Augen mittelalterliche Handschriften überfliegen. Das Treffen ist in letzter Minute abgesagt worden. Kein Grund, sich aufzuregen – schon gar nicht für jemanden, der wie Fehring in China gelebt hat. Das Wandeln zwischen Kulturen ist das Thema, das die 36-Jährige beschäftigt – seit 1996 offiziell und honoriert, unter anderem von Siemens.

Die Sinologin und Historikerin macht seit 1998 regelmäßig Mitarbeiter des Elektrokonzerns fit für ihre Einsätze in Südostasien, Malaysia, Singapur, Thailand und Indonesien. Geübt wird anhand von Fallstudien und Rollenspielen, so zum Beispiel ein kritisches Gespräch zwischen deutschem Chef und indonesischem Mitarbeiter. «Von der interkulturellen Kompetenz der entsandten Mitarbeiter hängt es ab, ob eine Firma im Ausland erfolgreich ist oder nicht.»

Fehring weiß nur zu gut, was es heißt, sich in anderen Kulturräumen zu bewegen und dabei kein Fettnäpfchen auszulassen. Ihr Vater ist Schweizer Pfarrer, die Mutter Deutsche. Aufgewachsen ist sie mit ihren drei Brüdern in der Schweizer Mission in Rio de Janeiro. Als Fünfjährige zog sie nach Wallisellen in die Nähe Zürichs, Synonym für betonierte, anonyme Agglomerationen. «Um möglichst schnell eine von ihnen zu werden, habe ich die brasilianische Sprache leider sehr rasch verlernt.» Dafür spricht sie heute fließend deutsch, französisch, englisch und chinesisch.

Studiert hat sie die chinesische Sprache zunächst an der Universität Zürich, dann vor Ort in Wuhan. Das Freizeitverhalten, die fehlende Rücksichtnahme auf andere und die Beweggründe für Freundschaften – alles war fremd. Einen Kulturschock erster Güte erlitt sie, als sie sich nach dem Studium bei einer Großbank, der Schweizerischen Kreditanstalt (heute Credit Suisse), für einen Job in Shanghai anheuern ließ. Telefone, Computer und Fax waren dort zwar vorhanden, «aber die Infrastruktur ist ein Trugschluss und vermittelt ein völlig falsches Sicherheitsgefühl», sagt Fehring und streicht sich schnell eine dunkle Haarlocke aus dem Gesicht. «Man muss sich von Beginn an bewusst sein, dass vieles völlig anders läuft.»

Sie sei in so ziemlich jede kulturelle Falle getreten, schmunzelt sie, angefangen bei der Sprache. Der Shanghai-Dialekt hat mit Mandarin etwa so viel gemeinsam wie Englisch mit Deutsch. «Ich ärgerte mich, dass meine Kolleginnen keine Rücksicht nahmen und begann mich zurückzuziehen. Das war ein Fehler. Ich hätte so rasch wie möglich den Dialekt lernen sollen.» Die chinesischen Kolleginnen schnitten sie von vielen Informationsquellen ab und ignorierten ihre Anweisungen teilweise, denn die Bank hatte es verpasst, ihre Position innerhalb der Hierarchie klar zu definieren.

Auch im privaten Umfeld gelang ihr nur schwer Anschluss. Anders als in Wuhan, wo die Haustüren allen Besuchern offen standen, weil es damals kaum Telefone gab, spähten die neureichen Bewohner des 13-stöckigen Hochhauses in Shanghai höchst argwöhnisch durchs Guckloch. Nach eingehender Musterung blieben die Türen meistens verschlossen.

Bei der Übersiedlung nach Deutschland, in die Nähe von Frankfurt, traf die Schweizerin auf unerwartete Fremdheiten. Insbesondere die Trennung zwischen Beruf und Privat, die in Deutschland viel größer ist als in der Schweiz, fiel ihr sofort befremdend auf. «Hier gibt es Leute, die seit fünf Jahren sehr eng zusammenarbeiten und sich immer noch siezen, um sich persönlich nicht zu nahe zu kommen. Das ist in der Schweiz unvorstellbar», sagt Fehring.

1996 gründete sie ihre Firma «China Partner». Der Anfang war schwer: «Viele Firmen dachten, es reicht, jemanden nach China zu schicken, der die Sprache spricht oder einen Dolmetscher hat, sahen aber keinen Sinn in einer interkulturellen Ausbildung.» Dank Dolmetschaufträgen floss erstes Geld auf das Konto. Ihre Kunden aus China, vorwiegend politische Delegationen, hielten sie allerdings fast 24 Stunden auf Trab. Selbst tief in der Nacht hämmerten sie an die Tür, weil kein Teewasser vorhanden war, oder ließen die ganze Hotelstromversorgung komplett zusammenbrechen, weil sie mit ihren mitgebrachten Nudelsuppenkochern Kurzschlüsse fabrizierten.

Heute verdient Fehring ihr Geld fast ausschließlich mit China- und Südostasienseminaren. Ein Kollege forderte ihre Mitarbeit bei der Siemens-Tochter SQT an, und seit die Münchner auf ihrer Kundenliste stehen, läuft das Geschäft. Volkswagen, Audi, BASF und ContinentalTeves zählen zu ihren Referenzen. «Keine Firma, die in Asien tätig ist, kann es sich heute mehr leisten, sich mit diesem Thema nicht zu beschäftigen.»

In der Champions League der Weltwirtschaft

Siemens ist – fast – überall. In 190 Ländern ist der Konzern präsent, mit weltweit 570 Fabriken. In Wuxi bauen Chinesen Waschmaschinen von Bosch-Siemens und britische Ingenieure halten den Heathrow-Express, die Schnellbahn zwischen Flughafen und London-Paddington, in Schuss. In der Dubai Internet City, «der ersten Freihandelszone der Welt für E-Business-Unternehmen», trotzen Siemens-Techniker Temperaturen von bis zu 50 Grad im Schatten oder Sandstürmen, um dort die Informations- und Kommunikations-Infrastruktur aufzubauen. Mexikaner fertigen Osram-Glühbirnen, und der Ex-König Afghanistans traf bei einem Besuch in Kabul im Frühjahr 2002 noch immer jene Vermittlungsanlage von Siemens an, die vor 50 Jahren angeschafft wurde, um das Telefonieren im Land erst möglich zu machen. Das Telefonnetz ist allerdings nach 20 Jahren Krieg völlig zerstört.

Nach Unctad-Schätzung existieren etwa 60.000 international operierende Konzerne mit 500.000 Ablegern in aller Welt. Sie sind für die meisten Investitionen in die entsprechenden Länder und auch den Technologietransfer verantwortlich. Siemens spielt in dieser Riege in der obersten Liga mit. Globalisierung ist für den deutschen Konzern zwar nichts Neues, sondern seit Beginn der Firmengeschichte eine der Konstanten. Die Auslandorientierung hat in den letzten Jahren aber eine neue Qualität erhalten: Siemens wächst derzeit nur noch wegen des internationalen Geschäfts, während das Inlandgeschäft auf hohem Niveau stagniert. Mehr als drei Viertel der Einnahmen und Auftragseingänge stammen bereits aus dem Ausland. 1974/75 tätigte der Elektrokonzern erstmals über die Hälfte seines Umsatzes außerhalb Deutschlands.

Siemens war zwar schon immer international tätig, aber man hielt sich lange nicht für ein internationales Unternehmen, sondern vielmehr für ein deutsches, das auch noch in andern Ländern tätig ist, sagt Joachim Hübner, ehemaliger Leiter der internen Kommunikation. «Wir wollen ein internationales Unternehmen sein und unsere Internationalität im Sinne von Verständigung, gegenseitigem Respekt und Lernbereitschaft stärken», lautete einer der Kernsätze des Leitbildes von 1990. Dieser Anspruch war Wunschdenken; sämtliche Schlüsselpositionen waren durch Deutsche besetzt, und zwar im In- und Ausland.

In den letzten Jahren ist aber der Beitrag Europas zu den Konzerneinnahmen, der vor wenigen Jahren noch zwei Drittel ausmachte, immer mehr zusammengeschmolzen. Bald wird er unter die 50-Prozent-Marke fallen. Im Geschäftsjahr 1999/2000 liefen die USA Deutschland erstmals den Rang als größ-

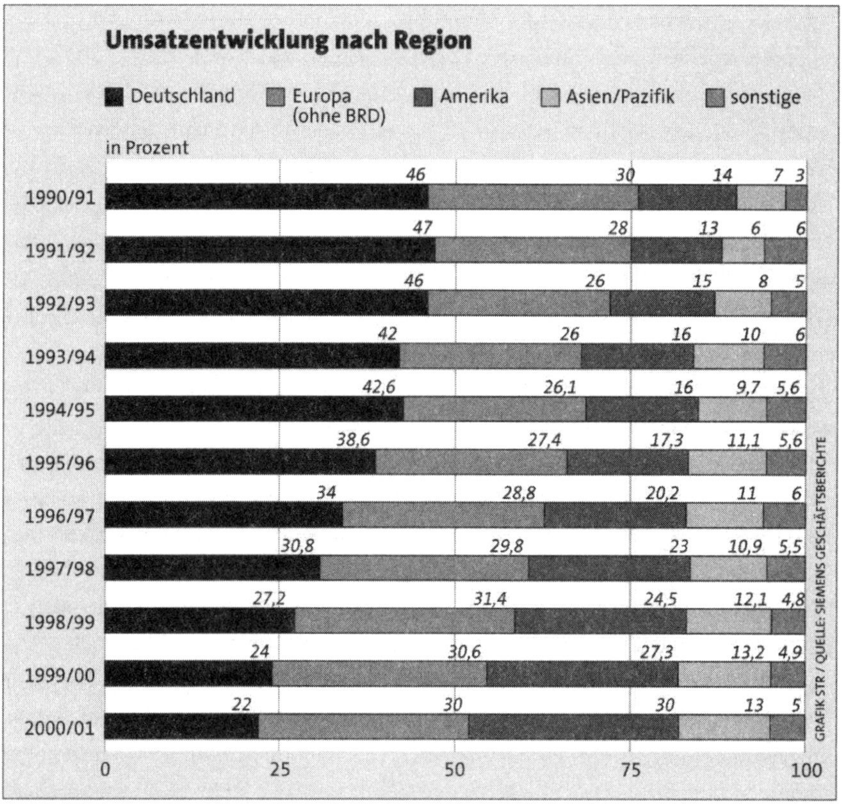

Abbildung 22

ter nationaler Markt ab, mit einem Auftragseingang von mehr als 19 Milliarden Euro überrundeten die USA die Bundesrepublik (18 Milliarden) – was allerdings noch nichts über die Rentabilität des Geschäfts aussagt.

Um neue Märkte zu erschließen, ging Siemens lange selbst Gegengeschäfte ein. Sie erreichten 1998 eine Größenordnung von einer halben Milliarde Euro, mit der kein anderer europäischer Konzern mithalten konnte. Kakao aus Ghana zur Bezahlung von Stromverteilern, Zucker aus Kuba für Turbinen-Ersatzteile, Marmor aus Usbekistan für die Elektrifizierung von Bussen und Phosphat aus Algerien gegen Computer – den Kombinationsmöglichkeiten waren kaum Grenzen gesetzt. Mittlerweile ist diese Geschäftspraxis aber abgeflaut. Zugleich veränderte Siemens auch seinen Charakter. Statt Deutsch ist heute Englisch die Konzernsprache, und die Journalistinnen und Journalisten reisen nicht mehr ausschließlich nach München, Berlin oder Paderborn, sondern werden für Pressekonferenzen nach Istanbul, New York oder Kuala Lumpur geflogen.

In der öffentlichen Wahrnehmung der für von Pierer so zentralen Amerikaner sind die Münchner allerdings nach wie vor eine unbekannte Größe. Die US-Mitarbeiter von Siemens werden mit diesem Manko immer wieder konfrontiert. «Für wen arbeiten Sie? Siemens? Ach ja, Seaman's – die Billig-Möbelkette», hören sie immer wieder. Siemens gilt intern auch als «the biggest Company you've never heard of» («das größte unbekannte Unternehmen»). Nur 12 Prozent der Befragten vermögen den Konzern zu identifizieren, wie eine Umfrage von «USA Today» im Frühjahr 2001 ergab.

Dabei beschäftigt Siemens in den USA nahezu 80.000 Mitarbeiter an über 700 Standorten in sämtlichen US-Staaten – mehr als Microsoft oder Intel. In Krankenhäusern, bei Energieerzeugern oder Autobauern gehört Siemens längst zu den wichtigsten Lieferanten, und die Medizintechnik erzielt rund die Hälfte ihres Umsatzes in Nordamerika. Produkte für jedermann wie etwa Waschmaschinen oder Kühlschränke verkauft Siemens hingegen praktisch keine.

Gewachsen ist der Konzern in den USA vor allem durch Firmenzukäufe. 1,5 Milliarden Dollar wurden für Westinghouse aufgeworfen, 700 Millionen für Acuson, 2,1 Milliarden für Shared Medical Systems und 1,5 Milliarden für Efficient Networks. Die Siemens-Zentrale agierte daher in der Vergangenheit als Finanzholding, unter der die einzelnen Marken ein mehr oder weniger selbständiges Leben führten. Der Konzern selber hat es in der Vergangenheit versäumt, einen starken Markennamen aufzubauen. Die in einem Paper der Harvard Business School vor einigen Jahren noch gepriesene «Then and Now»-Kampagne verfehlte offensichtlich ihre Wirkung. Unter den Top 75 der wertvollsten Markennamen findet man zwar Konkurrenten, Zulieferer und Kunden, nicht aber die Deutschen selber. Das wird vor allem im Handygeschäft zum Handicap.

Die Münchner feilen neuerdings mit großer Akribie an ihrem Bekanntheitsgrad. Die weiteren Aufstiegschancen des neuen USA-Chefs Klaus Kleinfeld hängen wesentlich davon ab, ob es ihm gelingt, ihn zu steigern. Dabei dürfte ihm helfen, dass seit März 2001 die Siemens-Aktien auch an der New Yorker Börse gehandelt werden, und zu diesem Anlass ist auch die Umstellung auf US-Rechnungslegungsstandards erfolgt. Zusätzlich wurde in das Lobby-Büro in Washington investiert, ein «political action committe» gegründet, Wahlkämpfe finanziell unterstützt und eine US-Public-Relations-Firma engagiert. Publicis New York machte das Rennen mit ihrer Aussage «Spin the Globe», die in den Spots mit Musik verschiedenster Stilrichtungen wie Rap, Rhythm & Blues und Rock unterlegt, inzwischen von den anderen Ländern übernommen und adaptiert wurde. «Wer Siemens einem amerikanischen Publikum nahe bringen will, muss anders vorgehen als bei einem deutschen oder chinesischen Publikum», sagt Earnest Thompson, Leiter von Corporate Marketing & Brand Communications. In den USA gelang es auf diese Weise, den Bekanntheitsgrad zu steigern. Siemens hat in den USA aber auch viel Lehrgeld bezahlt, besonders mit Akquisitionen, zuletzt mit Efficient Networks. Noch im Jahr 2000 fielen in den USA mehr als 100 Millionen Euro Verlust an, und eine große Zahl von Kunden, in vielen Fällen hochgejubelte Dot-Coms, fielen 2001 um wie tote Fliegen. Siemens konnte sich die ausstehenden Forderungen abschminken. Die Verluste summierten sich 2001 auf 603 Millionen Euro.

Der Griff nach China

Neben den USA gehören vor allem China und Südostasien zu den Lieblingsthemen von Pierers. Mit gutem Grund: Allein in China leben mehr Menschen als in den USA und Europa zusammen – knapp 1,3 Milliarden potenzielle Kunden. Mit seinem riesigen Aufholbedarf an Infrastruktur und Elektrotechnik verspricht das Land klingende Kassen. Schon Firmengründer

Werner von Siemens sind die Möglichkeiten nicht verborgen geblieben. «Es ist von ungeheurer Wichtigkeit, von Anfang an das Terrain besetzt gehalten zu haben ... Wie große Aussichten das enorme Reich bietet, wenn einmal der Anfang gemacht ist, liegt auf der Hand», schrieb er vor 130 Jahren. 1872 lieferte Siemens seinen ersten Nadeltelegraphen nach China und 1899 baute das Unternehmen die erste elektrische Straßenbahnlinie Chinas in der kaiserlichen Hauptstadt Peking. Der Zweite Weltkrieg und die kommunistische Machtübernahme in China stoppten die gut gediehene Expansion vorübergehend, aber Siemens verlor das Land nie aus den Augen. Bereits 1957 unternahmen vier hochrangige Manager eine Reise dorthin, um die Geschäftsmöglichkeiten auszuloten. 1982 war Siemens einer der ersten internationalen Konzerne, die wieder ein Büro in der chinesischen Hauptstadt eröffneten. Der Konzern begann bereits damals seine Fäden erneut in die Regierungsstellen und Universitäten zu spinnen.

1990 ging Siemens ein Joint Venture für die Produktion von digitalen Telefonvermittlungsanlagen (EWSD) ein – nur wenige Monate nach dem Massaker auf dem Tiananmen, als die Armee Massendemonstrationen für Meinungsfreiheit und Demokratie blutig niedergeschlagen hatte. Siemens hielt an der so genannten Beijing International Switching System Corporation (BISC) einen Anteil von 40 Prozent, der Rest entfiel auf lokale Gesellschaften, unter anderem die Pekinger Telefonbehörde. In deren Fahrwasser entwickelten sich die Geschäfte lange sehr gut, nicht zuletzt wegen der Schützenhilfe der chinesischen Regierung, die verhinderte, dass neben Alcatel, Siemens und NEC weitere Firmen ihre Apparate verkauften. Als der Markt später geöffnet wurde, gerieten die Margen entsprechend unter Druck. BISC ist aber nach wie vor Siemens' wichtigstes und rentabelstes Standbein in China.

«Es ist von ungeheurer Wichtigkeit, von Anfang an das Terrain besetzt gehalten zu haben ... Wie große Aussichten das enorme Reich bietet, wenn einmal der Anfang gemacht ist, liegt auf der Hand.»

Werner von Siemens

Über 50 Gemeinschaftsunternehmen folgten – mit unterschiedlichem Erfolg. Manchmal waren die Machbarkeitsstudien zu optimistisch ausgefallen, manchmal überschätzten die deutschen Schreibtischtäter den Markt. Praktisch die gesamte Produktepalette des Konzerns ist heute abgedeckt und 45 Joint Ventures arbeiteten gemäß Konzernangaben im Jahr 2001 profitabel. 25.000 Chinesen stehen inzwischen auf der Siemens-Gehaltsliste, die Produkte im Wert von 4 Milliarden Euro umsetzen.

Seit 1996 residiert das China-Management am nördlichen Stadtrand Beijings in einem siemensstadtähnlichen Komplex. Weil adäquate Häuser für «Business People» etwa 8000 Dollar Miete pro Monat kosten, hat Siemens gleich selber ein Dorf für seine entsandten Mitarbeiter gebaut. Der deutsche Konzern ist nicht nur zahlenmäßig eine der am stärksten vertretenen ausländischen Firmen, auch der Markenname ist im Stadtbild äußerst präsent. Die lautmalerisch geschickte Übersetzung des Firmen-Namens auf Chinesisch «Xi Men Zi» – auf Deutsch «Tor zum Westen – Sohn» – kommt offenbar gut an, wie Chinaexperten versichern. Zur Popularisierung brauchte es aber den Erfolg der Handys, die sich auch in China zunächst nur sehr zögerlich verkauften. Im September 2000 schließlich überholten die Deutschen Ericsson und sicherten sich hinter Nokia und Motorola den dritten Platz.

Die in China verfolgte Strategie baut auf der seit Jahrzehnten eingeübten und alt bekannten Politik der guten Freunde auf. Siemens profitierte von der Schützenhilfe durch die deutsche Regierung, die zentral war, um die Loyalität des wichtigsten Kunden, der chinesischen Regierung, zu gewinnen. Außenminister Hans-Dietrich Genscher spielte mit, als Siemens sein erstes Joint Venture auf die Beine stellen wollte und reiste extra nach China. Auch Helmut Kohl ging während seiner ganzen Amtszeit äußerst pragmatisch an die Chinapolitik heran. Nach dem Massaker am Tiananmen widersetzte er sich Forderungen von Gruppierungen wie Amnesty International, die sich für die Durchsetzung der elementarsten Menschenrechte in China und gegen den Dreischluchten-Staudamm engagierten. Stattdessen bemühte er sich, die wirtschaftlichen Beziehungen zu China zu verbessern – mit einem Eifer, den er der deutschen Wirtschaft zunächst noch absprach. In einem Kabinettsbeschluss von 1993 rüffelte er die Unternehmen, sie hätten ihre Chancen auf dem zukunftsträchtigen Asienmarkt «unzureichend genutzt», alle deutschen Branchen seien vor Ort «unterrepräsentiert», die Herrschaften sollten sich in der Region «mehr umtun». Diese machten prompt die unzureichende Unterstützung durch den Staat – mittels Subventionen und geringeren Gebühren für die Exportrisikoversicherung – dafür verantwortlich. In einem «Spiegel»-Interview forderte Siemens-Vorstandsvorsitzender von Pierer eine «neue Form der Zusammenarbeit von Staat und Wirtschaft», um ebenso günstige Finanzierungen anbieten zu können wie die ausländische Konkurrenz. Amerikanische und französische Regierungschefs würden sich viel unverhohlener für ihre Unternehmen einsetzen, kritisierten auch Analysten.

Besuche und Gegenbesuche stärkten zunehmend die Freundschaft. Im November 1995 eskortierte Kohl gleich der gesamte Siemens-Vorstand nach China, um seine Vorstandssitzung dort abzuhalten und um äußerst werbewirksam auch gleich die Aufstockung der Investitionen in China zu verkünden. Im gleichen Jahr hatte Chinas Präsident Jiang Zemin Deutschland seine Aufwartung gemacht und auf seiner dicht gedrängten Tour wohl nicht ganz zufällig auch einen Stopp im Siemens Hauptquartier in München eingelegt, wo er Deutschland als wichtigsten Kooperationspartner in Europa pries.

Prompt fand dies seinen Niederschlag in den Auftragsbüchern. Siemens sicherte sich in der Folge lukrative Staatsaufträge, beispielsweise beim Dreischluchten-Staudamm, beim Bau der Metrolinie 2 in Shanghai und zuletzt auch beim Transrapid. Per Handschlag besiegelten von Pierer und Chinas Ministerpräsident Zhu Rongji im Januar 2001 das Milliardengeschäft, an das viele nicht mehr geglaubt hatten. Die rot-grüne Bundesregierung steuerte bereitwillig ihren Obolus von 200 Millionen Mark bei. Und als Peking den Zuschlag bekam, im Jahr 2008 die Olympischen Spiele auszurichten, schickte auch von Pierer Oberbürgermeister Liu Qi ein Glückwunschschreiben und erwähnte ganz beiläufig, welche Produkte Siemens beisteuern könnte, um die Spiele zum Erfolg werden zu lassen.

Der Erhalt solcher Freundschaften erfordert unablässige Lobbyarbeit, in der besonders auch Konzernchef von Pierer persönlich immer wieder sein außergewöhnliches Talent beweist. «Siemens' Vorstandsetage betreibt Politik und Diplomatie mit derselben Gründlichkeit wie die Entwicklungsabteilung ihre Forschung», resümiert China-Kenner Martin Krott. Mit Bundeskanzler Gerhard Schröder versteht sich von Pierer nach eigenen Worten auch abseits des Tennisplatzes gut, und wenn der Kanzler reist, wie etwa im Frühjahr 2002 nach Afghanistan, wird er stets von einem hochrangigen Siemens-Vertreter begleitet.

Kostspielig und riskant

Eine solche massive Präsenz, wie sie Siemens in China aufbaut, hat ihren Preis und nichts mit kurzfristiger Gewinnoptimierung gemein. «Seriösen Unternehmen geht es nicht um ein kurzfristiges Hochpushen, sondern um eine dauerhafte attraktive Performance – und dafür ist die Präsenz in den Zukunftsregionen und -märkten entscheidend», so von Pierer. Die Investitionen belaufen sich auf mehrere Milliarden, und regelmäßig kündigt Siemens neue Investitionen an, nicht nur in die Produktion, Geld fließt auch immer mehr in die Forschung. Um die Folgen der Asienkrise 1998 abzufedern, musste der Konzern allerdings eine Milliarde Euro zurückstellen. «Ein derartiges Engagement in Asien birgt auch viele Risiken», warnt ein Analyst.

Teil der langfristig orientierten Strategie ist auch eine aktive Mitarbeiterpolitik. Die Chinesinnen und Chinesen können sich innerhalb von drei Jahren zum Energietechniker, Industrielektroniker oder -mechaniker ausbilden lassen, aber auch der Erwerb eines Diploms zum Industriekaufmann steht ihnen offen. Wer höher hinaus will, braucht einen langen Atem. Bis zu fünfeinhalb Jahre kann die Kaderausbildung in Anspruch nehmen, für die eigens in Peking und Shanghai ein Siemens Management Institute gegründet wurde. Der Konzern verfolgt damit eine klare Stoßrichtung: Ein qualifizierter Mitarbeiterstamm soll herangebildet werden, um die Qualität zu steigern, aber auch um bei ständig steigender Mitarbeiterzahl den Bestand an aus Deutschland entsandten Mitarbeitern zu reduzieren.

Lange Zeit verfolgte Siemens die Politik, die zentralen Stellen mit Deutschen zu besetzen, anders etwa als die Amerikaner, die schon früh die obersten Managementpositionen an Taiwan- und Hongkongchinesen vergaben. Siemens handelte aus einem gewissen Misstrauen heraus. Diese Politik beginnt langsam zu bröckeln. «Die wirklichen Geschäfte machen nur die Chinesen», erfuhr etwa Hubert Keiber, zwischen 1998 und 2001 Chef der Medizinaltechnik in China und heute Geschäftsleitungsmitglied von Siemens Schweiz. «Wer keinen chinesischen Berater hat, wird entweder über den Tisch gezogen oder macht das Geschäft nicht», sagt er. Viele Dinge laufen im Hintergrund über Beziehungen ab, die man als Außenstehender nur schwer durchschaut.

Bei BISC etwa, die 1400 Mitarbeiter beschäftigte, konnte Siemens die Zahl seiner entsandten Mitarbeiter von 60 auf sechs reduzieren. Dieser Umstand wirkt sich längerfristig wohl tuend auf die Kosten- und Erfolgsstatistik aus: Ein lokaler Mitarbeiter ist etwa zehnmal billiger als ein entsandter und beherrscht die Spielregeln sehr viel besser. Den einheimischen Führungskräften werden aber meist deutsche Kaufleute zur Seite gestellt, die über die Zahlen und die Einhaltung bestimmter Regeln wachen.

Siemens hat mit der Mitarbeiteraus- und -weiterbildung das Problem in China aber nur teilweise gelöst. Einen Mitarbeiter zu halten, ist viel schwieriger als ihn zu rekrutieren. «Die Menschen in China denken sehr amerikanisch», stellte Siemens-China-Präsident Ernst Behrens fest. «Man ist nicht mehr einfach ein Leben lang einer Firma gegenüber loyal, sondern auch bereit zu wechseln. Und das nicht nur des Geldes wegen, sondern auch um einfach Neues kennen zu lernen.» Nach drei bis fünf Jahren Firmenangehörigkeit und entsprechender Ausbildung ist der oder die Betreffende reif für den Anruf eines Headhunters, der sehr wohl um diese Mechanismen weiß. Siemens kam dabei lange sein Modell in die Quere, wonach sich die Löhne in der Regel nur langsam entwickeln und nicht derartige Sprünge machen, wie das Chinesen erwarten. Die Ländergesellschaft bastelt seit einiger Zeit an einem ausgeklügelten Anreizsystem. So hat Siemens einen so genannten Housingfonds eingerichtet. Nach 15 Jahren Firmenzugehörigkeit reicht das Geld für eine eigene Wohnung.

Machtlos ist Siemens immer dann, wenn es gelingt, den Chef eines Teams abzuwerben. Ist der Vorgesetzte beliebt, wird mit ihm die ganze Mannschaft von Bord gehen, denn in China ist man nicht einer Firma gegenüber loyal, sondern Personen. Trotz guter Produkte werden dann auch «mit hoher Wahrscheinlichkeit» die Kunden überwechseln, sagt Fehring. Siemens müsste den Chinesen noch verstärkt Aufstiegschancen bieten, bemängelt die Trainerin. Dort ist man sich dessen bewusst. Man hätte einfach noch nicht die Anzahl an Managern, um alle Führungspositionen lokal besetzen zu können. «Wir müssen auch fair bleiben, denn man darf nicht erwarten, dass jemand, der aus einer planwirtschaftlichen Umgebung kommt, sofort ein Geschäftsgebiet übernehmen kann. Bis sich jemand für eine Spitzenposition ausgezeichnet hat, dauert es auch in Europa oder den USA seine Zeit», sagt Behrens.

Elefanten im Porzellanladen

Siemens versucht, den kulturellen Unterschieden auf verschiedene Weise Rechnung zu tragen, zunächst bei der Produktentwicklung, Design und Vermarktung. In den 1994 eingerichteten «Usability Labs», den «Benutzerfreundlichkeitslabors», testen Wissenschaftler – Informatiker, Ingenieure, Physiologen, Linguisten, Designer und Psychologen – gemeinsam mit potenziellen Kunden, ob Produkte einfach und bequem zu bedienen sind. In München, Princeton und Peking werden auch kulturelle Unterschiede untersucht. Die Siemens-Leute fanden heraus, dass die Akzeptanz eines Produktes auf fremden Märkten insbesondere von zwei Faktoren abhängt. «Zum einen muss untersucht werden, welche Standards bereits von der Konkurrenz gesetzt wurden. Wenn diese Standards nicht eingehalten werden, wird das Produkt nicht akzeptiert. Zum andern gilt es, das Umfeld zu berücksichtigen, in dem das Produkt verwendet wird», sagt eine Labormitarbeiterin.

In Europa kann man sich beispielsweise nur schwer vorstellen, dass rosafarbene Waschmaschinen, bemalt mit roten Herzen, ein Kassenschlager werden könnten. Anders in China. Dort ist weiß die Farbe der Trauer, und eine weiße Waschmaschine als Hochzeitsgeschenk wäre völlig unpassend. Stattdessen soll die bunte Verkleidung stets an den Freudentag erinnern. Und in Indien macht die Funktion «Kochwäsche 95 Grad Celsius» wenig Sinn, weil die gebräuchliche Kleidung aus bunter Baumwolle besteht, die keine hohen Temperaturen verträgt. Außerdem müssen die Waschprogramme kurz sein, da die Wasserversorgung zeitlich begrenzt ist.

Auch bei den Handys unterscheiden sich die Deutschen von den Asiaten. Für Erstere ist die Farbcodierung der Tasten – «grün», um einen Anruf zu tätigen, und «rot», um ihn zu beenden – einleuchtend. Schließlich hat man als Kind die Bedeutung der Straßenampeln gelernt. Für Chinesen hingegen macht diese Codierung wenig Sinn, denn rot gilt als die Farbe des Glücks und der Feiern. Entsprechend präsent ist die Farbe in den Straßen auf Ladenschildern und Lampions.

Hinzu kommt, dass Chinesen oft nur die Grundfunktionen des Gerätes kennen und nutzen. Das Grundinventar lernen sie meist durch Versuch und Irrtum, indem sie wie bei einem Spielzeug Knöpfchen drücken. Absolut tabu ist in der Öffentlichkeit der Blick ins Handbuch, denn dadurch verliert man sein Gesicht. Während Deutsche ohne weiteres Freunde oder Bekannte, die ein ähnliches Modell besitzen, um Rat fragen, konsultieren Chinesen kaum je den Freundeskreis. Die ersten Grundkenntnisse gewinnen sie aber trotzdem von Freunden, indem sie die Kollegen beim Gebrauch des Handys genauestens beobachten und die Grundgriffe dann imitieren. Als Auskunftsperson recht beliebt ist bei den chinesischen Handy-Novizen der Geräteverkäufer, während Deutsche sich kaum je im Geschäft instruieren lassen. Für Deutsche ist dagegen die Gebrauchsanleitung sehr wichtig: Etliche der Testpersonen hatten das ganze Buch im Detail gelesen.

Das Wissen um die kulturellen Unterschiede fließt zunehmend in die

Schulung der betreffenden Mitarbeiter ein. Siemens hat mit Fehlverhalten einschlägige Erfahrungen gemacht. 1987 etwa wies China einen deutschen Siemens-Mitarbeiter aus, weil ihn die Polizei bei einer Razzia mit einer Chinesin im Hotelbett erwischt hatte. Die Frau wurde für einige Monate in ein Umerziehungslager gesteckt. Für gewöhnlich werden derlei Delikte nicht verfolgt, auch wenn in der Volksrepublik Sex zwischen Unverheirateten grundsätzlich strafbar ist. Der Konzern vermutete Opfer eines Komplotts geworden zu sein, weil ein chinesischer Siemens-Mitarbeiter kurz zuvor einen Kursbesuch in Deutschland genutzt hatte, um Asyl zu beantragen. Fettnäpfchen lauern aber bereits im gleichen Sprachraum: Einem deutschen Siemens-Manager passierte am VIP-Lunch der Schweizer Telecomindustrie ein peinlicher Lapsus. Nach längerem Gespräch fragte er sein Gegenüber, was er denn so mache bei der Swisscom, einem der wichtigsten Kunden von Siemens in der Schweiz notabene. Dieser lächelte süffisant und erwiderte dann, dass er Chef der Swisscom-Konzernleitung sei.

Was das Elefantentum im Porzellanladen kostet, lässt sich nur schwer abschätzen. Gemäß einer Umfrage des Instituts für Interkulturelles Management bei deutschen Unternehmen brechen durchschnittlich 12 Prozent der entsandten Mitarbeiter ihren Aufenthalt vorzeitig ab. Eine viel größere Zahl dürfte zwar aus Karrieregründen bleiben, sich aber in die innere Emigration zurückziehen und so der Firma nicht allzu viel nützen. Viele entsandte Mitarbeiter schildern den Aufenthalt als Kulturschock, als Gefühl der Isolation und Hilflosigkeit, das sich auch zu einem regelrechten Hass auf den fremden Way of Life radikalisieren kann. Meist sind aber familiäre Probleme wichtigster Grund für einen vorzeitigen Abbruch.

Die deutschen Unternehmen haben diese Schwierigkeiten in den letzten fünf Jahren zunehmend erkannt, attestiert Daniela Fehring. Laut Andreas Bittner vom Institut für Interkulturelles Management IFIM gehen Schätzungen davon aus, dass trotzdem nur 20 Prozent aller deutschen Mitarbeiter irgendeine Form von interkultureller Vorbereitung erhalten, bevor sie ins Ausland geschickt werden. «Ich spüre zwar einen Bewusstseinswandel. Er hat aber noch keineswegs alle international tätigen Unternehmen erfasst, vor allem nicht den Mittelstand», stellt Bittner fest.

In Deutschland teilen sich drei Unternehmen – zum einen das IFIM (Institut für Interkulturelles Management in Rheinbreitbach), Siemens SQT und die Carl Duisberg Centren – den allmählich größer werdenden Kuchen. Daneben gibt es eine Reihe freiberuflicher Trainer. In den letzten Jahren versuchten auch ausländische Beratungsunternehmen, in diesem Markt Fuß zu fassen, gemäß Bittner aber ohne großen Erfolg.

Die Siemens-Tochter SQT organisiert pro Jahr allein acht bis zehn so genannte offene China-Seminare und zehn weitere für den Einsatz in Südostasien. Nicht mehr als 17 Teilnehmer werden zu den dreieinhalb Tage dauernden Veranstaltungen zugelassen. In Rollenspielen üben die Teilnehmer das Verständnis für die eigenen und fremden Werthaltungen, die Bedeutung bestimmter Gesten und Mimik sowie die Folgen für das Berufs- und Alltagsleben sehr praxisnah ein. «Das war nützlich», sagt Keiber, auch wenn sich China derart rasch wandle, dass die Trainer nicht immer auf dem aktuellsten Stand der Entwicklungen seien.

Je nach Bedarf nimmt Siemens auch kurzfristig konkrete Spezialseminare ins Programm auf, die nicht offen zugänglich sind: Verhandlungsteams setzen sich zusammen mit einem Trainer in den Schulungsraum, um sich fit zu machen für die bevorstehenden Joint Venture-Verhandlungen in China. Andere feilen gemeinsam an einem Marketingkonzept für Indonesien oder diskutieren Strategien, um mit vietnamesischen Mitarbeitern in einem Kraftwerkbau optimal zusammenzuarbeiten.

Interkulturelle Fallen

Die offensichtlichste Falle sind die fremden Sprachen. Übersetzungen können ohne vertiefte sprachliche und kulturelle Kenntnisse schlimm übers Ziel schießen: «Finger lickin' good» (zum Fingerschlecken gut), der Slogan der Fastfood-Kette Kentucky Fried Chicken, wurde eins zu eins ins Chinesische übertragen. Große Werbewirkung konnte er allerdings nicht entfalten, wurde er doch von den Chinesen als «Beiß dir die Finger ab» verstanden.

Fallstricke bieten auch religiöse Überzeugungen: McDonald's musste 1994 in Saudi Arabien seine Papiertüten zurückziehen, auf denen die Flaggen aller 24 Teilnehmerländer an der Fußballweltmeisterschaft gedruckt waren. Auf der saudischen Fahne steht der Schriftzug «Es gibt keinen Gott außer Allah», und die Gläubigen empörten sich darüber, dass man die Frechheit habe, den Namen Gottes auf einen Wegwerfbeutel zu drucken. Siemens selber dachte anlässlich eines offiziellen Empfangs in Kuala Lumpur nicht daran, dass viele der geladenen malaysischen Gäste Muslime sein könnten und hatte entsprechend zu wenig alkoholfreiee Getränke bereit gestellt. In Windeseile musste Nachschub und eine größere Auswahl besorgt werden. Eine peinliche Angelegenheit – steht doch in jedem Reiseführer, dass der Islam die Staatsreligion Malaysias ist.

Abgesehen von den Sprachbarrieren haben die Deutschen per se aber gute Startbedingungen – beispielsweise gegenüber den Finnen, die schlecht ankommen, weil sie noch wortkarger seien als die Asiaten. «Der Deutsche wird entweder geliebt oder gehasst», sagt Fehring. Entweder ist er humorvoll und offen oder er proklamiert den «German Way of Business» zum allein gültigen Standard. Letzterer ist in China nur schwer integrierbar, meint Fehring.

Doch auch die Deutschen der ersten Kategorie sehen sich mit verschiedenen Schwierigkeiten konfrontiert. Sie unterschätzen häufig den Gehorsam gegenüber Autoritätspersonen, wie Fehring aus Gesprächen mit deutschen Mitarbeitern in China weiß. «Wenn ein Chef etwas sagt, dann überlegt sich ein Einheimischer nicht, ob es richtig oder falsch ist. Schließlich hat es der Chef gesagt.»

Verhandlungen nehmen in China zudem sehr viel Zeit in Anspruch, was die Deutschen, die rasch zur Sache kommen wollen, sehr unruhig werden lässt. Das Motto «Erst die Arbeit, dann das Vergnügen» führt in China nie zum Erfolg: Bevor der Chinese kein Vertrauen zum Gesprächspartner gewonnen hat, ist er nicht bereit, Geschäfte abzuschließen. Dementsprechend groß ist der Stellenwert von «Small Talk», dem Sammeln privater Informationen, was für Deutsche sehr ungewohnt ist. Fehring gibt ihren Kursteilnehmern denn auch entsprechende Tipps mit. Mit Formel-1 in Malaysia und Fußball in Beijing kann man nie schief liegen, ebenso sollte man die Modernität der jeweiligen Stadt loben. «Die Chinesen kennen den FC Bayern besser als die aus Horlaching», hat auch «Kaiser» Franz Beckenbauer festgestellt. Ein unterschriebener Vertrag bedeutet allerdings noch lange nicht, dass das Geschäft unter Dach und Fach ist. «Ein Vertrag ist einen Tag nach der Unterzeichnung bereits wieder auslegebedürftig», weiß der frühere Med-Chef in China, Hubert Keiber, aus eigener Erfahrung.

Doch alle Tipps und Kurse nützen nichts, wenn die Wahl schon auf ungeeignete Kandidaten gefallen ist. «Interkulturelles Training ist keine Therapie zum Abbau von Borniertheit, Engstirnigkeit oder rassistischen Haltungen. Solche Mitarbeiter dürften gar nicht erst für eine Entsendung vorgesehen werden», sagt Fehring. Trotzdem geschieht es immer wieder – etwa, weil eine Entsendung nach Asien nicht mit Karrieremöglichkeiten verbunden wird, weil bei der Auswahl zu wenig an die interkulturellen Probleme gedacht wurde oder weil man die betreffende Person bewusst aus innenpolitischen Gründen versetzen wollte.

Eines der wichtigsten Ziele interkulturellen Trainings ist es, einen Lernprozess anzustoßen: Das Seminar soll den Teilnehmern den Einstieg ins fremde Land erleichtern und ihnen helfen, die eigenen Erfahrungen einzuordnen sowie weiteres Wissen selbst aufzubauen. Denn die Erfahrung zeigt, dass gerade Ingenieure, die eine technisch orientierte, digitale Denkweise haben, sich mit so «weichen» Themen wie unterschiedlichen Mentalitäten nur schwer anfreunden können. Es sei immer wieder frappant zu sehen, dass Leute, die beispielsweise weltweit Kraftwerke bauten, nicht in der Lage seien, Erfahrungen aus dem einen Land mit ihren Erlebnissen in anderen zu verknüpfen. Das behindere die angestrebten Lernprozesse. Noch komplexer wird das Thema für Mitglieder des obersten Kaders, die ein wahres «Kulturenhopping» betreiben, aber kaum darauf vorbereitet sind. «Manchmal überlegt man sich schon, ob man sich in einer bestimmten Situation nicht hätte anders verhalten sollen. Dann ist es aber meistens zu spät», bringt es ein Bereichsvorstandsmitglied der Verkehrstechnik auf den Punkt. Er hatte beispielsweise in China an einem Abendessen teilgenommen, und als der letzte Bissen heruntergeschluckt war – es war erst kurz vor neun Uhr abends –, standen alle fluchtartig auf und verstreuten sich in alle Himmelsrichtungen. Heute weiß er, dass nicht etwa eine falsche Bemerkung seinerseits der Grund dafür war, sondern «dass man das halt so in China macht». Wäre er bei einer privaten Einladung nach Beendigung des Essens sitzen geblieben, hätte er wohl lange auf die nächste Einladung warten können.

Schwieriger Umgang mit Korruption

Der Elektrokonzern hat auch einschlägige Erfahrungen mit dem Thema Korruption gesammelt. In Singapur wurde der Konzern für fünf Jahre von allen öffentlichen Aufträgen ausgeschlossen, weil ein Siemens-Mann einen Beamten der Energiebehörde bestochen haben soll, und in Spanien wurden die Büros razziamäßig auf den Kopf gestellt, weil der Konzern einige Millionen Mark an dubiose Beratungsfirmen bezahlt hatte, um den Großauftrag zur Elektrifizierung einer Bahnstrecke zu bekommen. «Es ist bei Großprojekten im Ausland oft notwendig, Informationen über die näheren Umstände eines Vorhabens zu beschaffen. Dazu ist man auch auf Berater angewiesen. Was die mit dem Honorar machen, unterliegt nicht unserer Einflussnahme», rechtfertigte sich von Pierer.

Siemens verschärfte 1992 nach der Münchner Kläranlagen-Affäre seine internen Richtlinien. Seither müssen alle Angestellten schriftlich versichern, dass sie sich an die bestehenden Gesetze halten und öffentlichen Bediensteten keine Vergünstigungen anbieten. Wer sich nicht daran hält, fliegt. In der realen Arbeitswelt werden die entsandten Mitarbeiter immer wieder damit konfrontiert. In Südostasien beispielsweise ist die Regierung in sämtliche größeren Infrastrukturgeschäfte involviert. Deren Entscheidungen bergen immer wieder Überraschungen und seien manchmal nur schwer nachzuvollziehen, bemerkt ein Siemens-Manager. Ohne lokale Vertretung wäre bei derartigen Entscheidungsverfahren nichts auszurichten, glaubt er. Korruption ist dort anerkannter Teil des Wirtschaftssystems und seiner Spielregeln – siemensinterne Regelungen hin oder her.

Auch die Autoren eines Managerknigges lassen durchblicken, dass man dem Thema mit Verboten allein nicht beikommen kann. «Korruption, die am Rande oder gar mitten im Sumpf des Strafbaren liegt, verdient natürlich vom Standpunkt guten Verhaltens verdammt zu werden. Unklar ist jedoch, wo die Grenzen der Korruption bei uns und weltweit liegen, ob es überhaupt noch Grenzen gibt», halten Heinz Commer, ehemaliger Protokollchef des Deutschen Industrie- und Handelstages, und Johannes von Thadden, Leiter der deutschen Auslandshandelskammern, fest. «Ob wir es wollen oder nicht, ohne Korruption sind in weiten Teilen dieser Welt Geschäfte nicht abzuschließen, Wirtschaftsbeziehungen würden ohne sie schlicht zusammenbrechen.» Wenn beispielsweise im Iran morgens um drei Uhr ein Polizist an der Türe klingelt und darauf hinweist, dass er auf die Sicherheit achte, dann tue man gut daran, dem Polizisten ein Taschengeld zuzustecken, raten sie.

«Ob wir es wollen oder nicht, ohne Korruption sind in weiten Teilen dieser Welt Geschäfte nicht abzuschließen, Wirtschaftsbeziehungen würden ohne sie schlicht zusammenbrechen.»

Heinz Commer

Wirklich weiterhelfen können sie den Ratsuchenden aber nicht, da die Gepflogenheiten je nach Land unterschiedlich seien. Man müsse sich vor Ort erkundigen, bei Mitarbeitern des eigenen, aber auch anderer Unternehmen, die schon länger vor Ort sind, oder bei der jeweiligen Außenhandelskammer des Landes. Die schwierige Grenze zwischen «flexiblem» Verhalten und Kriminalität müsse allerdings jeder selbst bestimmen, schreiben sie in ihrem Managerknigge.

Die Leidtragenden der Globalisierungs-Strategie

Die Siemens-Strategie, Wachstum immer mehr außerhalb Europas zu suchen, hat Folgen für Deutschland. Heute genügt es Siemens nicht mehr, seine Produkte «Made in Germany» in alle Welt zu exportieren. Nun will und muss der Konzern die Computertomographen und Transformatoren dort produzieren, wo die neuen Abnehmer sind. «Es ist unmöglich, diesen Wachstumsmarkt allein mit Exporten aus Europa oder Amerika zu beliefern», sagt von Pierer. Aber auch die Regierungen der verschiedenen Länder zwingen Konzerne mit «local content»-Vorschriften, regionale Produktionsstätten aufzubauen sowie Technologie, Wissen und Kapital zu transferieren. Die Firmen wiederum machen sich die niedrigen Löhne, den neuen Absatzmarkt und geringere Sozialstandards zu Nutze. Von den 570 Siemens-Fabriken stehen zurzeit noch deren 170 in Deutschland.

Noch in den sechziger Jahren war der Export bei Siemens größer als die Eigenleistung der Auslandgesellschaften, heute ist es genau umgekehrt – mit

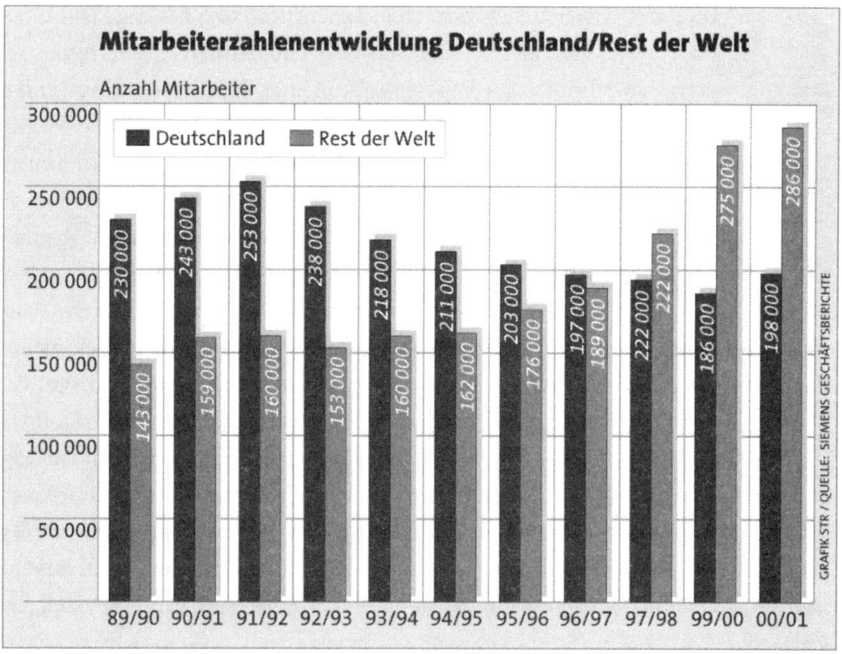

Abbildung 24

entsprechenden Konsequenzen für den Arbeitsplatz Deutschland. Von 484.000 Mitarbeitern Ende 2001 waren 198.000 (also 40 Prozent) in Deutschland tätig, 286.000 bereits außerhalb. 1992 war das Verhältnis noch genau umgekehrt: 253.000 Mitarbeiter in Deutschland, 160.000 im Ausland.

«Deutschland out, China in», titelte «Spiegel Online» Anfang Juli 2001, als bekannt wurde, dass die IT-Dienstleistungstochter Siemens Business Services 1600 Stellen ausradiert. Der Großteil davon verschwand in Deutschland. Dafür würden im asiatischen Raum zusätzliche Arbeitsplätze geschaffen werden, tröstete Siemens gleichentags. Mit zusätzlichen 717 Millionen Mark sollte einerseits die Handy-Produktion in Shanghai in die Lage versetzt werden, künftig 14 statt 10 Millionen Geräte auf den Markt zu spucken, andererseits würden die Forschungsabteilungen in Beijing, Shanghai und Singapur neu alimentiert werden. Während der Motor in Europa ins Stottern geraten war, sahen die Manager dem Wachstum in Asien kaum Grenzen gesetzt. «Die einzige Beschränkung sind unsere gegenwärtigen Produktionskapazitäten», sagte Martin Kinne, Vizepräsident für mobile Geräte im Asien-Pazifik-Raum. Siemens peilt einen Marktanteil von 15 Prozent bis 2002 an.

Die Gewerkschaften beobachten die Entwicklung besorgt. Das weiß auch von Pierer. Die zunehmende Hinwendung nach Amerika und Asien sei kein Anlass zu Befürchtungen, versuchte er kurz vor dem Börsengang in den USA die Betriebsräte zu beschwichtigen, «sondern eine große Chance». Die internationale Expansion würde über die lokale Fertigung im Ausland hinaus auch zu höheren deutschen Exporten führen.

Von der Globalisierung sind aber nicht nur Arbeitsplätze betroffen, sondern auch der Sozialstaat und seine Einrichtungen. Die Firmengeflechte lassen sich über die Errungenschaften der Technik – zunächst Telefax, dann Computer und heute Internet – beliebig steuern und so auch zur Freude der Aktionärinnen und Aktionäre die weltweiten Steuerzahlungen minimieren. In Deutschland ist der Rückzug der großen Steuerzahler besonders eklatant. Zornig verweist etwa der deutsche Präsident des Europaverbandes der Selbständigen, Karl Philippi, darauf, dass «Konzerne und Großbetriebe kaum noch Steuern zahlen», während seine Klientel geschröpft wird. Die Global Player nutzen ihr internationales Spielfeld, um die im Geflecht von Tochterfirmen und Beteiligungen anfallenden Gewinne und Kosten dorthin zu verlagern, wo es nach nationalen Steuervorschriften besonders günstig ist. Eine Langzeitstudie des Zentrums für Europäische Wirtschaftsforschung an der Universität Mannheim in

Zusammenarbeit mit dem Wirtschaftsmagazin «Capital» belegt, dass die Abgabenquoten in den Konzernbilanzen deutscher Dax-Unternehmen seit Ende der achtziger Jahre kontinuierlich schmelzen. Im Mittel wiesen die Großen der Wirtschaft im Jahr 2000 eine Belastung ihrer Profite mit in- und ausländischen Steuern von 36,5 Prozent aus. Das entspricht gegenüber 1988 einem Rückgang von 15 Prozentpunkten. Die im Dow Jones Composite gelisteten Unternehmen in den USA kommen auf eine vernachlässigbar kleinere Quote von 34,4 Prozent. «Von Standortnachteilen kann keine Rede mehr sein», hält Professor Otto Jacobs fest. In Deutschlands Firmen ist ein Heer von Steuerspezialisten damit beschäftigt, entsprechende Strategien auszuhecken und Gesetzeslücken auszuloten. Bei BASF sind gegen 40 an der Arbeit, Siemens bietet sogar um die 60 auf.

Zunächst war es der Bau von Kernkraftwerken, dann die Entschädigung der Zwangsarbeiter und die Beteiligung an Staudamm-Projekten, die verschiedene Oppositionsgruppen mobilisierte.

Die Euros vor Augen nehmen es die Konzerne aber auch in Kauf, Widerspruch zu provozieren. Siemens war mit seiner Vergangenheit, seinem Kraftwerksgeschäft und auch wegen seiner internationalen Ausrichtung dafür anfällig: Zunächst war es der Bau von Kernkraftwerken, dann die Entschädigung der Zwangsarbeiter und die Beteiligung an Staudamm-Projekten, die verschiedene Oppositionsgruppen mobilisierte. Und auch die Dual-Use-Problematik – dieselbe Steuerung kann sowohl in der Getränkeabfüllung einer Brauerei wie auch bei der Produktion von Giftgasen eingesetzt werden, was sich nur teilweise kontrollieren lässt – trieb Siemens regelmäßig in die Negativschlagzeilen.

Die Opposition weiß die neuen Kommunikationsmittel genauso zu nutzen wie die multinationalen Konzerne, um sich international zu vernetzen. Das Elektrounternehmen schlägt sich mit der Siemens-Boykott-Gruppe, hinter der eine Gruppierung von Ärztinnen und Ärzten steht, nicht mehr nur an den Hauptversammlungen oder bei Demonstrationen vor Niederlassungen im In- und Ausland herum, die Protestgruppen verbreiten ihr Informationsmaterial auch im Internet. «Der Siemens-Boykott ist heute eine internationale Bewegung», heißt es etwa auf der Homepage der Atomkraftgegner.

Auf der betreffenden Seite kann man nicht nur online Broschüren, Flugblätter und Kampagnenanleitungen bestellen, es kann auch nachgelesen werden, wie Siemens angeblich in Osteuropa beim Unterhalt bestehender AKWs auf hohe Sicherheitsansprüche verzichtet. Das Ganze mündet in den Aufruf, keine Produkte der Münchner mehr zu kaufen, um den Konzern damit zum Ausstieg aus der Atomenergie zu bewegen. «Die Atomkraft trägt zwei Prozent zu unserem Umsatz bei, aber ist für 90 Prozent des Ärgers verantwortlich», sagte von Pierer 1997 in einem «Spiegel»-Interview; die Freude über dic Aussage war bei den Boykotteuren entsprechend groß.

Kritik erntet Siemens aber auch von Seiten der kritischen Aktionärinnen und Aktionäre, die nach wie vor die Hauptversammlungen verschiedenster Konzerne wie DaimlerChrysler, Bayer oder auch Deutsche Bank als ihr wichtigstes Podium nutzen. Sie fordern den Vorstand regelmäßig dazu auf, seinen Einfluss etwa in China zu nutzen, um die chinesische Führung zu demokratischen Prinzipien und zur Einhaltung bestimmter sozialer Standards zu bewegen. So verlangen sie beispielsweise, dass alle Niederlassungen und alle Zulieferbetriebe regelmäßig auf die Einhaltung höchstmöglicher Arbeitsschutz-Standards hin überprüft werden müssten. Negative Prüfungsergebnisse bei Zulieferern hätten sofort zur Kündigung der Lieferverträge zu führen. «Unsere Mitarbeiter gehören nicht zu den Verlierern der Globalisierung. Sie werden anständig bezahlt und ausgebildet», wehrt sich Heinrich von Pierer. Er hält gar nichts davon, in einer oberlehrerhaften Weise europäische Werte verkünden zu wollen. «Wir sind nicht der Nabel der Welt.»

In den Siemens-Seminaren schneiden Teilnehmer Themen wie Menschenrechte, Ein-Kind-Politik, Zwangssterilisierung oder Kinderarbeit hin und wieder in den Pausen an, wie Fehring sagt. Sie geht dann jeweils auf diese Themen ein, macht sie aber nicht zum Inhalt des Seminars, denn erstes Ziel des interkulturellen Trainings sei es, die Siemensianer fit für den Berufsalltag zu machen. «Gerade im Aufbau von geschäftlichen Beziehungsnetzen in China ist es nicht ratsam, diese Themen gegenüber Kunden oder Beamten anzuprangern.»

Auf der Suche nach einer neu-alten Identität

Alfons Graf, der Kunstturner

Krachend saust seine Faust auf das Stehpult. Hunderte von Augenpaaren fixieren ihn. Beifall ist ihm sicher, wenn er im Oberpfälzer Dialekt verspricht, dass die Firma «die Hosen jetzt runter lassen müsse», und diejenigen Führungskräfte anprangert, die glaubten, sie könnten Siemens mit der Einsparung von lächerlichen Radiergummis retten. In der Rolle als Vertrauensperson gegenüber den Mitarbeitern fühlte sich Alfons Graf wohl, obwohl er vermutlich über zehn Jahre lang einen der schwersten und gelegentlich auch undankbarsten Jobs im Weltunternehmen Siemens inne hatte: Vorsitzender des Gesamtbetriebsrats. Einer der mächtigsten Gewerkschafter Deutschlands zwar, aber auch ein einsamer Kunstturner, der den heiklen Spagat zwischen den Interessen von Arbeitgebern und Arbeitnehmern schaffen musste. Oft hatte er mit dem Vorstand die für die Belegschaft schmerzlichen Betriebsvereinbarungen auszuhandeln und sie dann den Betroffenen bestmöglich zu «verkaufen». Im Winter 2001/2002 war Schluss damit.

Gedankenverloren kramt er in der untersten Schublade des Schreibtisches und zieht einen Stapel unsortierter Fotos hervor. «Sehen Sie, hier bin ich mit Gerhard Schröder oder auf diesem Bild mit Helmut Kohl.» Der Mann kennt die Mächtigen Deutschlands, und sie kennen ihn. Sein Büro, drei Minuten von der Konzernzentrale entfernt, kommt ohne Firlefanz aus. Eine Fotografie, auf der sich die Chinesische Mauer perspektivisch nach vorne schlängelt, ein Schreibtisch und ein kleiner Tisch für Sitzungen. «Viel wichtiger als komfortable Sitzungsräume ist die Distanz zur Zentrale und der separate Eingang für die Mitarbeiter.» Der 64-köpfige Gesamtbetriebsrat, der, wenn nötig, dem Siemens-Management auf die Finger klopft, geht betont auf Distanz.

Durch die Straßen Münchens zieht der Frost. Alfons Graf nimmt nach 45 Jahren Abschied von Siemens. Vor wenigen Tagen räumte er den Koffer ein letztes Mal aus, seinen treuen Begleiter bei den Besuchen in den Werken rund um den Globus. Zuletzt war er auf Visite in Südamerika, um sich ein Bild von den Lohn-, Sozial- und Umweltstandards zu machen. «Da hat Siemens weltweit positive Zeichen gesetzt», sagt er stolz und erinnert sich an ein Gespräch mit einem Reporter, der glaubte, dass Siemens in Malaysia junge Frauen auf dem Werkgelände einschließt. «Völliger Quatsch. Nur weil es einen Zaun um das Gelände hat, wie übrigens überall, sind die Frauen noch lange nicht eingeschlossen.» In China werden inzwischen auch Vertreter der Belegschaft in Beratungen eingebunden und Frauen nicht anders bezahlt als Männer.

Seine Verabschiedung soll kurz ausfallen. Heuchlerische Lobreden, rührselige Wortklauberei, sind ihm verpönt. Er deutet auf eine Reihe kolorierter Karikaturen hin, die ihn mit scharfem Strich in seinen Lieblingsrollen, auf der «Bütt» vor der Belegschaft, im Seilziehen mit dem Vorstand und natürlich als «Grafen von Amberg» zeigen. Der Schalk sitzt Alfons Graf im Nacken. Dem langjährigen Partner in Amberg, Werkleiter Peter Neumann, übergab er zur Erinnerung einen Zitronenbaum – «für die sauren Früchte, die Sie Ihrem Betriebsrat verabreicht haben». Einen Manager verblüffte er mit einem echten «störrischen» Esel zur Verabschiedung, «weil der so schwer von einer einmal gefassten Meinung abzubringen war».

Aufgewachsen ist Alfons Graf als Arbeitersohn in Poppenricht, einem Dorf zwischen Amberg und Sulzbach-Rosenberg. Sein Vater arbeitete als Hochofen-Maurer in der Maximilianshütte, einem Stahlwerk. Im Elternhaus galt die Kirche als oberste Instanz. Burschenverein und katholisches Werkvolk prägten ihn in seinen Weltanschauungen, den Einsatz für die Schlechtergestellten dieser Welt. Während der Werkzeugmacherlehre bei Siemens verliehen ihm die Kumpels schon schnell einmal den Übernamen «Bürgermeister», obwohl er vorerst als Einziger nicht der IG Metall beigetreten war. Nach der Lehre unterschrieb er schließlich doch noch.

Seit je hat der Mann hart gearbeitet, «sich um die andern gekümmert und organisiert», wie ein Weggefährte sagt, und bereits in jungen Jahren schnellte der Blutdruck in die Höhe, «weil im Dorf der Bürgermeister, der Pfarrer und die Bauern das Sagen hatten, die Arbeiter aber nicht vertreten waren». Voller Tatendrang gründete er 1968 den ersten SPD-Ortsverein. Zur großen Überraschung wurde er vier Jahre später zweiter Bürgermeister. Der «Buoberl», wie ihn einst ein Gegenkandidat im Wirtshaus titulierte, hatte alle ausgestochen. Aus Reisen in ferne Länder weiß er: «Man muss bereit sein, aus Erfahrungen klüger zu werden und von anderen zu lernen.»

Statt nach der Meisterprüfung für Siemens nach Indien zu gehen, entschied er sich für die Betriebsratskarriere. «Die Amerikaner haben den Betriebsräten nach dem Krieg mehr Einfluss gegeben, um der deutschen Wirtschaft zu schaden», sagt er. Aber genau das Gegenteil sei eingetreten. «Mit den Rechten haben die Betriebsräte Verantwortung übernommen.»

Er selber sieht sich als Co-Manager. Worte wie Wettbewerbsfähigkeit, Umsatzrendite, Ebita oder Globalisierung gleiten ihm genauso leicht über die Lippen wie den Siemens-Managern. Bis ins letzte Detail kann er die Preise abrufen, zu denen die Asiaten Telefone fertigen und wie viel in Deutschland dafür gerechnet werden muss. Er kennt die Beschäftigten und die Erwartungen, die sie an ihn und die Firma stellen, weiß aber auch um die Zahlen und Entwicklungen, denen Siemens im internationalen Wettbewerb ausgesetzt ist. «Ich bin kein Traumtänzer.» Nur mit der Macht der Börse und der Analysten ist er nicht fertig geworden. Da ist er keinen Deut von seiner früheren Meinung abgewichen; da will er sich nicht arrangieren.

Hinter Top und Top+ hat er sich unter der Bedingung gestellt, dass der Kulturwandel forciert wird – und diese Entscheidung nie bereut, obwohl das von den Hardlinern unter den Gewerkschaftsmitgliedern nicht verstanden wurde. Die konnten sich nicht vorstellen, dass Siemens in ernsthafte Schwierigkeiten geraten könnte, er schon. Aufmerksam verfolgte er das Schicksal von Maxhütte und AEG, tauschte sich mit dortigen Kollegen aus, die den Kopf in den Sand steckten. «Aufgeben würde ich nie, auch wenn die Einschnitte hart sind», sagt er. «Ohne Top wäre Siemens längst Pleite», weiß Graf. Das Umbauprogramm hat Siemens in Deutschland Zehntausende von Stellen gekostet. Der Gesamtbetriebsrat bot dem Vorstand trotzdem Hand dazu. Es sah darin eine Alternative zu einseitigen Kostensenkungsprogrammen «der Marke Rasenmäher». «Wir mussten wettbewerbsfähiger werden. Nur so schaffen wir das Wachstum, das wir für neue Arbeitsplätze brauchen», erklärt er, bei allem Risiko, das mit der Zustimmung verbunden war. «Wir ritten mit Top einen Tiger, und wenn wir nicht geschaut hätten, wären wir aufgefressen worden.»

Die Betriebsräte verlangten im Gegenzug mehr Beteiligungsmöglichkeiten der Mitarbeiter und damit die Etablierung einer neuen Führungskultur. «Was wollen Sie, etwa die Direktoren beurteilen?», fragte der damalige Aufsichtsratsvorsitzende Hermann Franz ungläubig. «Bei Siemens? Niemals.» Arbeitgeber und Arbeitnehmervertreter stritten nicht mehr über Sinn und Unsinn des Programms, dafür umso mehr über die besten Gestaltungs- und Erneuerungsideen. Nicht nur die Abläufe in der Fertigung sollten unter die Lupe genommen werden, sondern auch diejenigen in den Verkaufs- und Verwaltungsapparaten, verlangte Graf. Nicht nur «Ließchen Müller», sondern auch «Herr Direktor Meier» musste sich ändern. Er sah im Kulturwandel eine Chance, das Zwei-Klassen-System von Arbeitern und Angestellten zu durchbrechen. «Das Umsteuern vom Befehlsempfänger zum Mitdenker ist eine schwierige Kiste», weiß er heute aus Erfahrung.

Ohnmacht ist ein Gefühl, das er in seinem Job gut kennt. «Wenn mir die Bereichsleiter jeweils die Zahlen auf den Tisch knallen und ich den Auftragseingang sehe, dann kann ich nur beten, dass er nicht noch einmal schlechter wird», sagt Graf.

Alfons Graf weiß um die Komplexität des Business, um das Zuschnappen der Globalisierungsfalle in den vergangenen Jahren – und ein Ende dieser Entwicklung ist noch lange nicht in Sicht. «Man kann dieses Amt nicht 20 Jahre lang ausüben», sagt der 60-Jährige. Nicht nur die Rasanz im weltweiten Wettbewerb, das Tempo, mit dem sich technische Neuerungen durchsetzen, sondern auch das Vagabundenleben fordern vom Familienmenschen ihren Tribut. So hält er sich in seiner Freizeit am liebsten in «seiner» Oberpfalz auf, trifft sich mit Freunden am Stammtisch zum Weißbier oder einem zünftigen Schafskopf und spielt mit der Enkeltochter. Die Kleine soll ihn künftig nicht mehr mit großen Augen enttäuscht angucken und die emporgereckten Händchen fallen lassen, wenn er in Gedanken schon wieder bei der nächsten Sitzung weilt. «Es ist Zeit, bei Siemens zu gehen.»

«Low Performer» und «HC Reduction»

Bei den Siemens-Aufsichtsräten machte sich nach dem Rekordjahr 2000 Katerstimmung breit. Handy-, IT-Dienstleistungs- und Netzwerkgeschäft litten nicht nur unter dem die ganze Branche treffenden Einbruch der Nachfrage, bei letzteren beiden kamen strukturelle, selbstverschuldete Probleme hinzu. Geschockt von den Abbauzahlen der Siemens-Konkurrenten Alcatel, Motorola, Lucent und Nortel, die in die Zehntausende gingen, sorgten sich die Räte im Sommer 2001, ob ihnen Ähnliches blühe. «Einen Kahlschlag», versicherte von Pierer den Aufsichtsräten, «wird es bei uns nicht geben.» Die beunruhigten Mitarbeiter ließ er wissen, dass in den vom Einbruch betroffenen Sparten zwar ein Strukturwandel stattfinden werde, der zu Handlungen zwinge, aber «kein generelles Zurückrudern».

Schon im Dezember 2000 hatte der Zentralvorstand Maßnahmen getroffen, damit das Rekordergebnis und die Euphorie nicht in Selbstzufriedenheit und gegenseitigem Schulterklopfen mündeten. Die Gefahr bestand: Das 10-Punkte-Programm hatte seine Schuldigkeit getan und war mittlerweile Punkt für Punkt abgehakt worden. An dessen Stelle sollte nun eine neue Befehlsausgabe – die «Operation 2003» – dafür sorgen, dass die Verantwortlichen sich nicht auf dem Erreichten ausruhten. Der Vorstand gab nun erstmals nicht mehr bloß ein pauschales Konzernziel vor, sondern Renditen für jeden einzelnen Bereich.

Operation 2003
EBITA-Margen der Bereiche

		EBITA-Marge GJ 2001 in % Gesamt	in %*	Ziel-Rediten 2003
ICN	Information and Communication Networks	-6,7	1,5	8–11**
ICM	Information and Communication Mobile	-2,7	1,2	8–11**
SBS	Siemens Business Services	-4,3	-0,3	5–6**
A&D	Automation and Drives	11,0	11,0	11–13
I&S	Industrial Solutions and Services	2,1	2,1	4–6
SD	Siemens Dematic	-2,3	-2,3	7–9
SBT	Siemens Building Technologies	2,4	2,4	7–9
PG	Power Generation	7,4	7,4	10–13
PTD	Power Transmission and Distribution	2,4	3,1	5–7
TS	Transportation Systems	4,6	4,6	5–7
SV	Siemens VDO Automotive	-4,6	-3,0	5–6
Med	Medical Solutions	11,2	11,2	11–13
Osram		10,2	10,2	10–11

* ohne Aufwendungen für Restrukturierungen und Sonderabschreibungen
** bei I and C-Bereichen 2004

QUELLE: SIEMENS

Abbildung 25

Die Resonanz in der Öffentlichkeit blieb – zur Enttäuschung des Initiators – verhalten. Daran änderte auch das Bemühen der Kommunikationsabteilung nichts, das Programm bei jeder Gelegenheit zu erwähnen. Auch von Pierer wusste wohl bereits im Sommer, dass die geplanten mittelfristigen Ertragsziele, zumindest für die Kommunikationsbereiche, nicht zu halten sein würden. Im Dezember 2001 räumte er den I & C-Bereichen prompt ein Jahr mehr ein, um die Vorgaben zu erreichen, korrigierte die anvisierte Marge bei Siemens Dematic nach unten und ordnete an, dass die Verantwortlichen ihm und Finanzchef Neubürger monatlich zu rapportieren hätten.

Bis zur Bilanzpressekonferenz am Nikolaustag 2001 hatte sich die angekündigte Abbauzahl von Siemens auf 17.000 erhöht. Die Belegschaftsaktionäre sprachen von einer «Überreaktion», die bei einer vorausschauenden Politik vermeidbar gewesen wäre. Von der Presse bekam von Pierer aber Lob, weil dazu keine einzige Kündigung ausgesprochen werden müsse und der jähe Einbruch in der Kommunikationsbranche so nicht vorauszusehen gewesen sei.

Nur ein Jahr nach dem Rekordergebnis schienen die ganzen Restrukturierungserfolge aber vergessen. Zehntausende von Stellen sind dabei auf der Strecke geblieben, Zehntausende sind in dieser Zeit neu dazugekommen. Wer den Vergleich zwischen 1989 und 2001 zieht, dürfte überrascht sein. Unter dem Strich bietet Siemens heute 99.000 Stellen mehr.

Das darf allerdings nicht über das Ausmaß der Abbauschritte hinwegtäuschen. Kaschiert durch eine mit englischen Begriffen durchsetzte Sprache versuchen Unternehmen jeweils den Maßnahmen die Schärfe zu nehmen. Davor ist auch Siemens nicht gefeit. Man kündigt Mitarbeitern nicht, sondern man trennt sich von ihnen. Es kommt nicht zu einem Kahlschlag, sondern zu einer Anpassung der Personalstruktur oder zu «HC Reduction». Mit Letzterem ist nichts anderes als der Einzug der Jack Welch-Maxime bei Siemens gemeint, sich von denjenigen zehn Prozent der Mitarbeiter zu trennen, die zu wenig leisten. Binnen Tagesfrist hätten Führungskräfte im Rahmen des «Headcount Reduction Programs» jene Mitarbeiter zu kennzeichnen, die sie zu «den Minderleistern im Sinne von Low Performern zählen», heißt es in einer internen Mail, das Mitarbeiter mit Personalverantwortung an der Münchner Hoffmannstrasse im Dezember 2001 erhielten. Damit niemand auf die Idee kam, sich zu drücken, wird in der Mail davon ausgegangen, «dass jeder Standort von den dort identifizierten Mitarbeitern ca. 10 Prozent zu den sog. Minderleistern rechnen und gesondert ausweisen kann».

Der sprachliche Terminus rund um den Stellenabbau hat sich gemäß Graf geändert. Bei den Zahlen verharmlost Siemens nicht mehr wie früher, sondern dramatisiert, ärgert er sich. Wen er auch in jenem Herbst und Winter 2001/2002 antrifft, überall wird er von verunsicherten Mitarbeitern gefragt, wie viele Arbeitsplätze denn an ihrem Standort verschwinden würden. Früher hätte Siemens das wahre Ausmaß zu kaschieren versucht, heute werde eine viel zu hohe Zahl genannt – «alles nur der Börse wegen». Den Einwand, dass dieser Mechanismus schon längst nicht mehr funktioniert, lässt Graf nicht gelten. «Hauptsache ist doch, dass der Vorstand glaubt, dass es so ist.»

Dass es nicht zum effektiven Abbau von 23.500 Stellen kommen wird, worauf sich die Zahl im Frühjahr 2002 beläuft, dafür sind die ausgleichenden Kräfte bei Siemens verantwortlich. «Bei uns wird versetzt, umgeschult und weitergebildet», sagt Graf. Die verschiedenen Bereiche mit unterschiedlichen Branchenkonjunkturen und Strukturproblemen entfalten ihre ausgleichende Wirkung gerade auch in Krisenzeiten. So kennen der Kraftwerkbau, die Verkehrs- oder Medizintechnik eher langfristige Marktzyklen, bei Osram oder

der Automatisierungs- und Antriebstechnik sind sie viel kurzfristigerer Natur. Der ganze Kommunikations- und Automobilbereich sowie Siemens Dematic gehorchen speziellen Branchenzyklen. Boomende und schwächelnde Unternehmensbereiche befinden sich so in einem Boot, das gleichmäßig, mit eher mäßiger Geschwindigkeit durch die Fluten gleitet. Keinem der Ruderer kann der Vorwurf gemacht werden, dass er stets bremsen würde. Bei Siemens haben sich die Bereiche, welche den Takt angeben, im Laufe der Jahre immer wieder abgewechselt, wie die Jahre zwischen 1990 und 2001 eindrücklich zeigen. Die Verantwortlichen betrachten diese ausgleichende Wirkung als einen der wichtigsten Gründe, weshalb Siemens die letzten 155 Jahren überlebt hat. Mit einer gewissen Sturheit verfolgt man diesen Grundsatz und nimmt dafür in Kauf, dass der Konzern nie sorgenfrei dasteht. Da diese Erfahrung zum Wissensreservoir von Siemens gehört, reagiert das Management eher abwartend denn panikartig. Dies wird gern den verbürokratisierten Strukturen eines Großunternehmens angelastet bei Siemens liegt der Grund vor allem auch in der breiten Aufstellung, im Bewusstsein der Bereiche, notfalls auch durch die andern eine Zeit lang getragen zu werden. Daran vermögen die in der «Operation 2003» verordneten Zielrenditen für die einzelnen Bereiche nur bedingt etwas zu ändern.

Alcatel wählt einen anderen Weg

Der französische Konzern Alcatel befand sich zehn Jahre zuvor in derselben Lage wie Siemens: zu großen Teilen vom Behördengeschäft abhängig, ähnlich breit aufgestellt, was die Gebiete anbelangt, und sehr traditionsbewusst. Doch Alcatel entschied sich Mitte der neunziger Jahre, gänzlich auf die Karte Telekommunikation zu setzen. Damals glich Alcatel einem Gemischtwarenladen, aufgebläht durch Beteiligungen an Banken, Bauunternehmen, Automobilkonzernen und einem Presseverlag. Die Liberalisierung hatte in den angestammten Bereichen wie Telekommunikation, Transport und Kabel viel schmerzlichere Spuren hinterlassen als etwa bei Siemens, weil Alcatel auf den Auslandmärkten nicht im gleichen Maße präsent war. Die Franzosen reagierten 1995, indem sie einen neuen Chef einsetzten und eine radikale Sanierung einleiteten. Der neue Vorsitzende, Serge Tchuruk, kam von außen, hatte während 16 Jahren beim US-Erdölimperium Mobil den «American Way of Business» gelernt und schließlich den Ölkonzern Total zum Blühen gebracht. Er stutzte Alcatel auf eine «vernünftige» Größe zurück, veräußerte die Beteiligungen und steckte das Geld in das einstige Steckenpferd, die Telekommunikation, in welcher der französische Konzern mittlerweile den Anschluss verpasst hatte. In zwei Schritten entließ er das Industriegeschäft – die Tochter Alstom, die er sich mit der britischen GEC (heute Marconi) teilte – in die Unabhängigkeit. Alstom stellt neben anderem beispielsweise den TGV her, baut Kraftwerke und Industriemotoren.

«Wir konzentrieren uns voll und ganz auf die Telekommunikation, weil wir uns eh darum hätten kümmern müssen. Meine Erfahrung als Manager sagt mir, dass die Aufmerksamkeit eines Managers begrenzt ist», begründet Tchuruk seine Entscheidung, die er auch heute noch, nach der großen Krise von 2001/2002, für richtig hält. Wie schafft man es, sich in einem Geschäft durchzusetzen, das einem schnellen Wandel, verschärfter Konkurrenz und dem Zwang, auch geographisch neue Märkte zu erschließen, ausgesetzt ist, war für ihn die entscheidende Frage.

Die Telekommunikation veränderte sich in den letzten Jahren sehr stark. Aus dem eher trägen Geschäft mit langen Innovationszyklen vor allem im Carriergeschäft ist ein dynamisches, sehr kapitalintensives geworden. Kapital hat Siemens zwar genug, nur braucht der Konzern auch Geld für die anderen Bereiche, die sich teilweise kritisch beäugen. «Es ist immer einfacher zu entscheiden, wo investiert man, wenn man nur ein Thema hat», sagt etwa Alcatel-Schweiz-Chef Dieter Baumann. Für ein Kollektivgremium wie den Zentralvorstand von Siemens dürfte es hingegen äußerst anspruchsvoll sein, sich etwa für die Förderung des einen Bereichs zuungunsten eines andern auszusprechen, da die Mittel letztlich beschränkt sind. Dass diese Konflikte intern ausgetragen werden, bestätigen nicht nur frühere Siemens-Manager, darin ist wohl auch ein Grund zu sehen, weshalb Siemens sich während des Internet-Hypes nie eine teure Akquisition wie etwa Alcatel, Nortel oder die Deutsche Telekom zutraute, sondern sich jeweils überbieten ließ. Das Argument von Pierers, man habe die Preise immer als zu überrissen betrachtet, erscheint dadurch in einem etwas andern Licht. Mit der Übernahme von Atecs-Mannesmann zu einem Preis von 9,5 Milliarden Euro hat Siemens aber bewiesen, dass der Vorstand durchaus zu einer solchen Entscheidung in der Lage ist.

Bremsklötze des Wandels

Die breite Aufstellung, die dem Konzern eine gewisse Stabilität und Kontinuität sichert, gehört zu den Tabus innerhalb des Konzerns und belegt letztlich das starke Beharrungsvermögen der historisch gewachsenen Unternehmenskultur, wie sie eingangs geschildert wurde. Die übergreifenden Werte der Kultur haben trotz Top, Top+, dem 10-Punkte-Programm und dem verordneten Kulturwandel die völlige Anpassung an den «flexiblen» Kapitalismus gebremst, wie ihn der amerikanische Soziologe Richard Sennett beschreibt. Zwar hat sich die Organisation der Arbeit und die Art der Unternehmensverwaltung auch beim deutschen Elektrokonzern erheblich verändert und das Vertrauensverhältnis der Mitarbeiter zur Firma ist teilweise erodiert, aber Siemens hat die Tradition der breiten Aufstellung zumindest bisher nicht kurzfristigem Renditedenken geopfert, sondern weitgehend gewahrt. Von Pierer setzte sich über Jahre hinweg gegen die Ansinnen der Analysten und Investmentbanken, die renditeschwächeren Bereiche zu verkaufen, zur Wehr. Und auch kritischen Fragen der amerikanischen Investoren, wie viele Arbeitsplätze Siemens in fünf Jahren noch in Deutschland zu gedenken habe, pariert er gelassen mit «im Wesentlichen geradeaus».

Heinrich von Pierer selber sieht vier Punkte, welche bei allem Wandel nicht geopfert werden dürften: «Die hohe Innovationskraft, die finanzielle Solidität auch in Zeiten der Hype, die echte Globalität und nicht zuletzt die Verankerung des Unternehmens in bestimmten Grundwerten.» Zu diesen zählt er Eigenschaften wie Fleiß, Disziplin, Ehrlichkeit, Durchhaltevermögen und Verlässlichkeit – Eigenschaften, die Deutschen generell gerne zugeschrieben werden.

Siemens ist deshalb trotz internationaler Aufstellung im Kern ein deutsches Unternehmen geblieben. Das zeigt etwa die Besetzung der wichtigen Positionen im Ausland mit Deutschen, was gemäß Siemens nur in einer Übergangsphase der Fall sein soll. Weitgehend stabil ist auch die Zusammensetzung der obersten Führungsmannschaft geblieben. Dies weniger in personeller Hinsicht, das Team wurde in den letzten Jahren stark verjüngt, aber die jetzigen oberen Kader wurden weitgehend bei Siemens sozialisiert. Nur wenige stoßen von außen dazu. In einem systematisch auf alle Bereiche heruntergebrochenen Verfahren wird seit einigen Jahren der Spitzennachwuchs innerhalb des Unternehmens identifiziert, gefördert und seine Leistungen regelmäßig kontrolliert. Unter der Leitung von Pamela Knapp, der höchsten Frau im Siemens-Konzern, sollen so die Kandidaten für die Besetzung der 330 Konzernschlüsselfunktionen fit gemacht werden. Darunter sind Positionen wie die Bereichsvorstände, die Hauptabteilungsleiter, Leiter und kaufmännischen Leiter der Geschäftsgebiete und der großen Regionalgesellschaften zu verstehen. Von Pierer kümmert sich persönlich um die systematische Identifikation von Führungsnachwuchs. Zusammen mit Pamela Knapp, Personalchef Peter Pribilla und dem jeweiligen Betreuer im Zentralvorstand geht er einmal im Jahr die von den Personalabteilungen erarbeiteten Unterlagen durch und fragt nach. «Das nimmt mit Sicherheit zehn volle Arbeitstage in Anspruch», sagt Knapp. Im Jahr 2000 wurden 1250 Personen durchbesprochen. Sie werden neben den verlangten Führungs- und unternehmerischen Qualitäten nach vier Kriterien bewertet: finanzielle Performance der Einheit, der Umgang mit den Mitarbeitern, der Umgang mit den Kunden und der Beitrag zur Vereinfachung und Beschleunigung der Prozesse, entsprechend der vier Achsen der in der Toolbox von Top+ verankerten Balanced Scorecard.

«Zusätzlich zu den eigenen Fähigkeiten will man den Nachwuchskräften den Erfahrungshintergrund mitgeben, der später einmal für die spätere Funktion nötig ist», sagt Knapp. Dazu gehört zwingend auch die Jobrotation. Pamela Knapp ist dafür selbst das beste Beispiel: Sie absolvierte eine Siemens-Lehre, studierte später Volkswirtschaft und arbeitete anschließend bei der Deutschen Bank sowie einem Beratungsunternehmen. Vor zehn Jahren kam sie zu Siemens zurück, engagierte sich dort im Bereich der Verkehrstechnik als Leiterin der Strategieprojekte, dann für Top+-Projekte und wurde schließlich Geschäftszweigsleiterin auf der technischen Seite für die Wartung und den Service von Fahrzeugen. Danach schickte sie der Vorstand als kaufmännische Leiterin der Regionalgesellschaft Belgien nach Brüssel, bevor sie im Januar 2001 der «Ruf ereilte», zurück nach München zu kommen. «Die Führungskräfte sollen die verschiedenen Arbeitsgebiete des Hauses, aber auch die Internationalität des Hauses kennen lernen», sagt sie. Das Prinzip der Jobrotation dient nicht nur dazu, die Spitzenkandidaten mit unterschiedlichen Geschäftsmodellen und dem Konzern als Ganzes vertraut zu machen, sondern in ihren Augen auch dazu, Seilschaften zu vermeiden, wenn es um die Besetzung von Führungspositionen geht. Es sei aber vor allem ein Mittel, um das «Best Practice Sharing» zu institutionalisieren, was den Verantwortlichen nach wie vor Sorgen bereitet. «Wir haben uns nicht vorgestellt, dass der Kulturwandel so lange dauert», sagt ein von Pierer-Vertrauter. Die Initiative des Best Practice Sharing innerhalb von Top+ gilt heute als gescheitert. Dieser Umstand belegt auch das starke Beharrungsvermögen der Subkulturen der einzelnen Bereiche, die zwar durch gemeinsame Werte geeint werden, aber dennoch Abgrenzungsmechanismen beinhalten, die den Wissensaustausch eher erschweren. Die zentralen übergreifenden Werte werden aber in einem derartigen Förderungsprogramm mit Nachdruck vermittelt. Sorgfältiger erfolgt heute auch die Auswahl der Kader allgemein, indem nicht nur der finanzielle Erfolg gemessen wird, sondern auch die Fähigkeit, ob und inwieweit eine Führungskraft ihre Mitarbeiter zu motivieren vermag.

Nicht verändert hat sich die Rolle des Aufsichtsrats als Ganzes. Er hält sich nach wie vor weitgehend aus dem Unternehmen heraus, indem er weiterhin auf zustimmungspflichtige Geschäfte verzichtet – im Vertrauen auf die starke Rolle des Aufsichtsratsvorsitzenden und um dem Betriebsrat nicht noch mehr Einfluss zu gewähren. Die Kontinuität im maßgebenden Machtdreieck von Siemens ist auch nach wie vor dadurch gewahrt, dass der Vorstandsvorsitzende nach dem Erreichen des Ruhestandsalters in der Regel zum Aufsichtsratschef aufrückt. In der zweiten Reihe stehen spätestens seit 2001 etwa mit Ganswindt, Kleinfeld oder Neubürger bereits die Sanierer bereit, die in zwei bis drei Jahren die oberste Stufe erklimmen könnten, wenn von Pierer sein Amt abgibt und sehr wahrscheinlich neuer Aufsichtsratschef wird.

«Wir haben uns nicht vorgestellt, dass der Kulturwandel so lange dauert.»
Ein Von-Pierer-Vertrauter

Die Art des Wandels ist bei Siemens aber auch durch die gesetzlichen Bestimmungen in Deutschland, den Kündigungsschutz mit langen Kündigungsfristen und die Mitbestimmung geprägt worden. 1952 schuf das Betriebsverfassungsgesetz erstmals echte unternehmerische Mitbestimmungsrechte der Belegschaft. In den Aufsichtsräten erhielten die Arbeitnehmer ein Drittel der Mandate. 1972 stärkte die sozialliberale Koalition unter Kanzler Willy Brandt die Mitspracherechte des Betriebes vor allem in sozialen, personellen und wirtschaftlichen Angelegenheiten, und vier Jahre später wurde festgelegt, dass die Aufsichtsräte in Kapitalgesellschaften ab 2000 Beschäftigten zur Hälfte mit Arbeitnehmern zu besetzen sind.

Die Rolle der Betriebsräte aber hat sich in den letzten Jahren erheblich verändert. Sie sehen sich zwar nach wie vor als das soziale Gewissen des Unternehmens, mit dem Ziel, für die Beschäftigten das Beste herauszuholen. Davon hängt es ab, ob der Wandel als «sozialverträglich» empfunden und breit unterstützt wird. Zugleich und über ihre traditionelle Rolle hinaus sind die Frauen und Männer um Alfons Graf Teil einer «einvernehmlichen Modernisierung» geworden. Das bedingt einen neuen betriebsrätlichen Arbeitsstil, den Graf als «Co-Management» beschreibt. Heute könne er nicht mehr damit drohen, in Deutschland eine Fabrik für einige Tage stillzulegen, wenn seine Forderungen nicht erfüllt würden. «Wir sind nicht so blauäugig, um nicht um die Zwänge der Globalisierungsfalle zu wissen», sagt er. Der eine oder andere Manager kontere jeweils rasch, man sei dann eben gezwungen, die Produktion ins Ausland zu verlagern. «Wir haben als Arbeitnehmer gar keine andere Chance, als diese Veränderung mitzumachen. Wenn wir diesen Wandel ablehnen, wird er ohne uns stattfinden.»

Graf sieht es als die Aufgabe des Betriebsrates, mit dem Management um das bessere Konzept eines Strukturwandels zu feilschen, das Siemens wettbewerbsfähiger machen und damit Arbeitsplätze sichern soll. «Wir haben die Theorien der Consultants nicht einfach übernommen. Wir haben sie ausgebaut», sagt er. Neben Kenntnissen des Arbeitsrechts, der Betriebsverfassung, alternativer Arbeitszeit- und Führungsmodelle waren nun betriebswirtschaftliche Kenntnisse genauso gefragt, um in den Diskussionen mit den Arbeitgebern mithalten zu können. Kultur im Sinne von kooperativer Unternehmenskultur wurde Grafs Steckenpferd. «Wir treten für eine Unternehmenskultur ein, in der die Beschäftigten ihre Fähigkeiten besser einbringen können.»

Der Werkzeugmacher bewegte sich nun plötzlich auf unternehmensstrategischem Terrain. «Der Entscheid von Pierers, den Halbleiterbereich auszulagern, war völlig richtig», sagt er mit einer Selbstverständlichkeit, «auch wenn damit 60.000 Mitarbeiter de facto aus der Siemens-Familie entlassen wurden. Wir können es uns nicht leisten, dass wir deswegen ständig in der Kritik stehen.» Der Betriebsrat machte die Steigerung der Wettbewerbsfähigkeit zum eigenen Ziel, auch wenn dies schmerzhafte Eingriffe bedeutete, um damit die Voraussetzungen für eigene Erfolge zu schaffen. «Die Sicherung einer Beschäftigung ist heute nur noch denkbar, wenn sie sich im international härter gewordenen Wettbewerb um Absatz und Kapital auch rechnet.»

Abschied von der klasssichen Unternehmenspolitik

In der traditionellen Betriebsarbeit ist dadurch der Spielraum auf lokaler Ebene eher größer geworden, glaubt Graf. Ideen, für die der Betriebsrat früher nur Kopfschütteln erntete, sind inzwischen zur Selbstverständlichkeit geworden. «Heute kann man viel eher verhindern, dass eine klassische Unternehmenspolitik betrieben wird im Stile, habe ich Arbeit, bist du willkommen, wenn nicht, schicke ich dich nach Hause», sagt Graf. Allein in Deutschland kennt Siemens an den einzelnen Standorten inzwischen über 100 unterschiedliche Arbeitszeitmodelle. Verschiedene Schichttypen gelangen zur Anwendung, ebenso die Jahresarbeitszeit, die dazu dient, flexibel auf Änderungen der Auftragslage zu reagieren. Siemens kennt auch die Vertrauensgleitzeit, die ohne Stechuhr auskommt, aber den Druck auf die Mitarbeiter, tendenziell eher länger zu arbeiten, verstärkt. Die Modelle dienen einerseits der Verbesserung der Wettbewerbsfähigkeit und orientieren sich an Kundenbedürfnissen oder schnellen Änderungen der Auftragslage, andererseits sollen dadurch die Interessen des Unternehmens und die der Mitarbeiter in Einklang gebracht werden, wie es in einem internen Papier heißt. Nur so werde es möglich sein, die besten Mitarbeiter für das Unternehmen «zu gewinnen, zu motivieren und zu halten».

Allein in Deutschland kennt Siemens inzwischen über 100 unterschiedliche Arbeitszeitmodelle.

Die Teilzeitquote ist mit 3,7 Prozent aller Beschäftigten weltweit im Jahr 2000 aber nach wie vor tief, ebenso wie der Anteil der Frauen an den Beschäftigten mit 25 Prozent. Im Führungskreis sind in Deutschland lediglich 5,9 Prozent Frauen. Das soll sich ändern, wenn es nach dem Willen der Konzernleitung geht. Verschiedene neue Modelle werden ausprobiert. Mit der Schnupperteilzeit kann jeder und jede einmal drei Monate lang eines der bereits bekannten Teilzeitverfahren testen. Forciert wird insbesondere auch das Thema Altersteilzeit, die in der Sicht des Unternehmens «einen wichtigen Beitrag zur Beschäftigungssicherung» leisten könne. Die Anzahl der Mitarbeiter, die davon Gebrauch machen, hat sich seit der Einführung 1998 bis Herbst 2000 von 36 auf 2400 erhöht. Das entspricht aber erst jedem Vierten ab 55 Jahren, der dafür in Frage käme.

Im September 2001 führte Siemens die Möglichkeit von «Timeouts» im Handybereich ein. Statt Stellen abzubauen, wollte der Konzern die Angestellten für längere Zeit freistellen. Je nach Dauer der Arbeitspause wurde den Betreffenden weiterhin Geld zugesichert: Wer drei Monate zu Hause bleibt, erhält 50 Prozent, wer ein halbes Jahr aussteigt 40 Prozent, bei neun Monaten gibt es noch 30 Prozent und bei einem Jahr 20 Prozent. Siemens hoffte dadurch, dass im Fall eines Aufschwungs die Loyalität der Mitarbeiter dem Unternehmen gegenüber nicht ganz verloren geht. Der Umstand, dass nur etwa 100 der in Frage kommenden 14.500 Mitarbeiter davon Gebrauch machten, zeigt aber, dass das

Vertrauen ins Unternehmen noch nicht gefestigt ist. Da nutzten alle Beteuerungen nichts, dass die Mitarbeiter «nach Möglichkeit» wieder an den gleichen Stellen im Betrieb eingesetzt würden. «Wer mitmacht, stellt fest, dass seine Karriere schon beendet ist», sagt Helmut Coers, Siemens-Aufsichtsrat und Ansprechpartner der Dienstleistungsgesellschaft Verdi. Bei den Führungskräften des Unternehmens gebe es kein Verständnis, dass jemand, der eine Karriere anvisiert, Teilzeit arbeiten möchte. Siemens ist sich dessen bewusst und versucht deshalb, die Akzeptanz dieser Modelle gerade auch bei Führungskräften zu erhöhen.

Damit sich die Beschäftigten Auszeiten oder Altersteilzeit überhaupt leisten können, förderte der Betriebsrat das in Gewerkschaftskreisen umstrittene Thema der Belegschaftsaktien in den letzten Jahren gezielt. «Wegen der Verschlechterung der Bedingungen für Frühpensionierungen brauchen wir Ventile», begründet Graf seine Politik. Die Gewerkschaften sträubten sich lange gegen die Vermögensbeteiligung in den Betrieben. Sie kritisierten, dass man versuche, die Gewerkschaften von den Betrieben fern zu halten, die Belegschaft zu Spekulanten zu erziehen und ihr neben dem Arbeitsplatzrisiko auch noch das unternehmerische Risiko aufzubürden. «Das ist Blödsinn», sagt Graf. Heute seien Flexibiliät im konjunkturellen Auf und Ab gefragt. «Um das zu bewältigen, braucht es bestimmte Werkzeuge.» Belegschaftsaktien sind in seinen Augen ein Mittel der Vermögensbildung, damit man sich eine Frühpensionierung leisten kann. Abfindungssummen, die in die Pensionskasse eingezahlt werden, um die Rentennachteile auszugleichen, sind ein anderes Instrument. Siemens bietet seit 1969 seinen Mitarbeitern jedes Jahr Aktien zum Vorzugspreis an. Im Jahr 2001 haben 73 Prozent der Mitarbeiter dieses Angebot genutzt, im Einführungsjahr war es erst jeder oder jede Fünfte gewesen. Der Konzern ließ sich das viel Geld kosten: Die Aufwendungen, die sich aus der Differenz zwischen Börsenkurs und Belegschaftspreis speisen, beliefen sich zwischen 1969 und 2000 auf 1,277 Milliarden Euro. «Das künftige Angebot muss über das bisherige Belegschaftsangebot hinausgehen», fordert Graf.

Eine Kultur des Abbaus

Siemens entwickelte unter der Mitwirkung der Betriebsräte eine «Kultur des Abbaus». Lange Jahre nahm das Unternehmen es hin, dass einigen Bereichen durch den für ganz Siemens Deutschland gültigen Metalltarif ein

Wettbewerbsnachteil erwuchs. Während der neunziger Jahre waren hohe Summen für Abfindungen gezahlt worden; betriebsbedingte Kündigungen wurden selten ausgesprochen. Der Abbau allein in Deutschland zwischen 1992 und 2001 von über 50.000 Stellen ging unter Vermeidung von Arbeitsgerichten oder Sozialplänen relativ reibungslos über die Bühne. Stellenabbau erreichte man vor allem über Devestitionen. Inzwischen verschärfte zwar das Management die Tonart gegenüber den Mitarbeitern. Im März 1998 etwa wurde mit der IG Metall ein Tarifvertrag für die Bereiche Gebäudetechnik und Kommunikationsmontage abgeschlossen. Dieser sah den Verzicht auf anstehende Tariferhöhungen sowie den Abbau des 13. Monatsgehaltes und des Urlaubsgeldes vor. Aber gerade bei Verkäufen von Unternehmensteilen gab Siemens vielfach auf Betreiben der Betriebsräte für einen bestimmten Zeitraum Garantien ab, dass die Bedingungen nicht geändert würden. Bei der Ausgliederung der Bauelemente beispielsweise kam der Gesamtbetriebsrat seinem Ziel, die arbeits- und sozialrechtlichen Regelungen auf Dauer abzusichern, sehr nah. Die Interessen des Unternehmens lägen auf der Hand, schrieb Gesamtbetriebsrat Georg Nassauer in einem Diskussionsbeitrag: «Es bleibt sicher auf Dauer nicht bei den bisherigen Maßnahmen, weitere werden folgen. Deshalb kann man keine Konflikte um den Bestand der Beschäftigungsbedingungen gebrauchen.» Nicht überall lief es derart glimpflich ab. Nach dem Verkauf des Bereichs EC etwa sprach der Käufer, die US-Firma Tyco, sofort Hunderte von Kündigungen aus, und Corning weigerte sich beim Erwerb der Nachrichtenkabel, die Tarifbindung zu übernehmen. Beim Kauf von Atecs hingegen wurden für die neuen Firmen die Tarifverträge und die Beschäftigungsbedingungen der Siemens AG ohne Diskussion akzeptiert. Das Unternehmen wollte sich so der Motivation der Mitarbeiter versichern und Ehemalige davon abhalten, die Firma in Verruf zu bringen.

Das Krisenjahr 2001 wurde in dieser Hinsicht eine wichtige Bewährungsprobe. Siemens hat sie in den Augen des damaligen Gesamtbetriebsratsvorsitzenden Graf nicht bestanden. Der Mann oder die Frau an der Maschine habe sich im Wandlungsprozess als beweglichster Teil erwiesen. Wo Führungskräfte aber zwecks Ergebnisverbesserung Radiergummis sparen, verpuffte die ursprüngliche Idee der Verbesserung der Wettbewerbsfähigkeit und der Mitsprache der Mitarbeiter. «Neue Leitbilder verlieren dadurch an Glaubwürdigkeit, weil sie nicht gelebt werden.» Das gilt nicht für Heinrich von Pierer, dem allgemein großen Vorbildcharakter attestiert wird, aber auf der mittleren Managementebene wimmelt es von «Ausführungs- statt Führungskräften», die nicht in der Lage seien, Maßnahmen kritisch zu überdenken, moniert Graf. «Führungskräfte müssen Mitarbeitern rechtzeitig offen und ehrlich sagen, wo ihre Mängel liegen. 30 Jahre lang war jemand immer gut und plötzlich wird ihm gesagt, dass er nicht mehr ins Unternehmen passt», sagt Grafs Nachfolger Ralf Heckmann. «Dadurch wird die ganze Kultur, die wir uns aufgebaut haben, zerstört. Durch den Druck, der momentan herrscht, trauen sich viele nicht mehr, offen und ehrlich zu sein.» Sie würden es aus Angst nicht wagen, eine Führungskräfte-Beurteilung zu fordern, sondern die Betriebsräte dazu drängen, ihnen das abzunehmen.

Enttäuschung bei der Belegschaft hinterließ aber auch das Verhalten der I&C- und Infineon-Manager, die ihre Abbauzahlen am Schreibtisch entworfen und sich dabei lediglich durch die Ergebnisrechnungen hätten leiten lassen. «Der im Boomjahr 2000 herrschende ‹War for Talents› wird im Krisenjahr 2001 zum ‹Kampf um das Halten der Talente auch in schweren Zeiten›», beschwor Zukunftsforscher Matthias Horx das Anbrechen eines neuen Zeitalters herauf. Unter den Infineon-Mitarbeitern herrschen nach dem Krisenjahr diesbezüglich Zweifel. Die Halbleitertochter ließ neue Mitarbeiter, die sie vor einem halben Jahr noch mit dem Lasso eingefangen hatte, wissen, dass sie erst gar nicht zu ihrem ersten Arbeitstag antreten müssen. Auch wenn dies nicht einmal jeden Vierten traf, wie Infineon-Chef Ulrich Schumacher sagt, hat sich diese Erfahrung tief eingegraben.

Siemens aber muss attestiert werden, dass man seit der Krise in der Kommunikationsbranche versucht, neue Wege zu beschreiten, und verschiedene Modelle testet. Bei ICN, den mit einem Abbau von 17.000 Stellen am stärksten betroffenen Bereich, seien Kündigungen die «ultima ratio», wie Projektleiter Lothar Harings erklärt. Zu den Maßnahmen gehören Auszeiten von bis zu einem Jahr, aber auch die Zusammenarbeit mit externen Beratern, die den Betroffenen sechs Monate bei der Suche nach einem neuen Job behilflich sein sollen, oder Weiterbildungsprogramme, die von Siemens vorfinanziert werden.

«Heute aber haben wir keine Zeit mehr für einen anständigen Umgang miteinander.»

Alfons Graf

Erschwerend gesellt sich neuerdings der Faktor Zeit hinzu. Das Management möchte den Personalabbau am liebsten heute als morgen durchziehen, schließlich stehen bereits die nächsten Quartalszahlen an. Da schaut jeder, dass sein «Haus» in Ordnung ist. Die Betriebsräte verteufeln weniger den Geschäftswertbeitrag als Maß aller Dinge als die Anreize, die daran gekoppelt sind. Diese Trends bereiten Graf Kopfzerbrechen. Lösungen zu erarbeiten, welche die Bedürfnisse des Einzelnen berücksichtigen, bräuchten Zeit. «Heute aber haben wir keine Zeit mehr für einen anständigen Umgang miteinander.»

«Einmal Siemens, immer Siemens», diese Vorstellung herrscht nach wie vor in vielen Köpfen der Angestellten. Eine Anstellung bei Siemens ist «ein Wert an sich», wie es ein Personalvorstand einst formulierte. Industrievorstand Edward Krubasik ist diese Haltung ein Gräuel. Ein Unternehmen sei keine Beschäftigungsagentur, sondern dazu da, die Bedürfnisse der Kunden zu befriedigen. «Die Zeiten, in denen Siemens als besonders zuverlässiger Arbeitgeber galt, sind definitiv vorbei», stellt der Siemens-Beauftragte der IG Metall, Wolfgang Müller, fest.

Das Vertrauensverhältnis zur Firma begann bei manchen Mitarbeitern zu bröckeln. Vor allem bei jenen, die mitverfolgten, wie Kollegen vor einem Dreivierteljahr hofiert und dennoch mitten in der Probezeit freigestellt wurden. «Warum soll ich mich für ein Unternehmen engagieren, das ich nach wenigen Jahren wieder verlasse, entweder freiwillig oder eben auch nicht?», sagt ein Mitarbeiter.

«Beitrag für eine bessere Welt»

Das Siemens-Management verschließt vor dieser Entwicklung nicht die Augen. «Gerade in Krisenzeiten wird das Bewusstsein für die Bedeutung von Leitbildern stärker und ihre Bedeutung für die Motivation und das Engagement der Mitarbeiter», stellt Jürgen Wunsch fest. An die Stelle der alten Wegmarken sollen neue Orientierungen treten, welche die Beschäftigten motivieren und mit Stolz erfüllen, in diesem Unternehmen zu arbeiten. Dazu dient vor allem auch die Vorstellung, dass Siemens eines der aufregendsten Unternehmen überhaupt ist, das viele Möglichkeiten bietet und durch die Arbeit an der Lösung der Probleme wie Bevölkerungswachstum, Klimaveränderung und Überalterung einen «Beitrag für eine bessere Welt» leistet.

Der Anspruch «Wir tragen gesellschaftliche Verantwortung» ist entgegen den Befürchtungen der Gewerkschaften nicht aus dem Leitbild verschwunden, sondern hat in der Form der Corporate Citizenship und des Corporate Citizen – dem Unternehmen, das sich für den gesellschaftlichen Zusammenhalt engagiert – eine Aufwertung erfahren. Die neuen Töne, die allmählich auch auf Europa überschwappen, kommen aus den USA – aus jenem Land notabene, in dem der Aktionär zum Nonplusultra hochstilisiert wurde. Unternehmen verstehen sich demnach als Bürger, die über gesellschaftliche Rechte und Pflichten verfügen und diese in ihrem (Geschäfts-)Leben beachten. Die Entwicklung hat einen handfesten Hintergrund. «In dieser Debatte geht es um Macht, Profit und Geld», sagt Saskia Sassen, Globalisierungsforscherin an der Universität Chicago. «Die Konzerne haben Angst gekriegt.»

Bei Siemens findet der Begriff erst in jüngster Zeit Verwendung. Darunter fällt die Aus- und Weiterbildung der Mitarbeiter, Engagement für Forschung und Entwicklung, für den Umweltschutz, die Förderung sozialer Anliegen und ehrenamtlicher Tätigkeiten sowie das Siemens-Kulturprogramm. Da tauschen die Consultants des Unternehmens Jacket und Kravatte gegen Jeans und T-Shirt und bauen in Tschechien ein Camp für Heimkinder auf, verschenkt Siemens Computer an indische Universitäten und unterstützt in Italien den Wiederaufbau Assisis. Allein in die Aus- und Weiterbildung fließen Jahr für Jahr 500 Millionen Euro. Siemens unterstützt aber auch Mitarbeiter, die sich politisch engagieren wollen, ohne dass sie dadurch finanziell oder in ihrem beruflichen Fortkommen benachteiligt würden. Die Mitarbeiter sollen die gleichen Möglichkeiten erhalten, sich politisch zu betätigen, wie Angehörige des öffentlichen Dienstes und der Verbände, heißt es zur Richtlinie von 1994. In Deutschland übten im Jahr 2000 550 Mitarbeiter ein politisches Mandat aus, eine Mitarbeiterin ist Bundestagsmitglied. «Der größte Erfolg wäre es, wenn einer meiner Mitarbeiter in den Nationalrat, in das Schweizer Parlament, gewählt würde», sagt Siemens-Schweiz-Chef Peter Grüschow.

Die Aktivitäten stehen häufig in unmittelbarem Zusammenhang mit dem Unternehmenszweck: Geschenke können als Anlaufinvestion in sich anbahnende Geschäftsbeziehungen verbucht werden, Zuwendungen an gemeinnützige Organisationen als Beitrag zur Imageverbesserung. Wer in Projekten außerhalb des Unternehmens lernt, über den eigenen Tellerrand zu blicken und in Teams zu arbeiten, hat auch im Berufsalltag weniger Schwierigkeiten. Die Anfänge solcher Aktivitäten lassen sich bei Siemens wie bei vielen andern deutschen Unternehmen auch bis in die Gründerzeit zurückverfolgen. Werner von Siemens beteiligte seine Mitarbeiter schon früh am Gewinn, richtete eine Betriebskrankenkasse ein und engagierte sich politisch.

Was genau ist denn das Neue am Unternehmen, das sich als «Bürger» versteht? All diese Aktivitäten werden jetzt besser vermarktet. Siemens veröffentlichte im Dezember 2000 seinen ersten Corporate Citizenship-Bericht mit dem Titel «Unser Engagement für die Gesellschaft» und führte selbst in diesem Bereich Best Practice und den Vergleich mit anderen Unternehmen ein, um sein gesellschaftliches Engagement zu professionalisieren. Der «Corporate Citizen» Siemens versteht sich mehr als ein Sponsor der Bürgergesellschaft. Er bringt auch Wissen, organisatorisches Know-how und die Bereitschaft der Mitarbeiter, gesellschaftliche Probleme zu lösen. Er weiß aber auch wirtschaftliche Eigeninteressen und gesellschaftliches Engagement zu verbinden.

Die Ursachen für das neue Verständnis liegen darin, dass Unternehmen wie Siemens im Zusammenhang mit der Diskussion um die Macht der Unternehmen und die Schattenseiten der Globalisierung in die Enge getrieben wurden. Das soziale Engagement entwickelt sich zu einem immer wichtigeren Kriterium der Bewertung von Firmen in der Öffentlichkeit. Siemens etwa fürchtet sich davor, dass Mitarbeiter innerlich auf Distanz gehen könnten, wenn sie im Freundeskreis immer wieder auf die Zwangsarbeiter und den Umgang des Unternehmens mit diesem Thema angesprochen werden. Engagement und Loyalität lassen auch nach, wenn man sich jeweils rechtfertigen muss, weshalb der Konzern Arbeitsplätze von Deutschland nach China verlegt, ohne sich speziell für die Achtung der Menschenrechte einzusetzen. Viel versprechende Nachwuchskräfte drohen dem Betrieb den Rücken zu kehren, wenn sie andere Arbeitgeber mit besserem Image finden. Konzerne mit schlechtem Ruf müssen zudem damit rechnen, dass Politiker sich nicht mehr einspannen lassen und dass Genehmigungsverfahren immer länger dauern. In einer 1999 durchgeführten Umfrage unter knapp 3000 US-Firmen gaben 94 Prozent an, dass sich das öffentliche Ansehen und damit der geschäftliche Erfolg durch das gesellschaftliche Engagement verbessert habe. Wer hier «durchfällt», dessen Produkte werden nicht mehr gekauft, so gut sie auch sein mögen, heißt es in einem Siemens-internen Papier.

Das soziale Engagement entwickelt sich zu einem immer wichtigeren Kriterium der Bewertung von Firmen in der Öffentlichkeit.

Die Betriebsräte hingegen ziehen nach dem Krisenjahr 2001 eine gemischte Bilanz. Ihre Unterstützung für Top und Top+ hatten sie an die Bedingung des Wandels der Unternehmenskultur in einem kooperativen Sinne geknüpft. Stattdessen ist dieses Ziel einer stärkeren Finanzmarktorientierung gewichen – dies allerdings nicht blind, sondern unter Wahrung der zentralen Werte der Unternehmenskultur wie Kontinuität und finanzielle Solidität. Auf der Suche nach einem Tagungsthema stoßen Graf und sein Nachfolger Ralf Heckmann unweigerlich auf das Stichwort Kultur, womit die Arbeitnehmer nach wie vor teilweise andere Erwartungen verbinden als die Arbeitgeber. «Siemens-Unkultur» wird als zu negativ verworfen, «Siemens-Kultur – wo bist du geblieben?» hingegen scheint in ihren Augen den Nagel auf den Kopf zu treffen.

Anhang

Chronologie: Vom 10-Mann-Betrieb zum Weltkonzern

1847 Werner Siemens und Johann Georg Halske gründen in Berlin die Telegraphen-Bauanstalt Siemens & Halske. Ihr erstes Produkt ist ein modifizierter Zeigertelegraph.

1848 Bau der ersten elektrischen Ferntelegraphenlinie in Europa von Berlin nach Frankfurt a. M., wo die Paulskirche-Versammlung tagt.

1853 Bau des russischen Staatstelegraphennetzes (10.000 Kilometer).

1858 Erste Beteiligung der Arbeitnehmer am Unternehmensgewinn.

1866 Werner von Siemens entdeckt das dynamoelektrische Prinzip. Mit der Dynamomaschine begann eine Ära, in der elektrischen Energie in großen Mengen wirtschaftlich zur Verfügung gestellt werden konnte.

1870 Eröffnung der Indo-Europäischen Telegraphenlinie von London nach Kalkutta.

1872 Gründung einer Pensionskasse für die Siemens-Belegschaft.

1878 Entwurf der Differential-Bogenlampe, durch welche die Verbreitung der Straßenbeleuchtung möglich wird.

1879 Vorführung der ersten elektrischen Eisenbahn auf der Berliner Gewerbeausstellung.

1886 Werner von Siemens übergibt die Firmenleitung an den Bruder Carl und die Söhne Arnold und Wilhelm.

1892 Werner von Siemens stirbt.

1896 Erste europäische Siemens Untergrund-Bahn in Budapest; Siemens & Halske wird in eine Aktiengesellschaft umgewandelt und geht an die Börse.

1903 Übernahme der Schuckert-Werke, Nürnberg; Gründung der Gesellschaft für drahtlose Telegraphie mbH, System Telefunken, gemeinsam mit der AEG.

1909 Das erste Großstadt-Fernsprechamt mit Selbstwählbetrieb wird in München-Schwabing in Betrieb genommen.

1914 Das Industriegebiet am Nonnendamm in Berlin wird in «Siemensstadt» umbenannt. Es zählt 7000 Einwohner und weitere 23.000 Beschäftigte.

1918 Die Verluste durch den Ersten Weltkrieg belaufen sich auf rund zwei Fünftel der Unternehmenssubstanz.

1919 Gründung von Osram.

1943 Aufgrund schwerer Luftangriffe und Arbeitskräftemangel werden bei Siemens umfangreiche Fertigungsverlagerungen notwendig. Zunehmend werden Zwangsarbeiter in der Produktion eingesetzt.

1945 Die Verluste durch den Zweiten Weltkrieg belaufen sich auf rund vier Fünftel der Unternehmenssubstanz. Vorausschauende Einrichtung von Gruppenleitungen in Westdeutschland.

1949 Verlegung der Firmensitze von Siemens & Halske nach München und den Siemens-Schuckertwerke nach Erlangen.

1954 Einstieg in die Datenverarbeitung.

1957 Gründung der Siemens-Electrogeräte AG.

1962 Erstes elektronisch gesteuertes Fernsprechamt in München.

1966 Zusammenfassung von Siemens & Halske AG, Siemens-Schuckertwerke und Siemens-Reiniger-Werke AG zur Siemens AG.

1969 Siemens und die AEG gründen gemeinsam die Kraftwerkunion (KWU) und die Transformatoren Union (TU).

1987 Die Kraftwerkunion AG wird ein Unternehmensbereich von Siemens.

1989 Neuorganisation in 15 Bereiche, zwei selbständige Geschäftsgebiete, zwei Bereiche mit eigener Rechtsform, 12 Zentralabteilungen.

1992 Heinrich von Pierer wird als Nachfolger von Karlheinz Kaske Vorsitzender des Vorstands der Siemens AG.

1993 Hermann Franz wird als Nachfolger von Heribald Närger Vorsitzender des Aufsichtsrates der Siemens AG. Das Programm Top (time optimized processes) wird aufgenommen.

1997 Siemens führt den Geschäftswertbeitrag als maßgebendes Kriterium ein; aus Top wird Top+.

1998 Hermann Franz gibt den Aufsichtsratsvorsitz an Karl-Hermann Baumann ab; 10-Punkte-Programm; Entscheid, den Bereich elektronische Komponenten auszulagern.

1999 Epcos wird an die Börse gebracht.

2000 Börsengang von Infineon löst Begeisterungssturm in der Öffentlichkeit aus. Rekordjahr in der Siemens-Geschichte. Start der «Operation 2003».

2001 Siemens reduziert seinen Anteil an Infineon unter 50 Prozent.

Die Siemens-Kultur: Leitbilder

«Unsere Unternehmenskultur – ein Bekenntnis zu Tradition und Fortschritt», 1990 (beidseitig bedrucktes Kartenset)

Ertrags- und kostenbewusstes Handeln

Was wir bewahren wollen: «Für den augenblicklichen Gewinn verkaufe ich die Zukunft nicht.» (Werner von Siemens, 1884)

Was wir fördern wollen: Wir wollen einen nachhaltig guten Ertrag erwirtschaften als Maßstab für unsere Leistungsfähigkeit und Grundlage unserer unternehmerischen Handlungsfreiheit. Wir vergleichen unsere Kosten mit den stärksten Wettbewerbern. Wir wollen uns ehrgeizige Ziele setzen und sie mit Konsequenz verfolgen.

Bereitschaft zur Innovation

Was wir bewahren wollen: Die Bereitschaft zu innovativem Denken und Handeln bildet die Grundlage unseres Erfolges.

Was wir fördern wollen: Wir fordern und fördern innovatives Verhalten auf allen Ebenen und in allen Funktionen. Wir wollen das Erreichte immer wieder in Frage stellen und Mut auch zu tief greifenden Veränderungen haben.

Bedeutung der Technik

Was wir bewahren wollen: Durch Einsatz naturwissenschaftlicher Erkenntnis und wissenschaftlicher Forschungsmethoden entwickeln wir die Technik zu immer höherer Leistungsfähigkeit. Der technische Fortschritt ist uns nicht Selbstzweck, sondern Voraussetzung für die Verbesserung der Lebensbedingungen der Menschen.

Was wir fördern wollen: Wir streben die Technologieführerschaft auf unseren Arbeitgebieten der Elektrotechnik und Elektronik an. Ideen wollen wir schnell in marktgerechte Produkte und Leistungen zum Nutzen des Kunden umsetzen. Wir fühlen uns einer frühzeitigen Technikfolgenabschätzung verpflichtet.

Bereitschaft und Fähigkeit zur Kooperation

Was wir bewahren wollen: Zusammenarbeit nach innen und außen nutzen wir als Chance gegenseitiger Ergänzung und des Austausches wissenschaftlicher Erkenntnisse.

Was wir fördern wollen: Mit unseren Partnern in aller Welt streben wir innerhalb und außerhalb des Unternehmen eine konstruktive, langfristige und vertrauensvolle Zusammenarbeit an, die das Ansehen und den Erfolg des Unternehmens fördern.

Pflege der Information und Kommunikation

Was wir bewahren wollen: Dialogbereitschaft gegenüber der Öffentlichkeit und die Information der Mitarbeiter über die Entwicklung des Unternehmens sind uns wichtige Anliegen.

Was wir fördern wollen: Wir pflegen nach innen und außen eine offene Information und Kommunikation. Wir informieren die Öffentlichkeit umfassend, glaubwürdig und aktuell. Wir wollen auch intern eine offene Kommunikation, die dem Informationsbedürfnis der Mitarbeiter gerecht wird und Transparenz und Motivation schafft.

Verantwortung gegenüber Gesellschaft und Umwelt

Was wir bewahren wollen: Durch eine Vielfalt gesellschaftspolitischer Maßnahmen gestalten wir die Gesellschaft mit und bemühen uns um gesellschaftliche Akzeptanz.

Was wir fördern wollen: Wir fördern den offenen gesellschaftspolitischen Dialog und wollen Schrittmacher sein im Umweltschutz.

Verhalten gegenüber Mitarbeitern

Was wir bewahren wollen: Jeden Mitarbeiter achten wir in seiner Gesamtpersönlichkeit. Vielfältige sozialpolitische Maßnahmen, ein gutes Ausbildungssystem und die Entwicklung unseres Führungsnachwuchses aus den eigenen Reihen sind wichtige Bestandteile unserer Personalpolitik.

Was wir fördern wollen: Unsere Mitarbeiter gestalten durch ihre Kreativität und ihren Leistungswillen den Unternehmenserfolg. Sie prägen und repräsentieren durch ihr persönliches Verhalten die grundelegenden Überzeugungen unseres Hauses.

Orientierung am Wettbewerb

Was wir bewahren wollen: Wir nutzen freien und fairen Wettbewerb als Motor des wissenschaftlich-technischen und wirtschaftlichen Fortschritts.

Was wir fördern wollen: Auf unseren Arbeitsgebieten wollen wir zu den wettbewerbstärksten Unternehmen der Welt gehören. Unsere eigene Leistungsfähigkeit messen wir an den besten Wettbewerbern. Der Wettbewerb soll für alle Mitarbeiter Ansporn zu Spitzenleistungen sein.

Entwicklung der Internationalität

Was wir bewahren wollen: «Die Zeit der nationalen Abgeschlossenheit ist vorüber. Wir müssen erkennen, dass wir in der Welt voneinander abhängig geworden sind.» (Carl-Friedrich von Siemens, 1931)

Was wir fördern wollen: Wir wollen ein internationales Unternehmen sein und unsere Internationalität im Sinne von Verständigung, gegenseitigem Respekt und Lernbereitschaft stärken.

Orientierung am Kunden

Was wir bewahren wollen: Durch persönliche Kontakte, hohe Qualität unserer Produkte und guten Service sichern wir dauerhaft Wertschätzung und Vertrauen der Kunden.

Was wir fördern wollen: Wir wollen weltweit als kompetenter Partner gelten, der Produkte und Leistungen von höchstem Nutzen bietet. Wir wollen die Probleme unserer Kunden begreifen, sie bestmöglich beraten, gemeinsam mit ihnen Problemlösungen erarbeiten und sie mit qualifizierter Technik ausstatten.

«Unser Leitbild», 1997

«Wir haben uns für die Zukunft viel vorgenommen. Entscheidend für unseren Erfolg sind das Wissen, das Können und die Begeisterungsfähigkeit der Menschen in unserem Unternehmen. Das Leitbild, das wir uns gegeben haben, prägt unser Denken und Handeln. Es ist für uns alle verbindlich. Wir richten unsere Organisation und alle Systeme – insbesondere das Führungssystem – daran aus. Durch unmittelbare Rückkoppelung bei positivem und bei negativem Verhalten sorgen wir für die Umsetzung in der Praxis. Unser Leitbild entfesselt die Kraft, die wir brauchen, um zu gewinnen. Wir leben es täglich vor.

Der Kunde bestimmt unser Handeln

Herausragender Kundennutzen ist das oberste Ziel. Unser Erfolg hängt von der Zufriedenheit der Kunden ab. Mit unseren Lösungen erreichen sie ihre Ziele schneller, besser und einfacher.

Unsere Innovationen gestalten die Zukunft

Mit neuen Ideen schaffen wir für unsere Kunden neue Produkte, neue Dienstleistungen, mehr Nutzen. Wir sind experimentierfreudig und ermutigen phantasievolles Denken. Mit Kreativität und Risikofreude sorgen wir für ein Umfeld, in dem gute Ideen schnell umgesetzt werden können. Dabei fördern wir auch die Ideen anderer.

Erfolgreich wirtschaften heißt: Wir gewinnen durch Gewinn

Unser Maßstab ist der internationale Wettbewerb. Wir arbeiten ergebnisorientiert und streben nach herausragendem Erfolg und dauerhafter Wertsteigerung. Das sichert uns die nötige Handlungsfreiheit und schafft Vertrauen. Wir ergreifen die Maßnahmen, die für den wirtschaftlichen Erfolg notwendig sind und optimieren sie nach Zeit, Qualität und Kosten.

Spitzenleistungen erreichen wir durch exzellente Führung

Unsere Führungskräfte setzen klare, ehrgeizige und begeisternde Ziele. Wir wollen uns immer wieder selbst übertreffen, sonst tun es die anderen. Wir führen durch Vertrauen und geben unseren Mitarbeiterinnen und Mitarbeitern einen möglichst großen Entscheidungsspielraum. Wir treiben notwendige Veränderungen mutig und entschlossen voran. Bei allem, was unsere Führungskräfte tun, handeln sie als Vorbild.

Durch Lernen werden wir immer besser

Wir messen uns an den Besten der Welt. Jeder von uns arbeitet daran, ständig zu lernen. Wir suchen und geben offenes Feedback und lernen auch aus Fehlern. Schneller als andere erkennen wir neue Chancen und richten Lösungen,

Organisation und Verhalten daran aus. Wir schaffen ein internationales Netzwerk von Wissen, in dem jeder gibt und nimmt.

Unsere Zusammenarbeit kennt keine Grenzen

Wir sind ein globales Unternehmen und nutzen unsere weltweiten Fähigkeiten. Damit werden wir das beste Team im Wettbewerb. Unser Denken und Handeln ist von Verantwortung für das gemeinsame Ziel geprägt. Unsere Zusammenarbeit zeichnet sich aus durch Vertrauen, persönliche Integrität, gegenseitigen Respekt und offene Kommunikation.

Wir tragen gesellschaftliche Verantwortung

Mit unserem Wissen und unseren Lösungen leisten wir einen Beitrag für eine bessere Welt. Wir bekennen uns zum Umweltschutz. Wir sind ein anerkanntes Mitglied in allen Ländern, in denen wir uns unternehmerisch betätigen. Qualifizierung durch Wissen sichert die Zukunft unserer Mitarbeiter. Integrität prägt den Umgang mit unseren Geschäftspartnern, Mitarbeitern, Aktionären und der Öffentlichkeit. Kulturelle Unterschiede bereichern unser Unternehmen.

(Quelle: Siemens Geschäftsbericht 1997)

Siemens als Corporate Citizen, 2001

«Wir tragen gesellschaftliche Verantwortung», heißt es in unserem Unternehmensleitbild. Ein klares Bekenntnis zur Corporate Citizenship – was im schönsten Soziologendeutsch so viel heißt wie «unternehmerisches bürgerschaftliches Engagement». ... Beim gesellschaftlichen Engagement gibt es unternehmensweite Grundsätze, Ziele und Schwerpunkte, die vor Ort in konkrete Projekte umgesetzt werden. Das ist schon deshalb notwendig, weil wir nicht «Citizen» einer homogenen Welt-Gesellschaft sind. In jedem der 190 Länder, in denen wir arbeiten, treffen wir auf die unterschiedlichsten gesellschaftlichen Herausforderungen und Erwartungen. Die Projekte werden deshalb an den im Land gültigen regionalen, lokalen und kulturellen Gegebenheiten ausgerichtet, vor Ort veranlasst, verantwortet und auch aus dem eigenen Budget finanziert. Eines gilt aber überall: Als «Global Network of Innovation», wie der neue Siemens-Slogan heißt, wollen wir erfolgreich am gesellschaftlichen Fortschritt mitarbeiten. In einer Win-win-Situation, die allen Partnern nützt. Auf dieser Basis wurden sieben Schwerpunkte für unsere Aktivitäten definiert:

Aus- und Weiterbildung: Qualifizierte Mitarbeiter sind die Grundvoraussetzung um den technologischen Wandel mitgestalten zu können. Deshalb investiert Siemens in ständig aktuelle Aus- und Fortbildungsprogramme und -medien und fördert die Weiterbildung seiner Mitarbeiter. Mit einer breiten Themenpalette von der fachlichen Weiterbildung in Technik und Betriebswirtschaft über sprachliches und interkulturelles Training bis zu Seminaren in Kommunikation und zum Management-Learning-Programm. Nehmen Sie dieses Angebot zur Sicherung Ihrer beruflichen Chancen wahr!

Diversity: Diversity bedeutet Menschen in ihrer Unterschiedlichkeit zu akzeptieren – hinsichtlich Kultur und Religion, Geschlecht, Nationalität, Hautfarbe oder Alter. Gerade diese Vielfalt der Mitarbeiter ist es ja auch, die Siemens als weltweit vernetztes Unternehmen ausmacht und von der wir, im Wettbewerb mit anderen, profitieren können. Diversity wird rund um den Globus an allen Standorten gefördert. Nicht als einmalige, begrenzte Aktion, sondern als kontinuierlicher Verbesserungsprozess.

(In Deutschland wurde eine spezielle Variante des Projekts, «Promoting Diversity», gestartet. Ziel ist, die Arbeitssituation und Chancen der Frauen bei Siemens zu verbessern: Der Frauenanteil im Unternehmen soll auf allen Ebenen in den nächsten Jahren deutlich erhöht werden und außerdem sollen möglichst viele junge Frauen ermutigt werden, technische Berufe zu ergreifen.)

Mitabeiterorientierung – nur ein abgedroschenes Schlagwort? Nein, hier handelt es sich um eine durchaus ernst gemeinte Verantwortung für den Menschen, gepaart mit unternehmerischen Interessen. Denn ohne eine Unternehmenskultur, der es gelingt, die Mitarbeiter zu begeistern, ist ein langfristiger Geschäftserfolg nicht zu sichern. Sicherheit und Gesundheit haben hier einen besonderen Stellenwert. Kompetente betriebsärztliche Versorgung für alle Mitarbeiter sowie die Vermeidung von Arbeitsunfällen durch zusätzliche Sicherheitsbeauftragte sind nur einige Stichworte.

Engagement, Leistungsfähigkeit und Motivation des Einzelnen hängt aber auch davon ab, ob es gelingt, Privates und Berufliches in ein sinnvolles Gleichgewicht zu bringen. Deswegen fördern wir eine Unternehmenskultur, die

die privaten Belange unserer Mitarbeiterinnen und Mitarbeiter ernst nimmt und durch unterschiedliche Modelle unterstützt.

Mitarbeiterorientierung hat aber natürlich noch viel mehr – zum Teil auch kulturell unterschiedliche – Facetten, die im Corporate Citizenship Report nachzulesen sind.

Dialog: Gesellschaftlich verantwortliches Handeln braucht den Dialog mit der Öffentlichkeit. Siemens sucht, wo immer sich die Gelegenheit ergibt, das Gespräch mit Menschen, die in besonderer Beziehung zum Unternehmen stehen. Das kann der Tag der offenen Tür eines Standortes sein, zu dem die Anwohner aus der Nachbarschaft ebenso eingeladen sind wie Familie und Freunde unserer Mitarbeiterinnen und Mitarbeiter. Das können aber auch Diskussionsrunden zu aktuellen Themen mit Vertretern aus Politik, Kultur und Wissenschaft sein.

Bildung und Wissenschaft: Unser Unternehmen arbeitet in der ganzen Welt mit Schulen, Hochschulen und anderen Einrichtungen für Bildung und Wissenschaft zusammen. Bei Forschung und Entwicklung, aber auch bei der Ausbildung, um besonders begabte Nachwuchskräfte schon früh für uns zu gewinnen. Der Schwerpunkt liegt auf der IT-Technologie – das passt ja auch am besten zu Siemens.

Förderung sozialer Anliegen: Ob es um Hilfe für Kinder und Jugendliche, sozial Benachteiligte oder um die Unterstützung öffentlicher Einrichtungen und Stiftungen geht – die Aktivitäten unseres Unternehmens im sozialen Bereich sind so vielfältig wie die 190 Länder, in denen wir tätig sind. Kontinuierlich oder in plötzlichen Notsituationen. Speziell in der Ausbildungsunterstützung für Jugendliche sehen wir eine gute Möglichkeit, die Lebensverhältnisse benachteiligter Lebensgruppen nachhaltig zu verbessern.

Kunst und Kultur: Wir verstehen uns in jedem Land als ein Teil der Gesellschaft und der Kultur. So nehmen wir Anregungen aus unserem gesellschaftlichen Umfeld gezielt auf und geben sie in Form von neuen und innovativen Produkten an die Gesellschaft zurück. Museen und Künstler unterstützen wir durch private Stiftungen und die Aktivitäten unsrer Regionalgesellschaften; zeitgenössische Kunst und die Entwicklung neuer Kunstformen fördern wir durch das Siemens Arts Programm.

(Quelle: Siemens, Interne Kommunikation, Herbst 2001)

«Die Infineon-Werte», 1999

We never stop thinking

Wir denken die Zukunft, bevor sie andere ahnen.
Wir haben eine positive Einstellung gegenüber Wandel und kontinuierlicher Weiterentwicklung.
Durch permanente Team- und Selbstreflexion schärfen wir unser Bewusstsein und erkennen in Defiziten Chancen.
Wir wissen mehr, denn wir tauschen unser Wissen aktiv aus.
Pioniergeist und unkonventionelles Handeln treiben unsere innovativen Ideen und Visionen.

We act entrepreneurially for the sake of our customers

Der Erfolg unserer Kunden ist das Ziel unseres Handelns.
Tatendrang und Tatkraft bestimmen unsere Aktionen.
Wir haben Mut zur Übernahme beziehungsweise Delegation von Verantwortung und stehen dazu.
Wir gestalten aktiv unsere Zukunft und nehmen dabei Herausforderung und Risiko voll Zuversicht auf.
Ergebnisse und Höchstleistungen sind die Triebfeder unseres Handelns und Entscheidens.

We strive for excellence in people and leadership

Wir sind Vorbild für unsere Mitarbeiter und Teams durch transparentes Verhalten und Glaubwürdigkeit.
Wir stärken unsere Mitarbeiter durch Vereinbarung klarer Ziele, Dialog und Feedback.
Wir fördern und fordern die menschlichen und fachlichen Potenziale unserer Mitarbeiter und begeistern sie zu Hochleistungen.
Wir schaffen Freiräume und ein Arbeitsumfeld zum Wohlfühlen.
Wir setzen uns anspruchsvolle Ziele und tun alles, um diese zu erreichen.

We win together

Die Vielfalt unserer Talente und Erfahrungen bereichert unser Unternehmen.

Wir honorieren die Leistung des Einzelnen und des Teams.
Wir handeln in einem Klima des Vertrauens, Respekts und der Fairness.
Wir setzen uns für Aktionäre, Gesellschaft, Kunden und Mitarbeiter ein.
Durch regelmäßigen und offenen Gedankenaustausch werden wir zum wissensstarken Team.
Wir arbeiten in kulturübergreifenden Teams.

(Quelle: Infineon)

Literaturauswahl

Siemens-Archiv, München

Bericht über eine Reise durch die Volksrepublik China in der Zeit vom 17.10. bis 10.11.1957.

Franz, Hermann, 150 Jahre Siemens – Einblick und Ausblick; Referat an der Siemens-Conference v. 12. Oktober 1997.

Geschäftsberichte Siemens AG 1989–2001.

Geschäftsberichte Siemens-Nixdorf-Informationssysteme AG 1990–1996/97.

Div. Hauptversammlungsreden 1990–2001.

Naschold, Frieder: Die Siemens AG: Inkrementale Anpassung oder Unternehmenstransformation?, Fallstudie am Wissenschaftszentrum Berlin für Sozialforschung GmbH, Berlin 1997.

Von Pierer, Heinrich: Brief an die Mitarbeiter, München 1994.

Plenert, Martin: Nützliche Hinweise und Informationen für den Auslandaufenthalt China, nur für internen Gebrauch 1995.

Div. Pressekonferenzreden 1990–2001.

Rappel, Hans Carl: Strukturwandel in der deutschen Elektroindustrie seit 1945, wissenschaftliche Arbeit an der Friedrich-Alexander-Universität Erlangen-Nürnberg 1996.

Schmolling, Rolf: Zwangsarbeit von Konzentrationslager-Häftlingen in der letzten Phase des Zweiten Weltkrieges: Das Beispiel Siemens unter besonderer Berücksichtigung der Außenlager Siemens-Haselhorst und Siemenslager Ravensbrück, Magisterarbeit an der Technischen Universität Berlin 1997.

Siemens-Nixdorf: Die Roadmap zum Erfolg, 3. aktualisierte und erweiterte Ausgabe, 1998.

Terkovits, Stefan: Unternehmensgeschichte und Unternehmenskultur. Zur Bedeutung der Unternehmensgeschichte für die Unternehmenskultur. Industrie, Banken und Handel im Vergleich. Wissenschaftliche Arbeit an der Friedrich-Alexander-Universität Erlangen-Nürnberg 1995.

Top-Forum 1997, Im Focus. Rückblicke, Einblicke, Ausblicke, München 1997.

Zeitungs-/Zeitschriftenartikel
div. Siemens-interne Zeitschriften: Dialog intern; Forschung und Innovation; Siemens-Mitteilungen; Siemens Welt; New World.
AP; Bilanz; Business Week; Capital; Economist; Financial Times; Financial Times Deutschland; Finanz und Wirtschaft; Frankfurter Allgemeine Zeitung; Handelsblatt; Handelszeitung; Manager Magazin; Neue Zürcher Zeitung; Reuters; Spiegel; Stern; Süddeutsche Zeitung; Tages Anzeiger; Wall Street Journal; Wirtschaftswoche; Die Welt; Die Zeit.

Sekundärliteratur
Battmann, Wolfgang (Hg): Stabilität und Wandel im Unternehmen. Das Management zwischen Tradition und Innovation, Frankfurt am Main 1997.
Bienek, Karl H.P.: Die Siemensstadt. Ein Lexikon der Siemensstadt in Berlin-Spandau, auf dem Internet: www.kbtext.de.
Büllingen, Franz: Die Genese der Magnetbahn Transrapid, Wiesbaden 1997.
Bürger, Cornelia: Der große Börsen-Bluff. Wie Anleger und Aktionäre geschröpft werden, München 2001.
Busch, Rolf (Hg.): Change Management und Unternehmenskultur. Konzepte in der Praxis, München 2000.
Christensen, Clayton M.: The Innovator's Dilemma. When New Technologies Cause Great Firms to Fail, Harvard Business School Press, Boston 1997.
Clayton, James; Gambill, Bradley; Harned, Douglas: The Curse of too much capital: Building new businesses in large corporations, in: The McKinsey Quarterly, 3 (1999), S.48–59.
Commer, Heinz; v. Thadden, Johannes: Managerknigge 2000. Erfolgreich auftreten – im Unternehmen national international, Düsseldorf 1997.
Davenport, Tom; Probst, Gilbert: Knowledge Management Case Book. Siemens Best Practises, Berlin/München 2000.
Drosdek, Andreas: Die Visionen der deutschen Unternehmen. Unternehmensphilosophien im Zeitalter der Globalisierung. Eine Studie zum Entwicklungsstand in den großen deutschen Unternehmen, Freiburg i. Br. 1998.
Eichholtz, Dietrich: Ökonomie, Politik und Kriegsführung. Wirtschaftliche

Kriegsplanungen und Rüstungsorganisation bis zum Ende der «Blitzkriegs»phase, in: Eichholz, Dietrich (Hg.): Krieg und Wirtschaft. Studien zur deutschen Wirtschaftsgeschichte 1939–1945, Berlin 1999, S. 9–41.

Feldenkirchen, Wilfried: Werner von Siemens. Erfinder und internationaler Unternehmer, Berlin/München 1992.

Feldenkirchen, Wilfried: Die Anfänge des Siemensgeschäfts in Amerika, in: Feldenkirchen, Wilfried u.a. (Hg.): Wirtschaft – Gesellschaft – Unternehmen. Festschrift für Hans Pohl zum 60. Geburtstag, 2. Teilband, Stuttgart 1995, S. 877–900.

Feldenkirchen, Wilfried: Siemens 1918–1945, München 1995.

Feldenkirchen, Wilfried: Siemens. Von der Werkstatt zum Weltunternehmen, München 1997.

Feldenkirchen, Wilfried: Unternehmensgeschichte und Unternehmenskultur am Beispiel Siemens, in: Archiv und Wirtschaft, Zeitschrift für das Archivwesen der Wirtschaft, 4 (1993), S. 153–162.

Feldtkeller, Ernst; Goetzeler, Herbert (Hg.): Pioniere der Wissenschaft bei Siemens, Erlangen 1994.

Ferencz, Benjamin: Less Than Slaves. Jewish Forced Labor and the Quest for Compensation, Cambridge/London 1979.

Foster, Richard N.; Kaplan, Sarah: Creative Destruction. Why Companies That Are Built to Last Underperform the Market – and How to successfully Transform Them, New York 2001.

Fricke, Werner (Hg.): Innovationen in Technik, Wissenschaft und Gesellschaft, Beiträge zum Fünften Internationalen Ingenieurkongress der Friedrich-Ebert-Stiftung am 26. und 27. Mai 1998 in Köln, Bonn 1998.

Girndt, Cornelia: Anwälte, Problemlöser, Modernisierer. Betriebsratsreportagen, Gütersloh 1997.

Haag, Erich: Motor-Columbus 1895–1995, Baden 1995.

Hammer, Michael; Champy, Charles: Business Reengineering, Frankfurt/M. 1994.

Heinen, Edmund; Fank, Matthias: Unternehmenskultur. Perspektiven für Wissenschaft und Praxis, München 1997.

Jacobeit, Sigrid: Arbeit bei Siemens in Ravensbrück, in: Eichholz, Dietrich (Hg.): Krieg und Wirtschaft. Studien zur deutschen Wirtschaftsgeschichte 1939–1945, Berlin 1999, S. 157–169.

Kemper, Klaus: Heinz Nixdorf – eine deutsche Karriere, Landsberg am Lech 1986.
Kocka, Jürgen: Unternehmensverwaltung und Angestelltenschaft am Beispiel Siemens 1847–1914. Zum Verhältnis von Kapitalismus und Bürokratie in der deutschen Industrialisierung, Stuttgart 1969.
Kocka, Jürgen: Die Angestellten in der deutschen Geschichte 1850–1980. Vom Privatbeamten zum angestellten Unternehmer, Göttingen 1981.
Krott, Martin F.: Markt-Macht China, Global Players lernen das Schattenboxen, Wien/München/Zürich 1999.
Lamprecht, Rudi (Hg.): Zukunft mobile Kommunikation. Wirklichkeit und Vision einer technischen Revolution, Frankfurt 2001.
Martin, Hans-Peter; Schumann, Harald: Die Globalisierungsfalle. Der Angriff auf Demokratie und Wohlstand, Hamburg 1996.
Moore, Karl; Lewis, David: Foundations of Corporate Empire. Is history repeating itself?, London 2000.
Moss Kanter, Rosabeth: When Giants Learn to Dance. Mastering the Challenges of Strategy, Management, and Careers in the 1990s, London/Boston 1989.
Niedenhoff, Horst-Udo: Die Praxis der betrieblichen Mitbestimmung. Zusammenarbeit von Betriebsrat und Arbeitgeber, Kosten des Betriebsverfassungsgesetzes, Betriebsrats- und Sprecherausschusswahlen, Köln 1999.
Nölting, Andreas: Die neue Supermacht Börse. Wie die Fondsmanager unsere Welt verändern, Reinbek 2000.
Peschke, Hans-Peter von: Elektroindustrie und Staatsverwaltung am Beispiel Siemens 1847–1914, Frankfurt/Bern 1981.
Peters, Thomas. G; Waterman, Robert H.: In Search of Excellence, New York 1982.
Plettner, Bernhard: Abenteuer Elektrotechnik. Siemens und die Entwicklung der Elektrotechnik seit 1945, München/Zürich 1994.
Pierer, Heinrich von; Oetinger, Bolko von (Hg.): Wie kommt das Neue in die Welt, München/Wien 1997.
Roth, Karl-Heinz: Zwangsarbeit im Siemens-Konzern (1938–1945). Fakten, Kontroversen, Probleme, in: Kaienburg, Hermann (Hg.): Konzentrationslager und die deutsche Wirtschaft 1939–1945, Opladen 1996, S. 149–168.

Sachse, Carola: Siemens, der Nationalsozialismus und die moderne Familie. Eine Untersuchung zur sozialen Renationalisierung in Deutschland im 20. Jahrhundert, Hamburg 1990.

Schindler-Saekow, Bärbel: Siemens & Halske im Frauenkonzentrationslager Ravensbrück, in: Utopie kreativ, Heft 115/116 (Mai/Juni 2000), S. 512–519.

Sennett, Richard: Der flexible Mensch. Die Kultur des neuen Kapitalismus, Berlin 1998.

Slater, Robert: Business is simple: die 31 Erfolgsgeheimnisse von Jack Welch, Landsberg/Lech 1997.

Sprengel, Rita: Der rote Faden. Lebenserinnerungen. Ostpreußen, Weimarer Republik, Ravensbrück, DDR, Die Wende, Berlin 1994.

Stegmeier, Andreas: Power On. Elektrowatt 1895–1995, Zürich 1995.

Strunk, Peter: Die AEG. Aufstieg und Niedergang einer Industrielegende, Berlin 1999.

Weiher, Sigfrid von: Die englischen Siemens-Werke und das Siemens-Überseegeschäft in der zweiten Hälfte des 19. Jahrhunderts, Berlin 1990.

Welch, Jack: Was zählt. Die Autobiografie des besten Managers der Welt, München 2001.